計算で身につく

トポロジー

阿原一志 著

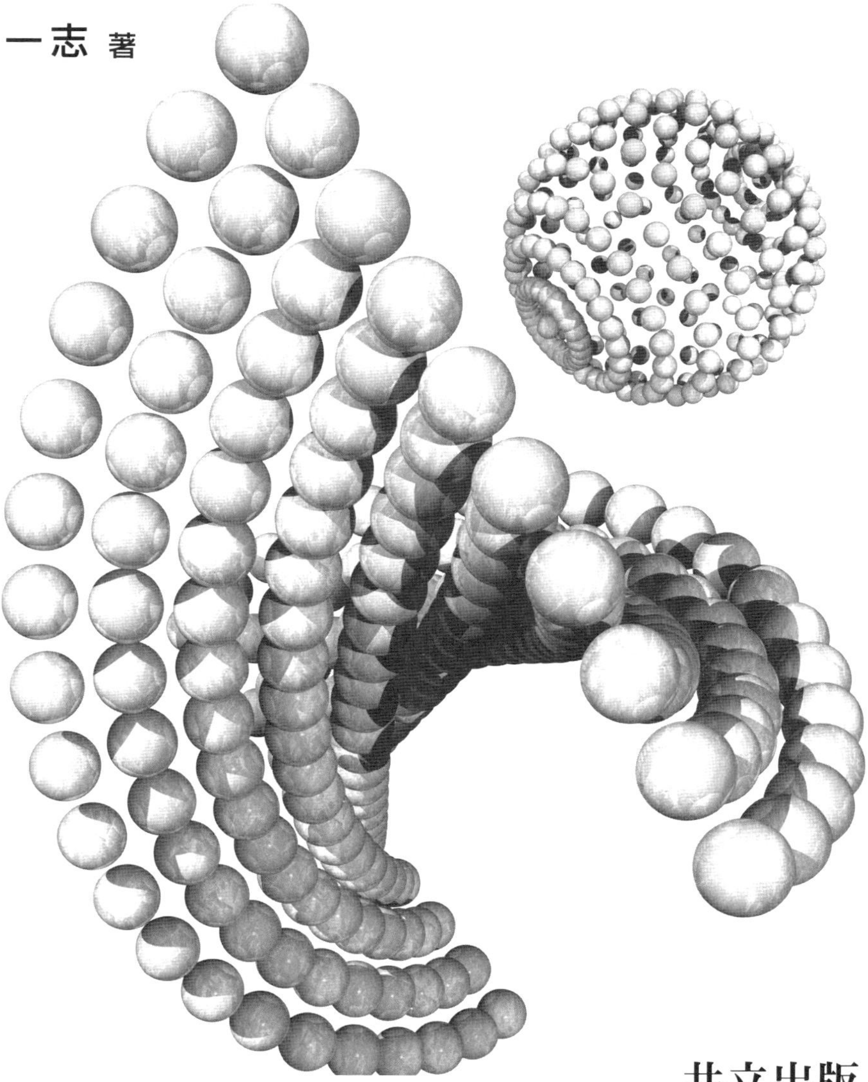

共立出版

まえがき

本書は，2009 年から 2011 年にかけて行われた明治大学理工学部数学科 3 年生後期のための幾何学の講義の内容をまとめたものである．内容はトポロジーの基本的な概念であるホモロジー群と曲面の分類定理を取り扱っている．この授業の内容は，2011 年当時の 4 年生のゼミ学生諸君（野本桂佑君，渡邊真悟君，和田光司君，尾尻杏乃さん，村田真美さん）のなみなみならぬ努力によって，レクチャーノート化された．そのときに描かれた挿絵もいくつか引用させてもらった．このたび，明治大学総合数理学部先端メディアサイエンス学科へと移籍するに当たり，情報系の学生にも学習可能なように十分な解説を加え，書籍として再構成することにした．

この授業は数学科 3 年生向けであったわけだから，当然数学の専門知識を前提としている，と言いたいところだが，実はそうではなかった．授業当初からあえて大学数学の予備知識をほとんど仮定せず，加群，同相，レトラクション，準同型などは通常の幾何学の教科書のものとはかなり異なる導入の方法を取っている．したがって，数学の専門家から見れば（内容は同じといえども）やや歪んだ内容となっているかもしれないが，話の本筋は外していないし，この部分だけをわかるためにはこのほうがよいと信じて書いている．

とはいえ，本書はイメージからなんとなくトポロジーを理解するための「楽しい読み物」ではなく，定義・定理・証明というプロセスを踏みながら自分で証明や計算をとおして，理論への探検の最初の部分を追体験し，理論の美しさを体感するための本である．トポロジーは絵でわかるものだという印象もあろうが，本書ではトポロジーの諸定理は計算ベースで証明していくことになる．本書で興味を持って，さらに進んだ微分トポロジーや代数トポロジーを学習する学生は，別途本格的な教科書を勉強することを勧める．

阿原担当の幾何学の期末試験の名物問題は「漢字同相問題」であった．この問題は学生には非常にウケた．もとはといえば，最初の年の期末試験の数週間前にゼミの学生と新年会を開いた際に漢字同相問題（演習問題 6.4）のことを話したら，学生が夢中になって（それこそ飲むのも忘れて）みんなで問題を出し合い始め，大変な盛り上がりをみせたことがきっかけである．翌年からは「先生に漢字同相問題を出題せよ」と試験問題で呼びかけたところ，問題をたくさん頂戴した．そのときに学生諸君からいただいた漢字同相問題の傑作も収録した．演習問題 6.5(3)

は，試験巡回中に学生の答案にみつけた図案で，試験時間中（巡回しながら）ずっと考えていたのだがわからず，その後1週間くらいゼミの学生を巻き込んでみんなで考えたのだが，それでもどうしてもわからなかった難問である．読者諸氏も自作の漢字同相問題をつくってみることをぜひお勧めする．

本書を作成するにあたって，授業では触れなかったいくつかの話題について加筆をおこなった．最初に集合の記号や用語について解説した．この点に関しては数学科の学生に一日の長があり，筆者としてもそのことを前提として授業を行っていたからである．また，講義ではホモロジー長完全系列については触れなかったが，講義の準備の段階からグラフのレトラクションにからんで長完全系列を用いた美しい応用があることを見つけていたので，そこは加筆した．これは第9章の内容である．やや難しいかもしれないが，数学の醍醐味を味わえる良い機会であろうと思う．

本書は「トポロジーの専門家が面白いと思うトポロジー」ではなくて「学生が面白いと思うトポロジー」を集めたものである．微分積分も線形代数も確率統計も苦手だという人もホモロジー群だけはわかるのではないかとひそかに期待している．

2013年5月　　　　阿原一志

目次

第I部
グラフのホモロジー群

第I部ではグラフのホモロジー群について学ぶ．グラフとは1次元的な図形のことで頂点と辺から構成されるもので3.1節に定義する．第1章・第2章ではグラフを定義するのに先立って，数学の考え方の基礎となる集合・命題・写像についてと，ホモロジー群の基礎となる自由加群についてを学ぼう．なお，自由加群とは「群 (group)」の一種であるが，本書では特に群についての基礎知識を仮定しないものとする．

なお，第1章・第2章は以降の計算のための準備であるから，一応押さえておくものの，ここで大きく立ち止まったりするよりは，ともかく読み進めて先の章へ進み，わからなくなったらいつでもこの章へ戻ればよいと考えてほしい．

第 1 章

集合・命題・写像

1.1　集合についての準備

1.1.1　集合とは

集合とはものの集まりを意味する数学概念である．ものの集まりであるからその集合を構成するものとそうでないものがハッキリしていなければならないというのが数学の建前である.「背の高い人の集まり」と言ってしまうと「背の高い」という表現があいまいさを残すので「背の高い人の集まり」は集合ではないということになる．

つまり集合とは，何か明確な基準があってその集まりに含まれるものとそうでないものとが区別できるようになっているもの，ということができる[1)]．たとえば

$$S = \{\ 松, 竹, 梅\ \}$$

という集合を考えれば，松，竹，梅はこの集まりに含まれるものであり，それ以外のものはこの集まりには含まれない．たとえばこの場合「松」というのがこの漢字を意味するのか，松の樹木を意味するのか，松という名前の人を意味するのか，そういったことまではこれだけではわからない．そういうことは必要に応じてきめていくことにして，おおざっぱにモノの集まり＝集合という枠組みを押さえておこう．

集合 S に含まれるもののことを**要素**，または**元（げん）**という．上の例の場合，S の要素は松，竹，梅の 3 つである．松は S の要素である，といったり，松は S に属する（含まれる）といったりして，このことを記号で

$$松 \in S$$

---

1) 専門家に言わせると，それだけでは集合とは言えないのだそうである．たとえば「すべてのものの集合」は集合ではないとのことだ．これ以上は難しいのでここでは触れない．

と書く.

要素が 1 つも含まれないような集合も考えることができる. これを空集合（くうしゅうごう）といい, 記号$\emptyset$を用いる.

1.1.2　集合の記法

集合を定義するときに, 上の例のようにすべての要素を羅列できる場合はそれでよいが, 無限に要素がある場合, たとえばすべての実数の集合などの場合には羅列することはできない. その場合には

$$\{x \mid x \text{ は実数 }\}$$

のように, 代表的な要素の形を $\mid$ の左側に書き, 右側には付帯条件を書く方法が一般的である. 集合の表記法の例をいくつか見てみよう.

$$\{(a, b) \mid a, b \text{ は整数 }\}$$

このように書けばこの集合は $(0, 0)$ や $(2, 3)$ や $(-4, 7)$ などように, 2 つの整数を組みにして括弧でまとめたものを要素とする集合ということになる. なお, **整数の集合**のことを $\mathbb{Z}$ と書くことにする. この記号を使えば, 上の集合は

$$\{(a, b) \mid a, b \in \mathbb{Z}\}$$

となる. ずいぶん数学らしくなってきたと言えよう.

もう 1 つ, 練習を兼ねて,「すべての 3 の倍数の集合」（3 の倍数という場合には負の整数も含める）を集合の記号を用いて書いてみよう.

$$X = \{x \mid x \text{ は 3 の倍数 }\} = \{3n \mid n \in \mathbb{Z}\}$$

左側の式は書きたいことをそのまま書いたものであるが, これでは 3 の倍数の定義がわからないとこの中身もわからない[2)]. 一方で右側の式は 3 の倍数の定義を内包する記述法である. このように要素の意味を与えながら記述するのが集合の記法のツボである.

なお, ここで大切なことは

$$x \in X \iff x = 3n \text{ となる整数 } n \text{ が存在する.}$$

という同値関係が成り立つことである.（「存在する」という言いまわしは数学では

[2)] 3 の倍数なら誰でも知っている, というツッコミはナシである.「3 の倍数」をもっと難しい専門用語に置き換えたら, やはり定義を知りたいということになるだろう.

特有の意味を持つ．そのことは 1.2.5 項で説明する.）集合の記法によって表された要素の形と付帯条件は，集合の要素であるかそうでないかを判定するための条件であるということができる.

演習問題 1.1　$X = \{3n \mid n \in \mathbb{Z}\}$ として，$-6 \in X$ を確かめるために，われわれはどのような論証が必要であろうか．また，$7 \notin X$ を確かめるために，われわれはどのような論証が必要であろうか.

1.1.3　部分集合，集合の一致

次は，集合の包含関係について説明しよう．2 つの集合 A, B について A が B の**部分集合**であることを $A \subset B$ または $B \supset A$ と書くが，これは

$$A \subset B \iff \text{任意の } A \text{ の要素 } a \text{ は } B \text{ に属する}$$

という式により定義される.（「任意の」という言いまわしは数学では特有の意味を持つ．そのことについては 1.2.4 項で説明する.）右側の文章を論理式で記述すると「$\forall a \in A, a \in B$」である．ここで $\forall$ は「任意の」と読む記号である．論理式の記法はすぐに慣れる必要はないが，いずれはわかるようになることが望ましい．A を「オマエのもの」，B を「オレのもの」とすれば，$A \subset B$ は「オマエのものはオレのもの」という命題である．つまり,「オマエのもの」は「オレのもの」の一部分だということだ.

要素 a が集合 B の要素であることを $a \in B$ と書き，集合 A が B の部分集合であることを $A \subset B$ と書く．この 2 つの記号はとてもよく似ている．しかし異なる意味の異なる記号であるので，混同しないように細心の注意が必要である.

2 つの集合 A, B が一致している（**集合が等しい**）こと（つまり $A = B$）を示すには，$A \subset B$ と $B \subset A$ の両方が正しければよい．式だけ見ると難しいようであるが,「オマエのものはオレのもの，オレのものはオマエのもの」であるならば[3),]「オマエのもの = オレのもの」であることは自然な感覚であり，この条件はそれと同じことを言っているのである.

---

3)「オマエのものはオレのもの，オレのものはオレのもの」では一致しない.

1.2 命題，必要十分条件

1.2.1 命題

数学において正しいか正しくないかどちらか一方に決まる主張や論理は「命題」と呼ばれる.「$P:2x-6=0$ である」というのは命題である.（命題であるかどうか，ということと正しいか正しくないか，ということは別問題である．$x=3$ ならば命題 P は正しい命題だし，$x \neq 3$ ならば命題 P は正しくない命題である.）

本節では命題のあらましについて説明しよう．詳しく正確に命題や論理について学習したい人は新井紀子著『数学は言葉』を参照するとよい.

1.2.2 または

以降，命題のことを P, Q, R などの文字で表すことにする．2 つの命題 P, Q に対して新しい命題 R:「P または Q」という命題を作ることができる．これは P と Q の少なくとも一方が正しいときに全体 R が正しい，という約束できまる命題のことである．P:「$x=3$」，Q:「$x=2$」としたとき，R:「P または Q」は R:「$x=3$ または $x=2$」ということになる．$x=2$ のときには R は正しい，$x=1$ のときには R は正しくないなどのように，任意の x について正しいか正しくないかを判定することができる.

1.2.3 かつ

2 つの命題 P, Q に対して新しい命題 R:「P かつ Q」という命題を作ることができる．これは P と Q の両方が正しいときのみに全体 R が正しい，という約束できまる命題のことである．P:「$x=3$」，Q:「$x=2$」としたとき，R:「P かつ Q」は R:「$x=3$ かつ $x=2$」ということになる．$x=2$ のときには $x=3$ は正しくないので，R は正しくない．この例の場合にはいかなる x の値についても命題 R は正しくならないことがわかる.

「かつ」を表す記号として $\wedge$,「または」を表す記号として $\vee$ があるが，本書では用いない.

1.2.4 すべての，任意の

「オマエのものはオレのもの」と言ったときには言外の意味として,「すべてのオマエのものはオレのもの」と考えるのが普通である．これと同じように数学では

「すべての」という考え方がある．

変数 x によって正しい・正しくないが決まるような命題 $P(x)$ があるとして，すべての x について $P(x)$ が正しいことを主張する命題を

$$\forall x, P(x)$$

と記述する．この式を読むときは「すべての x について $P(x)$ が正しい」でよい．(「任意の x について」という言い方もあり，同じ意味である.)

簡単な（正しい）例としては $P: \forall x \in \mathbb{Z}, x^2 \geq 0$ がある．日本語で読めば「すべての整数 x に対して，$x^2 \geq 0$ である」となる．もちろんこの命題は正しい．

もう 1 つ，簡単な (正しくない) 例としては，Q:「$\forall x \in \{4$ の倍数 $\}, x$ は 6 の倍数」がある．この場合，たとえば $x = 12$ の場合には x は 6 の倍数なのでよいが，$x = 8$ の場合には x は 6 の倍数ではない．つまり「すべて」について 6 の倍数であることは正しくない．したがって，命題 Q は正しくないことが結論できる．

今の「すべてが正しいわけではないとわかるような実例」のことを反例という．

1.2.5 ある，存在する

「x が 3 の倍数である」ということを論理的に説明しようとすると，$x = 3n$ となるような整数 n が存在するか存在しないかがポイントになる．このときの n には $\exists$ という記号をつけて「$\exists n \in \mathbb{Z}$」と書き,「ある整数 n が存在して」と読む．つまり,「x が 3 の倍数である」ことを論理式で表現すると「$\exists n \in \mathbb{Z}, x = 3n$」であり，この論理式を日本語で読むと「ある整数 n が存在して $x = 3n$ である」となる．もしくは「$x = 3n$ となるような整数 n が存在する」と言っても同じことだが，これは x が 3 の倍数である意味と同じであることがわかるだろう．

本書では，写像の像とのからみで「ある〜が存在して」という状況がしばしば起こる．簡単な例として，写像 $f(x) = 3x + 2$ を考えよう．ここで命題 $P(n)$:「$\exists x \in \mathbb{Z}, f(x) = n$」を考えよう．日本語で読むと「$3x + 2 = n$ となるような整数 x が存在する」ということになる．

暗算でわかることだが，$P(5)$ は正しく，$P(7)$ は正しくない．つまり，$n = 5$ のときには $x = 1$ ととれば $3x + 2 = 3 \cdot 1 + 2 = 5$ なので正しい．$n = 7$ のときにはいかなる整数 x についても $3x + 2 = 7$ とはならないので，正しくない．

演習問題 1.2 次の命題は正しいか？

$P: \exists x \in \{4$ の倍数 $\}, x$ は 6 の倍数

1.2.6 存在しない，すべてが正しいわけではない

「すべての」や「ある」の否定の意味で「存在しない」や「すべてが正しいわけではない」という命題がありうるので，そのことについても簡単にまとめておこう．たとえば，x を整数としたときに $2x=1$ となるようなことは起こりえない．このことは二通りの表し方ができる．

(1) $\forall x \in \mathbb{Z}$,「$2x \neq 1$ である.」

(2) 「$\exists x \in \mathbb{Z}, 2x=1$」は正しくない．

この 2 つはどちらも同じ意味であり，$2x=1$ を満たすような整数 x が「存在しない」ことを言い表している．つまり (1) ではすべての場合が不成立であることを主張しているし，(2) では成立する可能性を否定しているのである．存在しないことを主張するときにはこの 2 通りの表現があることを理解しよう．

同じように,「すべてが正しいわけではない」にも 2 通りの表し方ができる．整数 x を 2 乗すると，多くの整数については $x^2>0$ となるが，$x=0$ のときに限りこうはならない．このことを書き表そうとすると，

(1) $\exists x \in \mathbb{Z}$,「$x^2 \leq 0$ である.」

(2) 「$\forall x \in \mathbb{Z}, x^2>0$」は正しくない．

この 2 つは同じ意味である．(1) では反例の存在を主張しているし，(2) ではすべてがそうなるわけではないことを主張している．

これからの議論の中で，この手の言い換えが頻繁に訪れるので，修得しておくとよいだろう．

1.2.7 ならば

2 つの命題 P, Q を「ならば」でつないだ命題，R:「P ならば Q」を考えることができる．記号では $P \Rightarrow Q$ と書く．

$P \Rightarrow Q$ が正しいとき，P を十分条件，Q を必要条件というが，本書ではこの言い分けは知らなくても困らない．必要十分条件（次の項で解説する）がわかっていれば十分である．

簡単な例として「$x=a+b, y=a-b \Rightarrow xy=a^2-b^2$」と言う命題は「ならば」を含んでおり，かつこの命題は正しい.「ならば」を含む命題 R:「P ならば Q」を確かめるためには，P が正しいと仮定して，Q を導出できればよい．この例の場合には $x=a+b, y=a-b$ が正しいと仮定して，xy にこれらを代入して

$(a+b)(a-b)=a^2-b^2$ と導出できるので，命題は正しいことが確かめられる．

「ならば」を含む命題は，集合の部分集合と状況が似ている.「オマエのものはオレのもの」というときには,「x がオマエのものであるならば，x はオレのものである」のように「ならば」を含む文であるとも考えることができる．これを論理式で書いてみると次のようになる．

$$\forall x, x \in \{\text{ オマエのもの }\} \text{ ならば } x \in \{\text{ オレのもの }\} \tag{1.1}$$

さいごに「ならば，でない」場合についても考察しておこう.「「オマエのものはオレのもの」が正しくない」ときとはどういうときか，という問題である.「x がオマエのものであるならば，x はオレのものである」が正しくない，ということであれば,

「オマエのものの中にオレのものでないものがある」

ということになる．このことを論理式できちんと書いてみよう．

$$\exists x, x \in \{\text{ オマエのもの }\} \text{ かつ } x \notin \{\text{ オレのもの }\} \tag{1.2}$$

この式は先ほどの式 (1.1) の否定命題であることがわかる．このことから，次のような変形規則が作れる．

命題 1.1

$\forall x, P(x) \Rightarrow Q(x)$ の否定命題は $\exists x, P(x)$ かつ「$Q(x)$ でない」である．

1.2.8 必要十分条件

2 つの命題 P, Q が必要十分条件である，または同値である，ということは「$P \Rightarrow Q$ かつ $Q \Rightarrow P$」が正しいことである．記号は $P \Leftrightarrow Q$ である．

「$x \in A$ ならば $x \in B$」が「$A \subset B$」と同値であることを考えると，もし「$x \in A \Rightarrow x \in B$ かつ $x \in B \Rightarrow x \in A$」であるならばそれは「$x \in A \Leftrightarrow x \in B$」ということに他ならないが，これを集合の言葉に言い換えると,「$A \subset B$ かつ $B \subset A$」であり「$A = B$」であるといっているのと同じことである．

1.3 写像

1.3.1 写像

集合 A, B に対して，A から B への写像 f とは「集合 A のそれぞれの要素 $a \in A$ に対して，B の要素を対応させるルール」であるとする．特に，このことを

$f : A \to B$ と書き，要素 $a \in A$ に対応する B の要素のことを $f(a)$ を書く．また $b = f(a)$ であることを，f によって a が b に移される（写される）などといい，このことを $f : a \mapsto b$ と書く．

関数 $y = f(x)$ は写像の例である．この場合には，x も y も実数なので，実数の集合を $\mathbb{R}$ で書くことにすれば，$f : \mathbb{R} \to \mathbb{R}$ という写像であるとみなすこともできる．

1.3.2 恒等写像

集合 A に対して，写像 $f : A \to A$ が

$$\text{任意の } a \in A \text{ に対して } f(a) = a$$

を満たすとき，この写像 f を恒等写像と言って，特別に id という記号を用いて表す．したがって，とくに断らなくとも $\mathrm{id}(a) = a$ である．

1.3.3 写像の合成

写像 $\varphi : A \to B$ と写像 $\psi : B \to C$ があるとき，その合成写像を $\psi \circ \varphi$ と書く．意味としては，φ で移したあとに引き続いて ψ で移すということで，つまり

$$\psi \circ \varphi(a) = \psi(\varphi(a))$$

である．

先に移す写像のほうを右側に書くのが習慣である．これは $\psi(\varphi(a))$ という式の順番から見て自然なのであるが，（たとえ自然な記号法だと頭ではわかっていても）どこまでも違和感が残ってしまうものなので，間違えないように意識することが必要である．

例題 1.2 写像 $\varphi : A \to B$ と写像 $\psi : B \to A$ に対して，「$\psi \circ \varphi = \mathrm{id}$」であるとは，任意の $a \in A$ に対して，

$$\psi(\varphi(a)) = a$$

が成り立つことである．（恒等写像 id の定義と合わせて見比べてみよう．）

1.3.4 像

写像 $\varphi : A \to B$ において，φ の値となりうる B の要素全体の集合を「φ の像」という．関数のときに「値域」と呼んでいた集合と同じことである．記号として

は $\mathrm{Im}(\varphi)$ と書く．

このことを論理式できちっと書くことは思いのほか難しい．B の要素 $b \in B$ が φ の像に含まれるかどうかを判定する方法は，「$\varphi(a) = b$ と書き表すことができるかどうか」ということである．このことを論理式で正確に書こうとすると，「$\varphi(a) = b$ となる $a \in A$ が存在する」ということで，

$$\mathrm{Im}(\varphi) = \{\, b \in B \mid \exists a \in A, \varphi(a) = b \,\}$$

が正しい定義である．この式と「φ の値となりうる B の要素全体の集合」という言葉による定義を結び付けておくことが以後の理解にとても大切である．

1.3.5 逆像

写像 $\varphi : A \to B$ を考え，$b \in B$ に対して，φ で移すと b になるような A の要素全体の集合を「（φ による）b の逆像」という．記号としては $\varphi^{-1}(b)$ と書く．つまり，

$$\varphi^{-1}(b) = \{\, a \in A \mid \varphi(a) = b \}$$

である．

像の定義式とどことなく似ているが，意味の違いをはっきりさせておくことは重要である．逆像とは，$b \in B$ がまず与えられていて，移した結果が b になるような「A の要素」を集めたものである．一方で，写像の像というのは A の要素 a を使って $\varphi(a)$ と表せるような「B の要素」を集めたものである．

1.3.6 全射

写像 $\varphi : A \to B$ を考える．「φ が全射である」とは φ の像 $\mathrm{Im}(\varphi)$ と集合 B とが一致することである．つまり

$$\varphi \text{ が全射} \Leftrightarrow \mathrm{Im}(\varphi) = B$$

一般的に言って，写像 $\varphi : A \to B$ で φ の行き先を考えると，それが B 全体にわたっているとは限らないのであるが，「全射＝ φ の行き先が全体にわたっている」ということで「全」の文字が使われているのである．（ちなみに「射」は「写像」の意味である．）

像 $\mathrm{Im}(\varphi)$ の定義式と組み合わせて全射の別定義を与えることもできる．もともと像とは B の部分集合であるから，$\mathrm{Im}(\varphi) = B$ を主張するためにはすべての要素

$b \in B$ が像 $\mathrm{Im}(\varphi)$ に含まれていればよい．このことを式で書き表すとこうなる．

$$\varphi \text{ が全射} \Leftrightarrow \forall b \in B, (\exists a \in A, \varphi(a) = b)$$

つまり「$\exists a \in A, \varphi(a) = b$」の部分が「$b$ は像 $\mathrm{Im}(\varphi)$ に含まれる」に相当するわけなので，上と同じ内容であることを確認してほしい．

演習問題 1.3 φ が全射であることと，「任意の $b \in B$ に対して b の逆像が空集合でない」ことが同値であることを証明せよ．

1.3.7 単射

写像 $\varphi : A \to B$ を考える．「φ が単射である」とは「A の異なる要素は φ で異なる要素に移される」ということである．これを式で表すと，

$$\varphi \text{ が単射} \Leftrightarrow (a_1 \neq a_2 \Rightarrow \varphi(a_1) \neq \varphi(a_2))$$

である．($\Leftrightarrow$ と $\Rightarrow$ の記号が混ざらないように括弧をつけて表した．)

上の命題は「ならば文」なので，対偶も同じ命題である．

$$\varphi \text{ が単射} \Leftrightarrow (\varphi(a_1) = \varphi(a_2) \Rightarrow a_1 = a_2)$$

これは「φ で移された先が一致していれば，もとの A の要素も一致していなければならない」と読み取ることができる．

演習問題 1.4 φ が単射であることと，「任意の $b \in B$ に対して，b の逆像の要素の個数が 1 個以下」であることとが同値であることを証明せよ．

1.3.8 全射と単射の練習問題

簡単な写像の例で，全射と単射の判別について練習をしておこう．

図において，(a)(b)(c)(d) のなかから全射と単射について判定しよう．なお，写像はすべて $\varphi : A \to B$ であるとする．

(a)

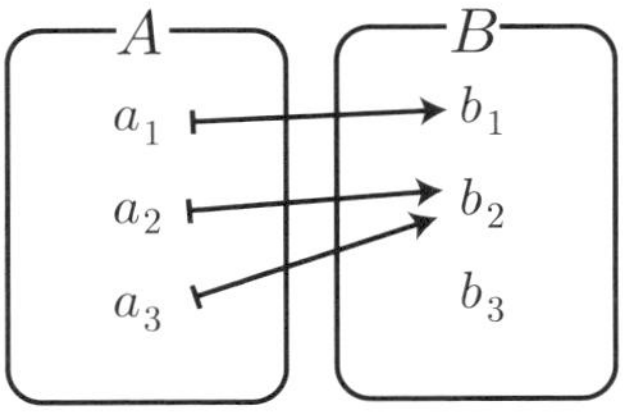

(b)

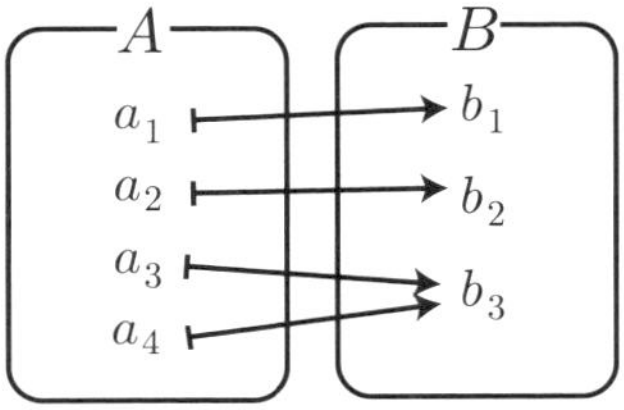

(c)

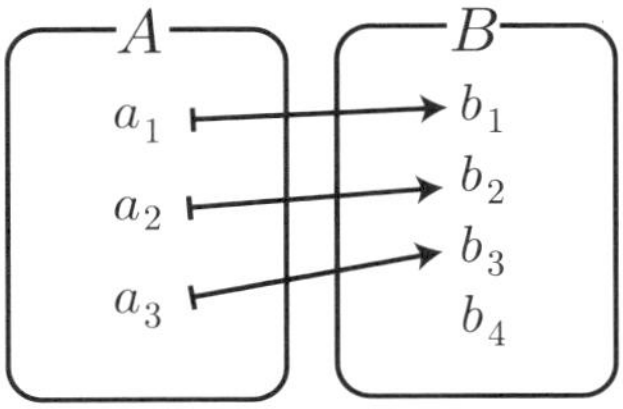

(d)

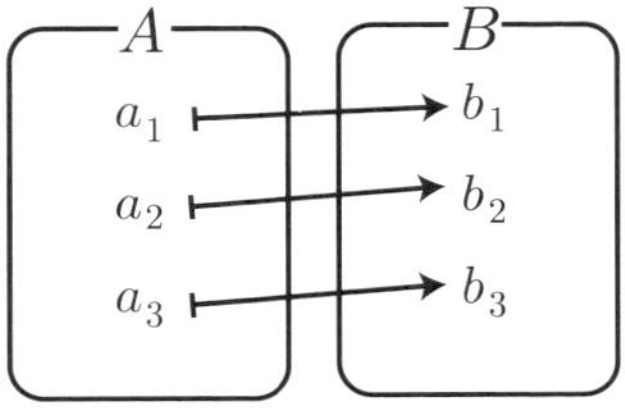

まず (a) であるが，これは全射でないし単射でもない．全射でない理由は $b_3 \in B$ へと移されるような A の要素がないことがその理由である．単射でない理由は a_2 と a_3 の両方が b_2 へと移されるので，$\varphi(a_2) = \varphi(a_3)$ となっているのに $a_2 \neq a_3$ なのがいけないのである．

(b) は全射であるが単射ではない．全射である理由は b_1, b_2, b_3 のそれぞれに，A の要素から移されるものがあるからである．いまはたとえば $\varphi(a_1) = b_1, \varphi(a_2) = b_2, \varphi(a_4) = b_3$ であるからよい．(全射「である」ことを示すには B の要素すべてについて確かめなければいけないので大変である.）単射でない理由は a_3 と a_4 の両方が b_3 へとうつされるので，$\varphi(a_3) = \varphi(a_4)$ となっているのに $a_3 \neq a_4$ なのがいけないのである．

(c) は全射ではないが単射である．全射でない理由は，反例を 1 つ挙げればよい．b_4 へと移される A の要素がないことを示す．(このことを確認するためには A のすべての要素について，φ で移してみて，b_4 にならないことを確認する必要があるので，これはこれで大変である.）単射である理由は，A の要素から「A の要素の異なる組み合わせをすべて考えてみて，その行き先が異なることを確認する」ことが必要である．(これはこれでとても大変である.）ここでは「a_1, a_2」「a_1, a_3」「a_2, a_3」が異なる A の要素の組み合わせのすべてであり，それぞれについて，「$\varphi(a_1) \neq \varphi(a_2)$」「$\varphi(a_1) \neq \varphi(a_3)$」「$\varphi(a_2) \neq \varphi(a_3)$」が成り立っていることから単射であることが示される．

(d) は全射かつ単射である．このような場合を**全単射**という．全単射であることは，次の項で示すように，逆写像の存在と必要十分である．

1.3.9　逆写像と全単射

写像 $\varphi : A \to B$ を考える．B から A への写像 $\psi : B \to A$ が,「任意の $a \in A$ について $\psi \circ \varphi(a) = a$」かつ「任意の $b \in B$ について $\varphi \circ \psi(b) = b$」をみたすとき,「$\varphi$ と ψ とは互いに逆写像である」という．

φ が逆写像を持つとき，φ は全単射になる．このような状況では，A の要素と B の要素とは完全に（重なりなく・あまりなく）1 対 1 の対応がついている．集合 A と B の間に全単射が存在することは，集合を分類する上で重要な概念であり，本書の中でも何度となく現れるので頭にとめておこう．

演習問題 1.5　(1)「任意の $a \in A$ について $\psi \circ \varphi(a) = a$」であることから φ が単射であることを示せ．

(2)「任意の $b \in B$ について $\varphi \circ \psi(b) = b$」であることから φ が全射であることを示せ．

第 2 章

$\mathbb{Z}$ 自由加群

2.1　$\mathbb{Z}$ 自由加群とは

自由加群の基本的な事項について学習する．

最初に集合 S を自由に設定する．集合 S の要素は数や関数といった数学的な対象でなくともかまわないものとする．たとえば

$$S = \{\triangle, \square, \diamondsuit\}$$

のような意味のない記号の集合や，

$$S = \{\text{ 松}, \text{竹}, \text{梅 }\}$$

のような言葉でも構わない．これらに対して S が生成する $\mathbb{Z}$ 自由加群を次で定義する．

定義 2.1（S **が生成する** $\mathbb{Z}$ **自由加群**）　S が生成する $\mathbb{Z}$ 自由加群（または単に自由加群）を $\mathbb{Z}\langle S\rangle$ と書いて，

$$\begin{aligned}\mathbb{Z}\langle S\rangle &= \left\{ \sum_{j=1}^{r} a_j s_j \,\middle|\, a_j \in \mathbb{Z}, s_j \in S \right\} \\ &= \{a_1s_1 + a_2s_2 + \cdots + a_rs_r | a_1, a_2, \ldots, a_r \in \mathbb{Z}, s_1, s_2, \ldots, s_r \in S\}\end{aligned}$$

と定義する．

ここでは「集合」の記号を用いて $\mathbb{Z}\langle S\rangle$ を定めた．集合の記号にあまりなれていない人は面食らうかもしれないが，少しずつなれることを目指そう．つまりこの記号は，$a_1s_1 + a_2s_2 + \cdots + a_rs_r$ という形の式で表されるもの全体の集合の意味である．さらにその補足説明として，$a_1, a_2, \ldots, a_r$ は整数であって，$s_1, s_2, \ldots, s_r$ は S の要素であるといっているのである．

上の記法で $\sum_{j=1}^{r} a_j s_j$ と $a_1s_1 + a_2s_2 + \cdots + a_rs_r$ とは同じ意味である．つまり Σ は「総和」を意味する記号で，これを用いれば「$\cdots$」（テンテンテン）を用いることなく式を記述することが可能である．慣れないうちは $\cdots$ を用いた書き方を勧める．一度慣れれば Σ のほうが手軽に計算できるのだが，意味を見失う恐れもあることを注意しておこう．

$S = \{s_1, s_2, \ldots, s_k\}$ のときには $\mathbb{Z}\langle S\rangle$ のことを $\mathbb{Z}\langle s_1, s_2, \ldots, s_k\rangle$ とも書くことにする．

例題 2.2　$S = \{\triangle, \square, \diamondsuit\}$ とする．$2\triangle - 3\square + 5\diamondsuit$, $3\triangle + 3\square - 4\diamondsuit \in \mathbb{Z}\langle S\rangle$ などとなる．ここで，$2, -3, 5$ などは $a_1, a_2, a_3 \in \mathbb{Z}$ にあたり，$\triangle, \square, \diamondsuit$ は $s_1, s_2, s_3 \in S$ にあたる．この場合，集合は $\mathbb{Z}\langle\triangle, \square, \diamondsuit\rangle$ と書いてもよく，任意の $\mathbb{Z}\langle S\rangle = \mathbb{Z}\langle\triangle, \square, \diamondsuit\rangle$ の要素は $a\triangle + b\square + c\diamondsuit$（ただし $a, b, c \in \mathbb{Z}$）と表される．

また $0\triangle + 0\square + 0\diamondsuit$ のことは単に 0 と書くことにする．

ここで忘れてはならないことを前もって注意しておこう．たとえば $2\triangle$ は「$\triangle$ の 2 倍」ではあるが，別に $\triangle$ が 2 個あるわけではないということだ．つまり多項式で $2x$ というと，x という不定元，または数があって，それを 2 倍したものを $2x$ という，と決められているので，「2 倍」には数としての掛け算の意味がこめられている．しかし $2\triangle$ は整数の 2 と S の要素 $\triangle$ とを並べただけのもので，これ自身には数量的概念は伴わないものとする．

$-\triangle + 3\diamondsuit$ は $-\triangle$ と $3\diamondsuit$ とを足したものではあるが，ここでいう足したもの，というのも具体的な数量的概念を伴うものではまったくない．

もちろん，考え手の努力によってこれら $\mathbb{Z}\langle S\rangle$ の要素に数量的意味づけをすることは可能である．たとえば，S の要素を財産の種類とし，正の整数は保有している財産を，負の整数は負債がある，というように決めたとしよう．$\triangle$ が現金であり $\diamondsuit$ が証券であるとすると，$-\triangle + 3\diamondsuit$ は「1（万円？億円？）の借金があり，3（万円？億円？）の証券を保有している状態」を表しているといえるだろう．このような想像は数学を楽しくするのに役立つのでぜひ考えてもらいたい．しかし話の本筋では数量的概念は伴わないものだと知っていてほしい．

あとの章では，たとえば多面体のようなものを考え，「(辺 AB) の 3 倍＋ (辺 BC) の -2 倍」などというものを抽象的に考える．その段階になって，「辺の 3 倍ってどういう意味だ？」と考え始めると理解が止まってしまう．だから今の段階で注意しておくのである.「辺の 3 倍」には意味はない. 抽象的にそういうものを考えるのだということである.

2.1.1 自由加群の和と定数倍

定義 2.3(**自由加群の和と定数倍**) $\mathbb{Z}\langle S\rangle$ には「和」と「整数定数倍」が定まる. 実際に, 和は

$$\begin{aligned}(a_1s_1+\cdots+a_ks_k)+(a_1's_1+\cdots+a_k's_k)\\=(a_1+a_1')s_1+\cdots+(a_k+a_k')s_k\end{aligned}$$

のように定義され, 整数定数倍は

$$c(a_1s_1+\cdots+a_ks_k)=(ca_1)s_1+\cdots+(ca_k)s_k$$

のように定義される.

例題 2.4 「和」と「整数定数倍」の具体例を見てみよう.

(1) $(2\triangle-3\square+5\Diamond)+(3\triangle+3\square-4\Diamond)=5\triangle+\Diamond$

(2) $3(\triangle-2\square+3\Diamond)=3\triangle-6\square+9\Diamond$

これらの例からわかるように和とは各係数を加えたものであり, 定数倍とは各係数を定数倍したものである. ただし, (1) の答え $5\triangle+\Diamond$ のにおいて, $\square$ の係数は 0 であって, $0\square$ と書くべきところであるが, 多項式を記述するときと同じように“0 倍”は省略して書く. また, $5\triangle+\Diamond$ の $+\Diamond$ は係数が 1 であって, $+1\Diamond$ と書くべきところであるが, $+1$ の“1”を省略して, ただ $+\Diamond$ と書くことにする. このあたりは多項式を書くときのしきたりと同じである.

演習問題 2.1 $S=\{\triangle,\square,\Diamond\}$ として次の計算をせよ.

(1) $(3\triangle-2\square+\Diamond)+(-3\triangle+3\square-\Diamond)$ (2) $0(3\triangle-2\square+\Diamond)$

自由加群に関する基本的な性質を紹介する.

定理 2.5 $\alpha,\beta,\gamma\in\mathbb{Z}\langle S\rangle$ と $c,d\in\mathbb{Z}$ に対して次が成り立つ.

(1) $(\alpha+\beta)+\gamma=\alpha+(\beta+\gamma)$

(2) $0+\alpha=\alpha+0=\alpha$

(3) $\alpha+(-\alpha)=0$

(4) $\alpha+\beta=\beta+\alpha$

(5) $(c+d)\alpha = c\alpha + d\alpha$
(6) $c(\alpha+\beta) = c\alpha + c\beta$
(7) $1 \cdot \alpha = \alpha$
(8) $0 \cdot \alpha = 0$

証明. (1) の証明を示す[1)]. $\alpha = \sum_{i=1}^{k} a_i s_i$, $\beta = \sum_{i=1}^{k} b_i s_i$, $\gamma = \sum_{i=1}^{k} c_i s_i$ とする.

$$
\begin{aligned}
(\alpha+\beta)+\gamma &= \left(\sum_{i=1}^{k} a_i s_i + \sum_{i=1}^{k} b_i s_i\right) + \sum_{i=1}^{k} c_i s_i && (\alpha, \beta, \gamma \text{ にそれぞれ代入}) \\
&= \sum_{i=1}^{k} (a_i + b_i) s_i + \sum_{i=1}^{k} c_i s_i && (\alpha + \beta \text{ を先に計算}) \\
&= \sum_{i=1}^{k} \{(a_i + b_i) + c_i\} s_i \\
\alpha+(\beta+\gamma) &= \sum_{i=1}^{k} a_i s_i + \left(\sum_{i=1}^{k} b_i s_i + \sum_{i=1}^{k} c_i s_i\right) && (\alpha, \beta, \gamma \text{ にそれぞれ代入}) \\
&= \sum_{i=1}^{k} a_i s_i + \sum_{i=1}^{k} (b_i + c_i) s_i && (\beta + \gamma \text{ を先に計算}) \\
&= \sum_{i=1}^{k} \{a_i + (b_i + c_i)\} s_i
\end{aligned}
$$

よって $(\alpha+\beta)+\gamma = \alpha+(\beta+\gamma)$ が成り立つ. そのほかの式も同様に示される.

□

演習問題 2.2 定理 2.5 の (2) から (8) を証明してみよう.

先に進む前に, 群, 加群の定義を述べておこう. ただしここで怯む必要はない. 自由加群という用語の中に「群, 加群」という言葉が含まれているので, その背景となる定義を述べておくだけである. しかもその内容はすでに述べた性質 (1)~(4) に他ならないのである. 本書の中で, 群や加群の定義を本質的に用いるようなことは以後ないと思うが, 和や整数定数倍の許された世界だということを認識できれば十分である.

定義 2.6 (**群, 加群**) 集合 G が (和について) 群であるとは, $\alpha, \beta, \gamma \in G$ に

---

1) 数学の本では公式にはすべて「何故正しいか」という証明を添付するしきたりになっている. 煩わしく思うかもしれないが辛抱願いたい.

対して以下の (1)(2)(3) が成り立つことである．集合 G が加群であるとは以下の (1)(2)(3)(4) が成り立つことである．

(1) $(\alpha+\beta)+\gamma=\alpha+(\beta+\gamma)$ （結合法則）

(2) $0+\alpha=\alpha+0=\alpha$ （α にはよらない単位元 0 が存在する）

(3) $\alpha+(-\alpha)=(-\alpha)+\alpha=0$ （α に対して逆元 $-\alpha$ が存在する）

(4) $\alpha+\beta=\beta+\alpha$ （交換法則）

この定義から次の系は容易に導ける．

系 2.7 $\mathbb{Z}\langle S\rangle$ は和について加群である．

証明． 加群とは，交換法則が成り立つ群のことである．$\mathbb{Z}\langle S\rangle$ は定理 2.5 で示したように (1)(2)(3)(4) が成り立つので加群である． □

自由加群の要素は，つまり整式の 1 次式のようなものだと思えばよい．ただし，定数項がつかないことと，係数がすべて整数であることには注意が必要である．

2.2 自由加群の準同型写像

準同型写像とは「演算と相性の良い写像」の意味である.「準」や「同型」という言葉のイメージと一致しているかどうかは保証しない．英語の「homomorphism」の訳語であり「同型写像=isomorphism」に準ずるものであるという位置づけなのだろうと推測できるが，そもそもそういう意味ではない（と筆者は信じている)．

2.2.1 準同型写像

定義 2.8（準同型写像） 集合 X, Y に足し算が定義されているとき，$f: X \to Y$ が準同型写像であるとは，$f(x+y)=f(x)+f(y)$ が成り立つことと定義する．

S, T を集合とし，自由加群の間の写像 $f: \mathbb{Z}\langle S\rangle \to \mathbb{Z}\langle T\rangle$ であって，準同型写像になるようなものを考えたい．これから行いたい計算はたとえば次のような計算である.（これは,「たとえば」の話なので，いまは f がどのように決まっているかとかは度外視している.） $S=\{\triangle, \square\}, T=\{$ 春, 夏, 秋 $\}$，$\alpha=3\triangle+\square$ に対して，

$$f(\alpha)=f(3\triangle+\square)=3f(\triangle)+f(\square)$$
$$=3(春+夏)+(秋-2 夏)$$

$$= 3\,春 + 夏 + 秋$$

そこで，引き続き $S = \{\triangle, \square\}, T = \{\ 春, 夏, 秋\ \}$ であるとして，$f : \mathbb{Z}\langle S\rangle \to \mathbb{Z}\langle T\rangle$ という写像を上の計算のように行えるように定めるには，何が定まっていればよいかを考えると，S の各要素に対して写像 f による行き先が定まっていれば十分足りていることがわかる．今の場合で言えば，つまり $f(\triangle), f(\square)$ が定まっていれば十分なことになる．ここで例えば $f(\triangle) = 春 + 2\,夏$，$f(\square) = 秋 - 夏$ のように定めよう．このとき，任意の $\mathbb{Z}\langle S\rangle$ の要素 $a\triangle + b\square$ に対して，

$$\begin{aligned} f(a\triangle + b\square) &= f(a\triangle) + f(b\square) \\ &= a(春 + 2\,夏) + b(秋 - 夏) \\ &= a\,春 + (2a - b)\,夏 + b\,秋 \end{aligned}$$

と計算して求めることができる．

演習問題 2.3 $S = \{\triangle, \square, \diamondsuit\}, T = \{\ 春, 夏, 秋\ \}$ について，準同型写像 $f : \mathbb{Z}\langle S\rangle \to \mathbb{Z}\langle T\rangle$ を $f(\triangle) = 春 + 夏$, $f(\square) = 秋 - 2\,春$, $f(\diamondsuit) = 3\,夏 + 秋$ のように定めたとき，$f(\triangle - 2\square + \diamondsuit)$ を求めよ．

では，より一般的な状況から自由加群の準同型写像を決める手順について考えよう．

命題 2.9（自由加群の間の準同型の定めかた） (1) S の任意の要素 s_i に対して写像 f による像 $f(s_i)$ が定まっているものとする．この f から写像 $f : \mathbb{Z}\langle S\rangle \to \mathbb{Z}\langle T\rangle$ を

$$f(x_1s_1 + \cdots + x_rs_r) = x_1f(s_1) + \cdots + x_rf(s_r)$$

により定めると，f は準同型である．

(2) このとき $f(c\alpha) = cf(\alpha)$ である．

証明. (1) $\alpha = \sum_{i=1}^{k} x_is_i, \beta = \sum_{i=1}^{k} y_is_i$ とする．

$$f(\alpha + \beta) = f(\sum_{i=1}^{k}(x_i + y_i)s_i) = \sum_{i=1}^{k}(x_i + y_i)f(s_i)$$

$$f(\alpha) + f(\beta) = f(\sum_{i=1}^{k} x_is_i) + f(\sum_{i=1}^{k} y_is_i)$$

$$= \sum_{i=1}^{k} x_i f(s_i) + \sum_{i=1}^{k} y_i f(s_i) = \sum_{i=1}^{k} (x_i + y_i) f(s_i)$$

よって，$f(\alpha+\beta) = f(\alpha) + f(\beta)$ が成り立つ.

(2) $f(c\alpha) = f(\sum_{i=1}^{k} cx_i s_i) = cf(\sum_{i=1}^{k} x_i s_i) = cf(\alpha)$

という計算によって，$f(c\alpha) = cf(\alpha)$ が成り立つことがわかる. □

自由加群を多項式だと思ってしまえば，準同型写像とは「1 次式の文字の置き換え・代入」に対応していることがわかる.

2.2.2 同型写像

次に群の同型写像について解説する. 同型写像とは「2 つの群を同じものとみなすための写像」という意味である.（準同型写像が「演算と相性の良い写像」の意味だったのと比べると大きな違いである.）別の言い方をすると，2 つの群 G, H があったとき写像 $f : G \to H$ が同型写像であるとは，まず f が全単射であって，かつ f が準同型写像であるということである.

全単射の定義については 1.3.8 項で紹介したが，一言で言えば「余りなく重複なく 1 対 1 に対応していて，逆写像を構成できる」ような写像のことである.

定義 2.10（同型写像） G, H が和について群であるとき，準同型写像 $f : G \to H$ が全単射（逆写像を持つ）であるときに，この写像 f を同型写像といい，G と H とは同型であるという.（このとき記号 $G \cong H$ を用いる.）

例題 2.11 $S = \{\triangle, \square\}, T = \{\heartsuit, \clubsuit\}$ において，$f(\triangle) = \heartsuit, f(\square) = \clubsuit$ という対応により準同型 $f : \mathbb{Z}\langle S\rangle \to \mathbb{Z}\langle T\rangle$ を定めると，これは同型写像である. 実際に，逆写像 g は $g(\heartsuit) = \triangle, g(\clubsuit) = \square$ により定められ，合成写像 $f \circ g$ と $g \circ f$ とはいずれも恒等写像である.

演習問題 2.4 $S = \{\triangle, \square\}, T = \{\heartsuit, \clubsuit\}$ において，$f(\triangle) = 2\heartsuit + 3\clubsuit, f(\square) = 3\heartsuit + 5\clubsuit$ という対応により準同型 $f : \mathbb{Z}\langle S\rangle \to \mathbb{Z}\langle T\rangle$ を定めると，これは同型写像であることを示せ.

演習問題 2.5 $S = \{\triangle, \square\}, T = \{\heartsuit, \clubsuit\}$ において，$f(\triangle) = \heartsuit + 2\clubsuit, f(\square) = 2\heartsuit + \clubsuit$ という対応により準同型 $f : \mathbb{Z}\langle S\rangle \to \mathbb{Z}\langle T\rangle$ を定めると，これは同型写像でないことを示せ.

本書において同型写像云々というときは，計算により求まったホモロジー群が，よく知られているどのような群と同型であるかを考えるときに用いる．直和の節（2.5 節）にその用例を書いておいたので参照してほしい．

2.3 部分加群

定義 2.12（**部分加群**） $I \subset \mathbb{Z}\langle S\rangle$ が $\mathbb{Z}\langle S\rangle$ の部分加群であるとは，次の 2 条件を満たすものとする．

(1) 任意の $\alpha, \beta \in I$ に対して $\alpha + \beta \in I$ である．

(2) 任意の $\alpha \in I$ と任意の $c \in \mathbb{Z}$ に対して $c\alpha \in I$ である．

例題 2.13 $S = \{\text{椿}, \text{梅}\}$ とする．このとき，

$$
\begin{aligned}
I &= \{k(\text{椿} + \text{梅}) \mid k \in \mathbb{Z}\} \\
&= \{\ldots, -2(\text{椿} + \text{梅}), -(\text{椿} + \text{梅}), 0, \text{椿} + \text{梅}, 2(\text{椿} + \text{梅}), \ldots\}
\end{aligned}
$$

は部分加群である．

部分加群の名前の由来は,「部分集合」かつ「加群＝アーベル群」であることである．実際，この 2 つの条件を満たすものは部分加群である．

演習問題 2.6 $S = \{\text{椿}, \text{梅}\}$ とする． このとき，$\mathbb{Z}\langle S\rangle$ の部分加群の例で，本文とは違うものを 1 つ作れ．

例題 2.14 $\{0\}$ は部分加群であるといえる．これはどんな $\mathbb{Z}$ 加群にも含まれるような特別な加群である．以後，これを $O = \{0\}$（アルファベットの大文字の O）と表記することにする．

少し進んだ内容だが，S が有限集合のとき $\mathbb{Z}\langle S\rangle$ の任意の部分加群 I は，

$$
\begin{aligned}
I =& \{k_1\alpha_1 + \cdots + k_r\alpha_r \mid k_1, \ldots, k_r \in \mathbb{Z}\} \\
=& \mathbb{Z}\langle \alpha_1, \ldots, \alpha_r\rangle \quad (\alpha_1, \ldots, \alpha_r \in \mathbb{Z}\langle S\rangle)
\end{aligned}
$$

と表すことができる．このことには証明が必要であるが，ここでは省略する．似たタイプの定理としては,「$\mathbb{R}^n$ の線形部分空間には基底が存在する」という定理がある．

部分加群の考え方は「倍数全体の集合」のように考えておいてそれほど間違いではない．$I = \{k(\text{椿} + \text{梅}) \mid k \in \mathbb{Z}\}$ は「椿 + 梅 の倍数全体」という扱いである．

もっとも，多変数の 1 次多項式のようなものを考えているので,「$\triangle + \square$ の倍数全体と $\triangle - 2\diamondsuit$ の倍数全体をあわせたもの」のようなことも起こりうるということも想定しておいたほうがよい．

演習問題 2.7 $S = \{\text{桜}, \text{椿}, \text{梅}\}$ とする．このとき，桜 + 2 椿 と 椿 − 梅 を含むような $\mathbb{Z}\langle S\rangle$ の部分加群で，もっとも（集合として）小さいものは何か．

線形代数にあったように，自由加群の準同型写像には核や像を考えることができる．かつこれら核や像は部分加群の典型的な例である．まずは定義をする．

定義 2.15（核，像） $f : \mathbb{Z}\langle S\rangle \to \mathbb{Z}\langle T\rangle$ を自由加群の準同型であるとする．

(1) その核を

$$\mathrm{Ker}(f) = \{\alpha \in \mathbb{Z}\langle S\rangle \mid f(\alpha) = 0\}$$

により定義する．

(2) その像を

$$\mathrm{Im}(f) = \{\beta \in \mathbb{Z}\langle T\rangle \mid \exists\alpha \in \mathbb{Z}\langle S\rangle, f(\alpha) = \beta\}$$

により定義する．

演習問題 2.8 自由加群の準同型 f について，その核や像が部分加群であることを証明せよ．(線形写像の核や像が線形部分空間になっているのと同じ方法で証明できる.)

例題 2.16 $S = \{\heartsuit, \clubsuit\}$，$T = \{\triangle\}$ とする．準同型写像 $f : \mathbb{Z}\langle S\rangle \to \mathbb{Z}\langle T\rangle$ が $f(\heartsuit) = 2\triangle, f(\clubsuit) = -\triangle$ で与えられているとする．このときの核 $\mathrm{Ker}(f)$ を求めてみよう．

核 $\mathrm{Ker}(f)$ は $\mathbb{Z}\langle S\rangle$ の部分集合なので，$\mathbb{Z}\langle S\rangle$ の要素のうち核に入るものがどれであるかを計算すればよいことになる．$\mathbb{Z}\langle S\rangle$ の任意の要素は $\alpha = a\heartsuit + b\clubsuit$ と表される．$f(\alpha) = 0$ を立式してみると，

$$\begin{aligned} 0 = f(\alpha) &= f(a\heartsuit + b\clubsuit) \\ &= af(\heartsuit) + bf(\clubsuit) \end{aligned}$$

$$= a(2\triangle) + b(-\triangle)$$
$$= (2a - b)\triangle$$

したがって，$f(\alpha) = 0$ より

$$2a - b = 0$$

であることがわかる．$\alpha = a\heartsuit + b\clubsuit$ の b を $2a$ で置き換えると，

$$\alpha = a(\heartsuit + 2\clubsuit) \quad (a \in \mathbb{Z})$$

が得られるので，

$$\mathrm{Ker}(f) = \{a(\heartsuit + 2\clubsuit) \mid a \in \mathbb{Z}\}$$

となる．

単射については次の命題が基本的である．

命題 2.17 自由加群の準同型写像 $f : \mathbb{Z}\langle S \rangle \to \mathbb{Z}\langle T \rangle$ について，f が単射であることと $\mathrm{Ker}(f) = O$ であることは必要十分条件である．

証明. まず，f が単射であると仮定する．このとき，任意の $\alpha \in \mathrm{Ker}(f)$ に対して $\alpha = 0$ であることを示したい．実際に，$\alpha \in \mathrm{Ker}(f)$ より $f(\alpha) = 0$ である．一方で，$f(0) = 0$ はいつでも成り立っている．このことから，単射の条件

$$f(\alpha_1) = f(\alpha_2) \Rightarrow \alpha_1 = \alpha_2$$

を用いれば $f(\alpha) = f(0) \Rightarrow \alpha = 0$ が導かれる．

逆に，$\mathrm{Ker}(f) = O$ を仮定する．任意の $f(\alpha_1) = f(\alpha_2)$ となる α_1, α_2 に対して，これらが等しいことを示したい．実際に，次のように式変形すればよい．

$$\begin{aligned}
f(\alpha_1) = f(\alpha_2) &\Rightarrow f(\alpha_1) - f(\alpha_2) = 0 \\
&\Rightarrow f(\alpha_1 - \alpha_2) = 0 \\
&\Rightarrow \alpha_1 - \alpha_2 \in \mathrm{Ker}(f) \\
&\Rightarrow \alpha_1 - \alpha_2 = 0 \quad (\text{ここで } \mathrm{Ker}(f) = O \text{ を使った.}) \\
&\Rightarrow \alpha_1 = \alpha_2
\end{aligned}$$

以上より題意は証明された． □

像を具体的に求めるときには次の補題が基本的である.

補題 2.18 $f : \mathbb{Z}\langle S\rangle \to \mathbb{Z}\langle T\rangle$ を加群の準同型とし，$S = \{\boldsymbol{e}_1, \boldsymbol{e}_2, \ldots, \boldsymbol{e}_r\}$ であるとする．このとき，f の像に関して

$$\mathrm{Im}(f) = \mathbb{Z}\langle f(\boldsymbol{e}_1), f(\boldsymbol{e}_2), \ldots, f(\boldsymbol{e}_r)\rangle$$

である.

証明. 定義より $\mathrm{Im}(f) = \{f(a) \mid a \in \mathbb{Z}\langle S\rangle\}$ だから任意の $\mathrm{Im}(f)$ の要素は $f(a_1\boldsymbol{e}_1 + a_2\boldsymbol{e}_2 + \cdots + a_r\boldsymbol{e}_r)$ という式で表される．f は準同型であるから，より

$$\begin{aligned} &f(a_1\boldsymbol{e}_1 + a_2\boldsymbol{e}_2 + \cdots + a_r\boldsymbol{e}_r) \\ &\quad = a_1 f(\boldsymbol{e}_1) + a_2 f(\boldsymbol{e}_2) + \cdots + a_r f(\boldsymbol{e}_r) \\ &\quad \in \mathbb{Z}\langle f(\boldsymbol{e}_1), f(\boldsymbol{e}_2), \ldots, f(\boldsymbol{e}_r)\rangle \end{aligned}$$

である．このことから，

$$\mathrm{Im}(f) \subset \mathbb{Z}\langle f(\boldsymbol{e}_1), f(\boldsymbol{e}_2), \ldots, f(\boldsymbol{e}_r)\rangle$$

である．逆に，$\mathbb{Z}\langle f(\boldsymbol{e}_1), f(\boldsymbol{e}_2), \ldots, f(\boldsymbol{e}_r)\rangle$ から任意の要素を取り出すと，$a_1 f(\boldsymbol{e}_1) + a_2 f(\boldsymbol{e}_2) + \cdots + a_r f(\boldsymbol{e}_r)$ と表されるはずであるが，これは $f(a_1\boldsymbol{e}_1 + a_2\boldsymbol{e}_2 + \cdots + a_r\boldsymbol{e}_r)$ と等しいので，$\mathrm{Im}(f) = \{f(a) \mid a \in \mathbb{Z}\langle S\rangle\}$ の要素である．つまり

$$\mathrm{Im}(f) \supset \mathbb{Z}\langle f(\boldsymbol{e}_1), f(\boldsymbol{e}_2), \ldots, f(\boldsymbol{e}_r)\rangle$$

である．以上をあわせて考えれば

$$\mathrm{Im}(f) = \mathbb{Z}\langle f(\boldsymbol{e}_1), f(\boldsymbol{e}_2), \ldots, f(\boldsymbol{e}_r)\rangle$$

である. □

2.4 商加群

自由加群の部分加群 I に対して商加群と呼ばれる群を定義することができる．商加群はホモロジー群を定義する上で大切な考え方であるのでぜひここでマスターして次へ進んでほしいと思うが，実際のところ本書でもっとも理解しにくい概念の 1 つでもある．あわてずに取り組んでほしい.

定義 2.19（商加群） 部分加群 $I \subset \mathbb{Z}\langle S\rangle$ に対して，商加群 $\mathbb{Z}\langle S\rangle/I$ を次の 3 つのルールで定める．

（ルール (a)）

$\mathbb{Z}\langle S\rangle/I$ の要素は $[\alpha]$ と書く．（ただし，$\alpha \in \mathbb{Z}\langle S\rangle$ である．）

（ルール (b)）

$\mathbb{Z}\langle S\rangle/I$ の要素は「和」,「定数倍」することができる．つまり，任意の $\alpha, \beta \in \mathbb{Z}\langle S\rangle$，任意の $c \in \mathbb{Z}$ に対して，

$$[\alpha] + [\beta] = [\alpha + \beta],$$

$$c[\alpha] = [c\alpha]$$

と定める．

（ルール (c)）

$\alpha \in I \Longleftrightarrow [\alpha] = [0]$ と定める．

例題 2.20 では，ルールに基づいて計算をしてみよう．$S = \{\triangle, \square, \Diamond\}$，$I = \{k(\triangle - \Diamond) \mid k \in \mathbb{Z}\}$ のとき，$\mathbb{Z}\langle S\rangle/I$ を求めよう．

$\alpha \in I \Longleftrightarrow [\alpha] = [0]$（ルール (c)）より

$$\begin{aligned} &\triangle - \Diamond \in I \\ &\Longrightarrow [\triangle - \Diamond] = [0] \quad （ルール\ (c)） \\ &\Longrightarrow [\triangle] - [\Diamond] = [0] \quad （ルール\ (b)） \\ &\Longrightarrow [\triangle] = [\Diamond] \end{aligned}$$

任意の $\mathbb{Z}\langle S\rangle/I$ の要素は，ルール (a) により $[a\triangle + b\square + c\Diamond]$ と表される．ルール (b) を用いれば，$[a\triangle + b\square + c\Diamond] = a[\triangle] + b[\square] + c[\Diamond]$ である．上の計算により導いた関係式 $[\triangle] = [\Diamond]$ より，$(a+c)[\triangle] + b[\square] \in \mathbb{Z}\langle S\rangle/I$ と表せる．$k = a + c \in \mathbb{Z}$ と置けば，

$\mathbb{Z}\langle S\rangle/I = \{k[\triangle] + b[\square] \mid b,\ k \in \mathbb{Z}\}$

と表されることがわかる．

ここでは自由加群 $\mathbb{Z}\langle S\rangle$ の部分加群について商加群を定義したが，実際には（一般的な）加群 G とその部分加群 I について商加群 G/I を同じ 3 つのルールで定めることができる．その実例についてはホモロジー群のところで取り扱うことにする．

例題 2.21 少し発展的な例を取り上げてみよう.（最初はこの例題を飛ばして学習し，あとで必要になったら戻ってくるというのでもよい.）

$$S = \{\Box\}, I = \{2k\Box \mid \ k \in \mathbb{Z}\}$$

のとき，$\mathbb{Z}\langle S\rangle/I$ を求めよう.

$$2\Box \in I \Longrightarrow [2\Box] = 2[\Box] = [0] \quad (\text{ルール (c)})$$

である．ただしここで，$2[\Box] = [0]$ ではあるが $[\Box] \neq [0]$ であることに注意しよう.（整数定数倍は許されているが，整数で割ることは許されていない.）この場合は，例えば $5[\Box]$ であれば

$$5[\Box] = 2[\Box] + 2[\Box] + [\Box] = [\Box]$$

と計算しなければならない．このことより，

$$k[\Box] = \begin{cases} [\Box] & (k : \text{奇数}) \\ [0] & (k : \text{偶数}) \end{cases}$$

となることがわかるだろう．このことは任意の整数 k について言えることなので，よって，

$$\mathbb{Z}\langle S\rangle/I = \{a[\Box] \mid a = 0, \text{または } a = 1\} = \{[0], [\Box]\}$$

が得られる．この例と同じように，$S = \{1\}$（この 1 は数字の 1）として $\mathbb{Z}\langle S\rangle = \mathbb{Z}$ と考えて，$I = 2\mathbb{Z} = \{2a \mid a \in \mathbb{Z}\}$ を $\mathbb{Z}$ の部分加群と考えると，

$$\mathbb{Z}/2\mathbb{Z} = \{[0], [1]\}$$

を得ることができる．これは整数全体を「偶数か奇数か」で 2 つに分類して考えることと同じことである.

この最後の例は慣れないと少し難しいので最初から理解する必要はないが，本書の最後のほう（たとえばクラインの壺のホモロジー群など）で再登場することになる．$2[\Box] = [0]$ かつ $[\Box] \neq [0]$ というところが問題を難しくしているが，このような性質を「加群のねじれ (torsion)」という.

演習問題 2.9 $\mathbb{Z}/2\mathbb{Z}$ の（和に関する）演算表を作ってみよ

2.5 直和

2 つの加群 I_1, I_2 に対して，直和 $I_1 \oplus I_2$ を

$$I_1 \oplus I_2 = \{(a,b) \mid a \in I_1, b \in I_2\}$$

により定める．($I_1 \oplus I_2$ の要素を (a,b) の代わりに $a \oplus b$ と書く流儀もあるが，ここでは使わない．）直和は成分ごとの和を考えることができ，これ自身も加群である．つまりこれは $(a,b),(a',b') \in I_1 \oplus I_2$ に対して，

$$(a,b)+(a',b') = (a+a', b+b')$$

とするのである．

直和は集合の要素だけを見る限りでは集合論で直積集合と呼ばれる概念と同じことである．ただしここでは和という代数的な性質をふまえて集合を作っていることをはっきりさせるためにこれを直和と呼んでいるのである．

例題 2.22

$$\mathbb{Z} \oplus \mathbb{Z} = \{(a,b) \mid a \in \mathbb{Z}, b \in \mathbb{Z}\}$$

である．和の実例をあげると，

$$(2,3)+(-4,2) = (-2,5)$$

となる．ベクトルの和と同じように考えればよい．

例題 2.23 ホモロジー理論においては，しばしば

$$\{a[\square] + b[\triangle] \mid a, b \in \mathbb{Z}\} \cong \mathbb{Z} \oplus \mathbb{Z}$$

という書き方をする．$\cong$ は群の同型の意味であるが，ここでは「加群として同じもの」という意味でとらえれば十分である．すなわち，$a[\square] + b[\triangle]$ と (a,b) とを対応させることにより，この両者を群として同じものであるとみなしているのである．

第 3 章

グラフとチェイン

本章では 1 次元図形としてのグラフを定義する．ここでいうグラフというのは「関数のグラフ」ではなく,「グラフ理論」として定義されるグラフである．グラフは頂点と辺からなる集合であると考えられる．

3.1　グラフの定義

定義 3.1　グラフ $G=(V,E)$ が**グラフ**（有向グラフ）であるとは，以下の 2 つの条件が満たされることとする．

(1) V , E は集合，とくに $V \neq \emptyset$ とする．

(2) 写像 $s: E \to V,\ t: E \to V$ が定まっている．

定義 3.1 の意味を考えてみよう．V は**頂点** (vertex) の集合であり，E は**辺** (edge) の集合であると考えてみる．また，それぞれの辺について，その両端は頂点であると考える．たとえば

というような図を想定しているのである．それぞれの辺には矢印がつけられ，各辺 $\boldsymbol{e} \in E$ に対して，$s(\boldsymbol{e}) \in E$ を辺 $\boldsymbol{e}$ の始点であると考え，$t(\boldsymbol{e}) \in V$ を辺 $\boldsymbol{e}$ の終点であると考えるのである．このことを図では

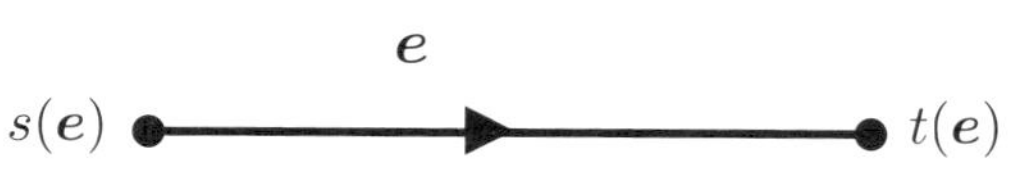

と書く約束にする．一般には E, V は無限集合もあり得るのだが，本書では要素の個数が有限個の場合のみを考えることにする．

例題 3.2 $V = \{$ あ, い, う $\}$, $E = \{\alpha, \beta\}$, $s(\alpha) =$ あ, $t(\alpha) =$ い, $s(\beta) =$ う, $t(\beta) =$ い であるとする．ここでは集合 V と集合 E と写像 $s : E \to V, t : E \to V$ が与えられたので，グラフ $G = (V, E)$ であると言ってよい．このグラフの図は

となる．

以後は，一般的な状況を考えるので，$V = \{\boldsymbol{v}_1, \boldsymbol{v}_2, \ldots, \boldsymbol{v}_r\}, E = \{\boldsymbol{e}_1, \boldsymbol{e}_2, \ldots, \boldsymbol{e}_s\}$ のように書くことにする．

グラフの図はつながり具合が正しく書いてあれば形は問わない．特に，辺は曲がって描いてかまわないし，辺が他の辺と交差していてもよい．例えば，$E = \{\boldsymbol{e}\}, V = \{\boldsymbol{v}\}$ かつ $s(\boldsymbol{e}) = \boldsymbol{v}, t(\boldsymbol{e}) = \boldsymbol{v}$ の場合，

という図形になる．次の 2 つの図を見てみよう．

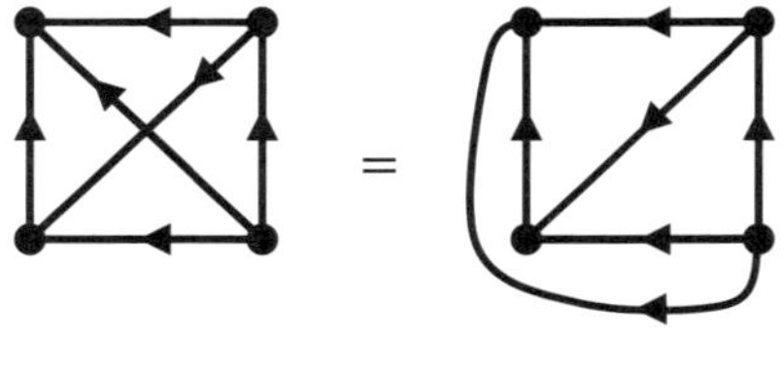

この 2 つの図は同じグラフを表している．グラフとは「図」のことではなく，$E, V, s(\cdot), t(\cdot)$ などの集合や写像 (の一式) のことをいうのである．

右側の図は辺の交差なしに書かれている．このような図を「(平面に) 埋め込まれた図」であるという．ちなみに，辺の交差なしに図が書けるグラフを「平面グラフ」という．

演習問題 3.1

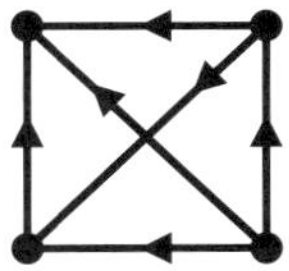

上のグラフの図の頂点と辺に適切に名前をつけ，写像 $s: E \to V, t: E \to V$ を適切に定義し，この図を表すようなグラフを構成せよ．

演習問題 3.2 $V = \{\boldsymbol{v}_1, \boldsymbol{v}_2, \boldsymbol{v}_3, \boldsymbol{v}_4\}, E = \{\boldsymbol{e}_1, \boldsymbol{e}_2, \boldsymbol{e}_3, \boldsymbol{e}_4, \boldsymbol{e}_5\}$ とし，$s(\boldsymbol{e}_1) = \boldsymbol{v}_1, t(\boldsymbol{e}_1) = \boldsymbol{v}_2, s(\boldsymbol{e}_2) = \boldsymbol{v}_3, t(\boldsymbol{e}_2) = \boldsymbol{v}_2, s(\boldsymbol{e}_3) = \boldsymbol{v}_3, t(\boldsymbol{e}_3) = \boldsymbol{v}_1$，$s(\boldsymbol{e}_4) = \boldsymbol{v}_3, t(\boldsymbol{e}_4) = \boldsymbol{v}_4, s(\boldsymbol{e}_5) = \boldsymbol{v}_4, t(\boldsymbol{e}_5) = \boldsymbol{v}_4$ によって与えられるグラフの図を描け．

3.2 チェイン

これから「グラフのホモロジー群」の定義の準備に取り掛かろう．ホモロジー群の定義はいくつかの流儀があるが，本書ではホモロジー群を「単体複体」という考え方から定義していく．まずはチェインの定義からはじめよう．

定義 3.3（**チェイン**） $G = (V, E)$ をグラフとする．グラフの 1 チェイン，0 チェインを次で定義する．

$$
\begin{aligned}
C_1(G) &= \mathbb{Z}\langle E\rangle \\
&= \{x_1\boldsymbol{e}_1 + x_2\boldsymbol{e}_2 + \cdots + x_r\boldsymbol{e}_r \mid x_1, \ldots, x_r \in \mathbb{Z}, \boldsymbol{e}_1, \ldots, \boldsymbol{e}_r \in E\} \\
C_0(G) &= \mathbb{Z}\langle V\rangle \\
&= \{y_1\boldsymbol{v}_1 + y_2\boldsymbol{v}_2 + \cdot + y_s\boldsymbol{v}_s \mid y_1, \ldots, y_s \in \mathbb{Z}, \boldsymbol{v}_1, \ldots, \boldsymbol{v}_s \in V\}
\end{aligned}
$$

$C_1(G)$ の元を 1 次元チェイン，1 チェインと呼ぶ．$C_0(G)$ の元を 0 次元チェイン，0 チェインと呼ぶ．

$C_0(G), C_1(G)$ はその定義から自由加群であるので，グラフの点や辺について，整数係数を付けて足したものであって，和，（整数）定数倍ができる．グラフの頂点 $\boldsymbol{v} \in V$ に対してたとえば $2\boldsymbol{v} \in \mathbb{Z}\langle V\rangle$ であるが，これは「頂点 $\boldsymbol{v}$ が 2 つある」という意味ではなく，抽象的に頂点 $\boldsymbol{v}$ に係数 2 をつけたものに過ぎない．1 チェインについても同様に辺と整数の組み合わせに過ぎない．

3.3　境界準同型

このように定義した 0 チェイン，1 チェインの集合に対して,「境界準同型」と呼ばれる写像を定義することができる．境界準同型の意味は明快で，矢印の向きにそって符号をつけたものである．

定義 3.4（**境界準同型**）　$\partial_1 : C_1(G) \to C_0(G)$ $(\partial_1 : \mathbb{Z}\langle E\rangle \to \mathbb{Z}\langle V\rangle)$ を以下で定義する．

$$\partial_1(\boldsymbol{e}) = t(\boldsymbol{e}) - s(\boldsymbol{e}) \qquad (\boldsymbol{e} \in E)$$

で定める．

この定義では，$\partial_1 : E \to \mathbb{Z}\langle V\rangle$ を与えただけであるように見えるが，それで問題ない．実際に，一般の $\mathbb{Z}\langle E\rangle$ の元 $x_1\boldsymbol{e}_1 + \cdots + x_r\boldsymbol{e}_r$ に対して，$\partial_1(x_1\boldsymbol{e}_1 + \cdots + x_r\boldsymbol{e}_r) = x_1\partial_1(\boldsymbol{e}_1) + \cdots + x_r\partial_1(e_r)$ とすれば，準同型 $\partial_1 : \mathbb{Z}\langle E\rangle \to \mathbb{Z}\langle V\rangle$ が定まるのである．$t(\boldsymbol{e}), s(\boldsymbol{e}) \in V$ なので，$t(\boldsymbol{e}) - s(\boldsymbol{e}) \in \mathbb{Z}\langle V\rangle$ であることにも注意しておこう．

例題 3.5　$G = (V, E)$ を $V = \{\boldsymbol{v}_1, \boldsymbol{v}_2, \boldsymbol{v}_3\}$, $E = \{\boldsymbol{e}_1, \boldsymbol{e}_2, \boldsymbol{e}_3\}$ で図のように定めるとする．

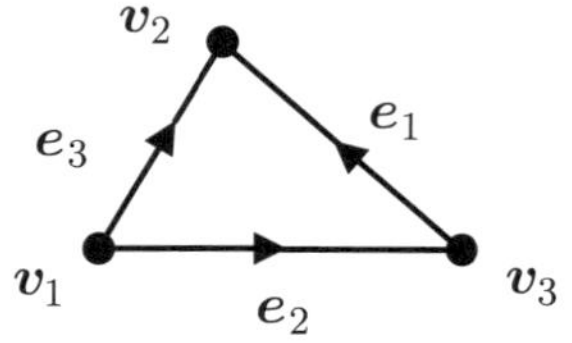

(1) $\gamma = \boldsymbol{e}_1 + 2\boldsymbol{e}_2 \in \mathbb{Z}\langle E\rangle$ として $\partial_1(\gamma)$ を計算しよう．

$$\begin{aligned}
\partial_1(\gamma) &= \partial_1(\boldsymbol{e}_1 + 2\boldsymbol{e}_2) \\
&= \partial_1(\boldsymbol{e}_1) + 2\partial_1(\boldsymbol{e}_2) \\
&= t(\boldsymbol{e}_1) - s(\boldsymbol{e}_1) + 2\{t(\boldsymbol{e}_2) - s(\boldsymbol{e}_2)\} \\
&= (\boldsymbol{v}_2 - \boldsymbol{v}_3) + 2(\boldsymbol{v}_3 - \boldsymbol{v}_1) \\
&= -2\boldsymbol{v}_1 + \boldsymbol{v}_2 + \boldsymbol{v}_3 \in \mathbb{Z}\langle V\rangle
\end{aligned}$$

(2) $\delta = \boldsymbol{e}_1 + \boldsymbol{e}_2 - \boldsymbol{e}_3 \in \mathbb{Z}\langle E\rangle$ として $\partial_1(\delta)$ を計算しよう

$$
\begin{aligned}
\partial_1(\delta) &= \partial_1(\boldsymbol{e}_1 + \boldsymbol{e}_2 - \boldsymbol{e}_3) \\
&= \partial_1(\boldsymbol{e}_1) + \partial_1(\boldsymbol{e}_2) - \partial_1(\boldsymbol{e}_3) \\
&= \{t(\boldsymbol{e}_1) - s(\boldsymbol{e}_1)\} + \{t(\boldsymbol{e}_2) - s(\boldsymbol{e}_2)\} - \{t(\boldsymbol{e}_3) - s(\boldsymbol{e}_3)\} \\
&= (\boldsymbol{v}_2 - \boldsymbol{v}_3) + (\boldsymbol{v}_3 - \boldsymbol{v}_1) - (\boldsymbol{v}_2 - \boldsymbol{v}_1) \\
&= 0 \in \mathbb{Z}\langle V\rangle
\end{aligned}
$$

3.4　1 輪体

上の例題の (2) のように，$\partial_1(\delta) = 0$ となる $\delta \in C_1(G)$ のことを 1 輪体（1 サイクル，1-cycle）という．1 輪体の集合を $Z_1(G)$ と書く．

$$
Z_1(G) = \mathrm{Ker}(\partial_1) = \{\delta \in C_1(G) \mid \partial_1(\delta) = 0\}
$$

演習問題 2.8 より次の補題は明らかであるとも言えるが，ここでは一応内容を確認するために証明も付けておこう．

補題 3.6　$Z_1(G)$ は $C_1(G)$ の部分加群である．

証明.　$\gamma, \delta \in Z_1(G)$ とすると，$\partial_1(\gamma) = 0$, $\partial_1(\delta) = 0$ である．$Z_1(G)$ が $C_1(G)$ の部分加群であることを示すには，部分加群の定義に従って，$\gamma + \delta \in Z_1(G)$ と $c\gamma \in Z_1(G)$ を示せればよい．実際に

$$
\partial_1(\gamma + \delta) = \partial_1(\gamma) + \partial_1(\delta) = 0 + 0 = 0
$$

$$
\partial_1(c\gamma) = c\partial_1(\gamma) = c \cdot 0 = 0
$$

である．　□

ここでは ∂_1 は写像の意味ではあるが，$\partial_1(\gamma)$ のように括弧の中が 1 文字のときは，$\partial_1(\gamma)$ を $\partial_1\gamma$ と書いてもよいことにする．

例題 3.7　図で与えられるようなグラフについて，$Z_1(G)$ を求めてみよう．

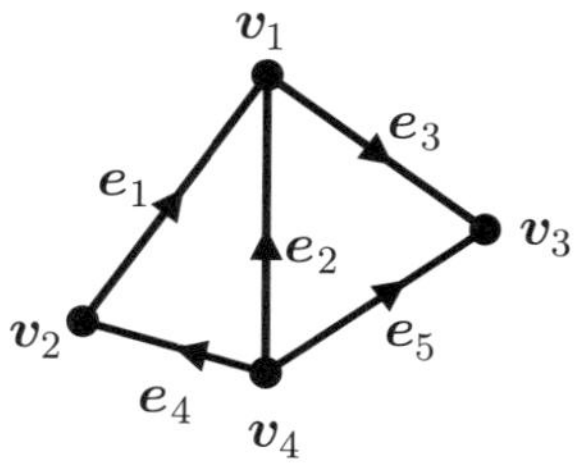

図より $C_0(G) = \mathbb{Z}\langle \boldsymbol{v}_1, \boldsymbol{v}_2, \boldsymbol{v}_3, \boldsymbol{v}_4 \rangle$, $C_1(G) = \mathbb{Z}\langle \boldsymbol{e}_1, \boldsymbol{e}_2, \boldsymbol{e}_3, \boldsymbol{e}_4, \boldsymbol{e}_5 \rangle$ であるので，具体的に $\gamma \in Z_1(G)$ を求めることができる．

解くべき式は

$$\partial_1 \gamma = 0 \tag{3.1}$$

である $(\gamma \in Z_1(G))$．ここで，$\gamma \in C_1(G) = \mathbb{Z}\langle E \rangle$ なので，$\gamma = a\boldsymbol{e}_1 + b\boldsymbol{e}_2 + c\boldsymbol{e}_3 + d\boldsymbol{e}_4 + e\boldsymbol{e}_5$ と置くことができる．(3.1) より，a, b, c, d, e について立式する．

$$\partial_1(a\boldsymbol{e}_1 + b\boldsymbol{e}_2 + c\boldsymbol{e}_3 + d\boldsymbol{e}_4 + e\boldsymbol{e}_5) = 0$$

$$a\partial_1\boldsymbol{e}_1 + b\partial_1\boldsymbol{e}_2 + c\partial_1\boldsymbol{e}_3 + d\partial_1\boldsymbol{e}_4 + e\partial_1\boldsymbol{e}_5 = 0$$

$$a(\boldsymbol{v}_1 - \boldsymbol{v}_2) + b(\boldsymbol{v}_1 - \boldsymbol{v}_4) + c(\boldsymbol{v}_3 - \boldsymbol{v}_1) + d(\boldsymbol{v}_2 - \boldsymbol{v}_4) + e(\boldsymbol{v}_3 - \boldsymbol{v}_4) = 0$$

$$(a + b - c)\boldsymbol{v}_1 + (-a + d)\boldsymbol{v}_2 + (c + e)\boldsymbol{v}_3 + (-b - d - e)\boldsymbol{v}_4 = 0$$

ここで，右辺が 0 であることから，各係数が 0 であることがわかる．

$$a + b - c = 0 \tag{3.2}$$

$$-a + d = 0 \tag{3.3}$$

$$c + e = 0 \tag{3.4}$$

$$-b - d - e = 0 \tag{3.5}$$

ここから (3.2)〜(3.5) を分数を使わずに（整数の範囲で）解いてみよう．(3.3) より

$$d = a \tag{3.6}$$

これを (3.5) に代入して

$$e = -b - a \tag{3.7}$$

(3.2) より

$$c = a + b \tag{3.8}$$

(3.7),(3.8) を (3.4) に代入すると，

$$(a+b) + (-b-a) = 0$$

これはいつでも成り立つ式なので不要になる．(3.6), (3.7), (3.8) によって，c, d, e は a, b の式で書けるので解けたことになる．c, d, e にこれらを代入して，

$$\begin{aligned}\gamma &= a\boldsymbol{e}_1 + b\boldsymbol{e}_2 + (a+b)\boldsymbol{e}_3 + a\boldsymbol{e}_4 - (a+b)\boldsymbol{e}_5 \\ &= a(\boldsymbol{e}_1 + \boldsymbol{e}_3 + \boldsymbol{e}_4 - \boldsymbol{e}_5) + b(\boldsymbol{e}_2 + \boldsymbol{e}_3 - \boldsymbol{e}_5) \quad (a, b \text{ は任意の整数})\end{aligned}$$

よって，

$$Z_1(G) = \{a(\boldsymbol{e}_1 + \boldsymbol{e}_3 + \boldsymbol{e}_4 - \boldsymbol{e}_5) + b(\boldsymbol{e}_2 + \boldsymbol{e}_3 - \boldsymbol{e}_5) | a, b \in Z\}$$

と具体的に求めることができた．

このように，$\partial_1 \gamma = 0$ から立式した連立方程式 (3.2)～(3.5) を「目の子＝行き当たりばったり」に解くことは（多くの場合）可能であるが，行列の基本変形を用いて解けば，計算に漏れが生ずることもなく求めることができる．その方法も紹介しよう．行列による連立方程式の解法については，阿原著『考える線形代数』第 7 章を参照すること．まず，(3.2)～(3.5) の連立方程式の係数行列（文字ごとに係数を並べた行列）を求めて連立方程式を行列とベクトルの言葉で書き直すと

$$\begin{pmatrix} 1 & 1 & -1 & 0 & 0 \\ -1 & 0 & 0 & 1 & 0 \\ 0 & 0 & 1 & 0 & 1 \\ 0 & -1 & 0 & -1 & -1 \end{pmatrix} \begin{pmatrix} a \\ b \\ c \\ d \\ e \end{pmatrix} = \begin{pmatrix} 0 \\ 0 \\ 0 \\ 0 \end{pmatrix}$$

となっている．ここから基本変形により連立方程式の基本形を目指す．ただしここでは,「整数定数倍」という操作を行うことはできるが「整数定数で割る」という操作を行えないことに注意しよう．

$$\begin{pmatrix} 1 & 1 & -1 & 0 & 0 \\ -1 & 0 & 0 & 1 & 0 \\ 0 & 0 & 1 & 0 & 1 \\ 0 & -1 & 0 & -1 & -1 \end{pmatrix} \text{1 行目を 2 行目に加える} \Longrightarrow$$

$$\begin{pmatrix} 1 & 1 & -1 & 0 & 0 \\ 0 & 1 & -1 & 1 & 0 \\ 0 & 0 & 1 & 0 & 1 \\ 0 & -1 & 0 & -1 & -1 \end{pmatrix} \begin{array}{c} \text{2 行目に -1 掛けて 1 行目に加える} \\ \text{2 行目を 4 行目に加える} \end{array} \Longrightarrow$$

$$\begin{pmatrix} 1 & 0 & 0 & -1 & 0 \\ 0 & 1 & -1 & 1 & 0 \\ 0 & 0 & 1 & 0 & 1 \\ 0 & 0 & -1 & 0 & -1 \end{pmatrix} \text{3 行目を 2, 4 行目に加える} \Longrightarrow$$

$$\begin{pmatrix} 1 & 0 & 0 & -1 & 0 \\ 0 & 1 & 0 & 1 & 1 \\ 0 & 0 & 1 & 0 & 1 \\ 0 & 0 & 0 & 0 & 0 \end{pmatrix}$$

$$\text{この形を復元すると} \begin{pmatrix} 1 & 0 & 0 & -1 & 0 \\ 0 & 1 & 0 & 1 & 1 \\ 0 & 0 & 1 & 0 & 1 \\ 0 & 0 & 0 & 0 & 0 \end{pmatrix} \begin{pmatrix} a \\ b \\ c \\ d \\ e \end{pmatrix} = \begin{pmatrix} 0 \\ 0 \\ 0 \\ 0 \end{pmatrix} \text{であることから}$$

$$\begin{cases} a = d \\ b = -d - e \\ c = -e \end{cases}$$

γ の式の a, b, c にこの最後の式を代入すると

$$\begin{aligned} \gamma &= d\boldsymbol{e}_1 + (-d - e)\boldsymbol{e}_2 - e\boldsymbol{e}_3 + d\boldsymbol{e}_4 + e\boldsymbol{e}_5 \\ &= d(\boldsymbol{e}_1 - \boldsymbol{e}_2 + \boldsymbol{e}_4) + e(-\boldsymbol{e}_2 - \boldsymbol{e}_3 + \boldsymbol{e}_5) \qquad (d, e \text{ は任意の整数}) \end{aligned}$$

が得られる．よって，

$$Z_1(G) = \{d(\boldsymbol{e}_1 - \boldsymbol{e}_2 + \boldsymbol{e}_4) + e(-\boldsymbol{e}_2 - \boldsymbol{e}_3 + \boldsymbol{e}_5) \mid d, e \in \mathbb{Z}\}$$

と求まる．上で求めたものとやや違うようにも見えるが，実は同じ集合であることが確かめられるだろう．

演習問題 3.3 上で求めた 2 種類の $Z_1(G)$ について，実は同じ集合であるこ

とを確認せよ.

演習問題 3.4　上の例題において，$Z_1(G)$ の要素とグラフ G の形を見比べてみて，$Z_1(G)$ の要素にはどのような特徴があるかを考えてみよ.

演習問題 3.5

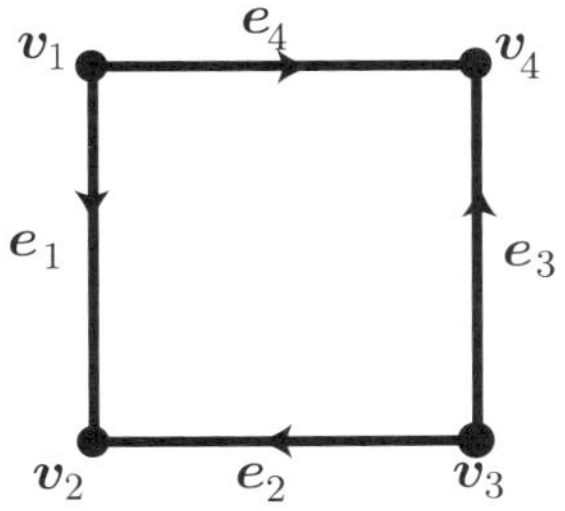

図のグラフについて，1 輪体の集合 $Z_1(G)$ を求めてみよ.

第 4 章

複体のホモロジー群

本章では，グラフの形から決まるような数学的計算量として複体のホモロジー群を定義していく．まず，加群について定義しておく．なお，以下の定義はかなり堅苦しく思われるかもしれないが，内容は定義 2.6 と全く同じことである．

定義 4.1（**加群，$\mathbb{Z}$ 加群**）　(1) 集合 A が加群（$\mathbb{Z}$ 加群）であるとは,「和について群であり，整数定数倍が定義される」ことである．つまり,「結合法則が成り立ち」「和について 0 に相当する要素があり」「各要素 a について $-a$ に相当する要素がある」ことにより群であるといい，さらに「交換法則が成り立つ」ことにより加群であるという．このとき各要素は整数定数倍ができるので，特に整数であることを強調して $\mathbb{Z}$ 加群であるという．

(2) $\mathbb{Z}$ 加群 A の部分集合 $B \subset A$ が A の部分加群であるとは，B もまた和について加群であることをいう．

これまで見てきた「自由加群」や「自由加群の部分加群」はもちろん $\mathbb{Z}$ 加群や部分加群の実例である．抽象的な概念を頭に描くよりも，これら具体的な対象を念頭に置けばよい．

O（オー）という加群を思い出そう．これは 0（ゼロ）だけを要素とするような集合のこと，すなわち $O = \{0\}$ である．これも $\mathbb{Z}$ 加群の一種である．

演習問題 4.1　当たり前のようだが，O が加群であることを，群の定義に遡って確認してみよ．

4.1　複体

これら準備のもとに，複体を定義しよう．

定義 4.2（複体） $C_0, C_1, C_2, \ldots, C_n$ を加群とする．これらを一列につなぐような

$$O \xrightarrow{\partial_{n+1}} C_n \xrightarrow{\partial_n} C_{n-1} \xrightarrow{\partial_{n-1}} \cdots \xrightarrow{\partial_2} C_1 \xrightarrow{\partial_1} C_0 \xrightarrow{\partial_0} O$$

という $n+2$ 個の準同型写像 $\partial_{n+1}, \partial_n, \ldots, \partial_1, \partial_0$ が存在して，

$$\partial_i \circ \partial_{i+1} = 0 \qquad (i = 0, 1, \ldots, n)$$

を満たすとき，これらを複体という．

たとえば，$n = 1$ だとすると，C_0, C_1 という 2 つの加群と，$\partial_2 : O \to C_1, \partial_1 : C_1 \to C_0, \partial_0 : C_0 \to O$ という 3 つの準同型写像があり，$\partial_1 \circ \partial_2 = 0, \partial_0 \circ \partial_1 = 0$ という 2 つの関係式が成り立つような場合，これらを全部セットにして複体と呼ぶのである．後で示すように，0 チェインの集合 C_0，1 チェインの集合 C_1 と境界準同型 ∂_1 とはこの条件を満たすので，そのまま何も小細工せずに複体となる．

そもそもが，逆にチェインと境界準同型たちが満たす条件を一般的に並べあげたものを複体と呼ぶのである．だから「複体とはこれこれ」と理解するよりも，これまで見てきたものを複体と呼んでもよいと理解したほうがハードルが低くてよい．

さらに具体的な話に入る前に零写像について説明しておこう．

A, B を $\mathbb{Z}$ 加群とするとき，零写像 $0 : A \to B$ とは，「任意の A の元 a を $0 \in B$ へ写す写像」であるとする．すなわち，$f : A \to B, \forall a \in A, f(a) = 0$ のときに f を零写像といって $f = 0$ と書くことにする．

少し考えてみればわかるが，準同型写像 $f : O \to B$ や $g : A \to O$ はいつでも零写像になる．f のほうは，定義域が 0 だけからなり，準同型の要請から $f(0) = 0$ でなければならないからだ．g のほうは終域が O であることから必然的に零写像になる．

上の複体の成立条件の 1 つである，$\partial_i \circ \partial_{i+1} = 0 : C_{i+1} \to C_{i-1}$ について解説しよう．写像 $\partial_i \circ \partial_{i+1}$ とは，∂_i と ∂_{i+1} の合成写像の意味で，

$$\partial_i \circ \partial_{i+1}(\alpha) = \partial_i(\partial_{i+1}(\alpha))$$

の意味である．$\alpha \in C_{i+1}$ であることから $\partial_{i+1}(\alpha) \in C_i$ であり，さらに $\partial_i(\partial_{i+1}(\alpha)) \in C_{i-1}$ である．このことから，合成写像は $\partial_i \circ \partial_{i+1} : C_{i+1} \to C_{i-1}$ という形で与えられることがわかる．

その合成写像が零写像と等しい，つまり $\partial_i \circ \partial_{i+1} = 0$ であるとは

$$\forall \alpha \in C_{i+1},\ \partial_i(\partial_{i+1}(\alpha)) = 0 \tag{4.1}$$

の意味である．この条件 (4.1) を境界条件という．

複体の定義を理解できたところで，前の章でやったチェインと結び付けて，単体複体というものを導入する．とはいえ，複体自身の持つ定義のおどろおどろしさはここにはなく，素朴に境界準同型が 1 つあるだけである．

定義 4.3（グラフの単体複体） $\partial_2 : O \to C_1(G)$ と $\partial_0 : C_0(G) \to O$ を零写像により定めるとき

$$O \xrightarrow{\partial_2} C_1(G) \xrightarrow{\partial_1} C_0(G) \xrightarrow{\partial_0} O$$

は複体となる．これをグラフの単体複体といい，$C(G)$ と書く．

4.2 ホモロジー群

グラフの単体複体を用いて，グラフのホモロジー群を定義しよう．まずはホモロジー群の一般論から説明する．一般論が少し難しいと感じるならば，先にグラフのホモロジー群（4.3 節）の具体的計算のほうを読んでから，本節に戻ってきてもよい．

定義 4.4（複体のホモロジー群）

$$O \xrightarrow{\partial_{n+1}} C_n \xrightarrow{\partial_n} C_{n-1} \xrightarrow{\partial_{n-1}} \cdots \xrightarrow{\partial_2} C_1 \xrightarrow{\partial_1} C_0 \xrightarrow{\partial_0} O$$

が複体であるとする．このとき，Z_i, B_i を

$$Z_i = \mathrm{Ker}(\partial_i) = \{\alpha \in C_i \mid \partial_i(\alpha) = 0\} \subset C_i$$

$$B_i = \mathrm{Im}(\partial_{i+1}) = \{\alpha \in C_i \mid \exists \beta \in C_{i+1}, \partial_{i+1}(\beta) = \alpha\} \subset C_i$$

と定める．Z_i は i 次輪体（i サイクル）と呼ばれる．そこで i 次元ホモロジー群 $H_i(C)$ を

$$H_i(C) = Z_i / B_i$$

により定義する．

ホモロジー群 $H_i(C)$ は Z_i と B_i の商加群として定義されているが，そのためには B_i は Z_i の部分加群でなければならない（定義 2.19 を参照のこと）．その

ことを補題によって証明しておこう.

補題 4.5

(1) Z_i, B_i は $\mathbb{Z}$ 加群である.

(2) $Z_i \supset B_i$ である. 特に, B_i は Z_i の部分加群である

証明. Z_i については証明済みだが, 確認のため改めて証明してみよう. Z_i が $\mathbb{Z}$ 加群であることを示すには, $\alpha, \beta \in Z_i \Longrightarrow \alpha + \beta \in Z_i$ と $\alpha \in Z_i \Longrightarrow c\alpha \in Z_i$ を示せば十分である.

$\alpha, \beta \in Z_i$ ならば, Z_i の定義により $\partial_i \alpha = 0, \partial_i \beta = 0$ である. ∂_i は準同型写像であることから,

$$\partial_i(\alpha + \beta) = \partial_i \alpha + \partial_i \beta = 0 + 0 = 0$$

よって, $\alpha, \beta \in Z_i \Longrightarrow \alpha + \beta \in Z_i$ が示された. $x \in Z_i, c \in \mathbb{Z}$ ならば, Z_i の定義により $\partial_i \alpha = 0$ である. ∂_i は準同型写像であることから,

$$\partial_i(c\alpha) = c\, \partial_i \alpha = c \cdot 0 = 0$$

である. よって $\alpha \in Z_i \Longrightarrow c\alpha \in Z_i$ が示された.

次は B_i のほうを証明しよう. B_i が $\mathbb{Z}$ 加群であることを示すには,

$$\alpha, \beta \in B_i \Longrightarrow \alpha + \beta \in B_i$$

$$\alpha \in B_i \Longrightarrow c\alpha \in B_i$$

を示せば十分である. こちらは少し難しい. というのは, α が B_i の要素であることは何かしら C_{i+1} の要素 v が存在して, それを用いて α が $\alpha = \partial_{i+1}(v)$ と表現されている, という状況だからである. つまりヨソの集合 C_{i+1} の要素を使って α を書き表せるかどうかが焦点となっているということだ.

$\alpha, \beta \in B_i$ とすると, B_i の定義より $\partial_{i+1}(v) = \alpha, \partial_{i+1}(w) = \beta$ となる $v, w \in C_{i+1}$ が存在する. (このことを簡潔に $\exists v, w \in C_{i+1}, \partial_{i+1}(v) = \alpha, \partial_{i+1}(w) = \beta$ と表記する.) このことからただちに

$$\partial_{i+1}(v + w) = \alpha + \beta$$

である. (∂_{i+1} が準同型であることより) $v + w \in C_{i+1}$ に注意すれば, $\alpha + \beta \in \mathrm{Im}(\partial_{i+1}) = B_i$ であることが示された. 次は定数倍のほうである.

$\alpha \in B_i$ であるとすると，やはり B_i の定義より $\partial_{i+1}(v) = \alpha$ となる $v \in C_{i+1}$ が存在する．この式から，$c\partial_{i+1}(v) = c\alpha$ であって，

$$\partial_{i+1}(cv) = c\alpha$$

であることが示される．$cv \in C_{i+1}$ より，$c\alpha \in \mathrm{Im}(\partial_{i+1}) = B_i$ である．これで (1) はすべて示された．

(2) B_i が Z_i の部分集合であることを示すには，任意の $\alpha \in B_i$ に対して $\alpha \in Z_i$ であることを示せばよい．定義により

$$\alpha \in B_i \Leftrightarrow \exists w \in C_{i+1}, \partial_{i+1}(w) = \alpha$$

$$\alpha \in Z_i \Leftrightarrow \partial_i(\alpha) = 0$$

であるから,「$\exists w \in C_{i+1}, \partial_{i+1}(w) = \alpha$ ならば $\partial_i(\alpha) = 0$」であることを示せればよい．実際に，$\exists w \in C_{i+1}, \partial_{i+1}(w) = \alpha$ を仮定すれば,

$$\begin{aligned}\partial_i(\alpha) &= \partial_i(\partial_{i+1}(w)) \\ &= \partial_i \circ \partial_{i+1}(w) = 0\end{aligned}$$

最後の等号は $\partial_i \circ \partial_{i+1} = 0$ より導かれる．よって，$\alpha \in B_i \Rightarrow \alpha \in Z_i$ となったので $B_i \subset Z_i$ である．B_i は Z_i の「部分集合」でありかつ「加群」であるので，部分加群である． □

商加群の節では，$\mathbb{Z}\langle S\rangle$ の部分加群 I について $\mathbb{Z}\langle S\rangle/I$ を定義した．今の場合には Z_i の部分加群 B_i について商加群 Z_i/B_i を定義しようとしている．商加群の枠組みはいつも同じである．すなわち，次の 3 つのルールによって定められる集合を商加群を呼ぶという約束である．

（ルール (a)）商加群 Z_i/B_i の任意の要素は Z_i の要素 γ を用いて $[\gamma]$ と表される．

（ルール (b)）$[\gamma + \delta] = [\gamma] + [\delta]$, $[c\gamma] = c[\gamma]$ などの和定数倍についての計算が許される．

（ルール (c)）$\gamma \in B_i \Longleftrightarrow [\gamma] = [0]$ である．

具体的計算についてはあとの節で行う．

4.3 グラフのホモロジー群

では，グラフ G のホモロジー群 $H_0(G)$, $H_1(G)$ について定義の内容を確認しながら考察してみよう．まずは定義からただちにわかる事柄を調べてみる．まず，ホモロジー群の定義により

$$H_0(G) = Z_0/B_0 \tag{4.2}$$

である．ここで $Z_0 = \mathrm{Ker}(\partial_0) = \{x \in C_0(G) \mid \partial_0(x) = 0\}$ について考察してみる．$\partial_0 : C_0(G) \to O$ は 任意の $x \in C_0(G)$ に対して $\partial_0(x) = 0$ を満たす (写像が零写像である) ことから $Z_0 = C_0(G)$ である（核と定義域とが等しい）ことがわかる．よって，式 (4.2) を置き換えると

$$H_0(G) = C_0(G)/B_0$$

が得られる．したがって，$H_0(G)$ を求めるためには，$B_0 = \mathrm{Im}(\partial_1)$ が求まればよいことがわかる． 今の段階でわかるのはここまでなので，一度ストップする．次に $H_1(G)$ を考える．ホモロジー群の定義により

$$H_1(G) = Z_1/B_1 \tag{4.3}$$

である．B_1 の定義より，$B_1 = \mathrm{Im}(\partial_2) \subset C_1(G)$ だが，ここで $\partial_2 : O \to C_1(G)$ は零写像であることに注意すると $B_1 = \mathrm{Im}(\partial_2) = \{0\} = O$ であることがわかる．よって，$H_1(G) = Z_1/O$ となる．

Z_1/O とは何者か，しかも 0 で割っているとはどういうことか？ということになるのでそのことを少し解決しておこう．わけがわからないときにはまず定義に戻るのが原則である．

(a) Z_1/O の要素は $[\gamma]$ である．ただし $\gamma \in Z_1$.

(b) $[\gamma + \delta] = [\gamma] + [\delta], [c\gamma] = c[\gamma]$ である．

(c) $\gamma \in O \Leftrightarrow [\gamma] = [0]$

ここで (a) と (b) からは Z_1 の要素に対して $[\gamma]$ を要素とするという以外の情報は得られていないように思える．では (c) はどうか．$\gamma \in O$ というのは $\gamma = 0$ と同じことだ．$\gamma = 0 \Leftrightarrow [\gamma] = [0]$ という条件はいよいよ何も言っていないように思える．実際に補題 4.7 により $Z_1/O \cong Z_1$ であるが，Z_1/O は Z_1 の要素にカッコ [ ] をつけたものの集合ということになる．

以上をまとめるとグラフのホモロジー群について次のようなことがわかる．

命題 4.6　グラフ G のホモロジー群について，

$$H_0(G) = C_0(G)/\mathrm{Im}(\partial_1)$$

$$H_1(G) = Z_1/O \cong Z_1$$

残しておいた補題を証明しよう．

補題 4.7　M を $\mathbb{Z}$ 加群とすると，$M/O \cong M$ である．

証明. $\varphi : M \to M/O$ を $\varphi(x) = [x]$ と定義する．この写像が群の同型写像であることを証明しよう．示すべきことは 3 つあり，i) 単射，ii) 全射，iii) 準同型である．

i) φ は単射（定義：$\varphi(x) = \varphi(y) \Rightarrow x = y$）の証明:

実際，$\varphi(x) = \varphi(y)$ を仮定すると

$$[x] = [y]$$

$$[x - y] = [0] \quad \text{（ルール (b) より）}$$

$$x - y \in O \quad \text{（ルール (c) より）}$$

$$x = y$$

となり，単射の条件が満たされることが示された．

ii) φ は全射（定義：M/O の任意の元が $\varphi(x)$ の形で書ける）の証明:

ルール (a) より，M/O の任意の元は $[x]$（ただし $x \in M$）と書ける．$\varphi(x)$ の定義より，$[x] = \varphi(x)$ と書ける．よって全射の定義を満たされることが示された．

iii) φ は準同型（定義：$\varphi(x+y) = \varphi(x) + \varphi(y), \varphi(cx) = c\varphi(x)$）の証明:

ルール (b) より，$\varphi(x+y) = [x+y] = [x]+[y] = \varphi(x)+\varphi(y)$，$\varphi(cx) = [cx] = c[x] = c\varphi(x)$ よって，φ は準同型であることが示された．　□

4.4　具体的な計算例

上の定義や証明が（まんがいち）わからなくても計算を通して理解できれば大丈夫なので，諦めることなく計算に取り組んでほしい．

グラフ G を次の図のようなものとする．

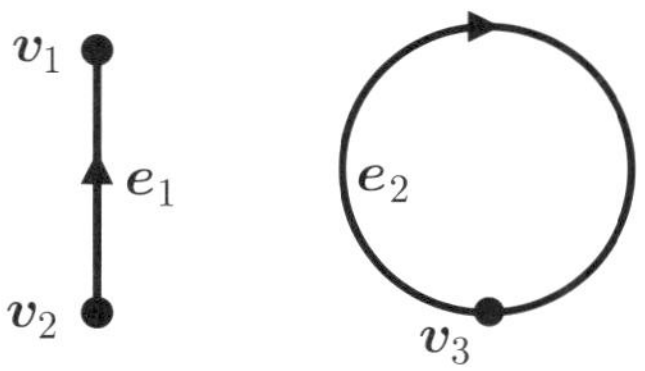

まず $H_0(G) = C_0(G)/\mathrm{Im}\partial_1$ を求めよう．定義より $C_1(G) = \mathbb{Z}\langle \boldsymbol{e}_1, \boldsymbol{e}_2 \rangle$ であるので，補題 2.18 により $\mathrm{Im}\partial_1 = \mathbb{Z}\langle \partial_1 \boldsymbol{e}_1, \partial_1 \boldsymbol{e}_2 \rangle$ であると考えられる．これはどういうことかというと，つまり $C_1(G)$ の任意の要素が $a\boldsymbol{e}_1 + b\boldsymbol{e}_2$ の形で書けているので，$\mathrm{Im}\partial_1$ の要素は $a(\partial_1 \boldsymbol{e}_1) + b(\partial_1 \boldsymbol{e}_2)$ の形で書き表せるということを言い替えたのである．

ルール (c) より，$[x] = [0] \Leftrightarrow x \in \mathrm{Im}\partial_1$ であり，このことは

$$\exists a, \exists b, x = a(\partial_1 \boldsymbol{e}_1) + b(\partial_1 \boldsymbol{e}_2)$$

ということになる．$\exists a, \exists b$ は「〜であるような a, b が存在する」の意味である．今具体的に計算して，

$$\partial_1 \boldsymbol{e}_1 = \boldsymbol{v}_1 - \boldsymbol{v}_2$$

$$\partial_1 \boldsymbol{e}_2 = \boldsymbol{v}_3 - \boldsymbol{v}_3 = 0$$

に注意すると，これを代入して，

$$[x] = [0] \Leftrightarrow \exists a, x = a(\boldsymbol{v}_1 - \boldsymbol{v}_2)$$

ということがわかる．すなわち $[\boldsymbol{v}_1 - \boldsymbol{v}_2] = [0]$ であり，$[\boldsymbol{v}_1] = [\boldsymbol{v}_2]$ であることもわかる．

一方で Z_0 の任意の要素は $a\boldsymbol{v}_1 + b\boldsymbol{v}_2 + c\boldsymbol{v}_3$ と表されることから，$H_0(G)$ の任意の要素は

$$\begin{aligned} [a\boldsymbol{v}_1 + b\boldsymbol{v}_2 + c\boldsymbol{v}_3] &= a[\boldsymbol{v}_1] + b[\boldsymbol{v}_2] + c[\boldsymbol{v}_3] \\ &= (a+b)[\boldsymbol{v}_1] + c[\boldsymbol{v}_3] \\ &= h[\boldsymbol{v}_1] + c[\boldsymbol{v}_3] \quad (a + b = h \text{ と置く}) \end{aligned}$$

と表されるので，これをまとめると

$$H_0(G) = \{h[\boldsymbol{v}_1] + c[\boldsymbol{v}_3] \mid h, c \in \mathbb{Z}\} = \mathbb{Z}\langle [\boldsymbol{v}_1], [\boldsymbol{v}_3] \rangle$$

が得られる．

次に $H_1(G) = Z_1/O$ を求めよう．（$Z_1 = \{x \in C_1(G) \mid \partial_1(x) = 0\}$ である．）任意の $x \in C_1$ は $x = a\boldsymbol{e}_1 + b\boldsymbol{e}_2$ $(a, b \in \mathbb{Z})$ と表されることから，この x が Z_1 に属するための a, b の条件について考えよう．

$$\begin{aligned}
\partial_1(x) &= \partial_1(a\boldsymbol{e}_1 + b\boldsymbol{e}_2) \\
&= \partial_1(a\boldsymbol{e}_1) + \partial_1(b\boldsymbol{e}_2) \\
&= a(\partial_1\boldsymbol{e}_1) + b(\partial_1\boldsymbol{e}_2) \\
&= a(\boldsymbol{v}_1 - \boldsymbol{v}_2) + b(\boldsymbol{v}_3 - \boldsymbol{v}_3) \\
&= a(\boldsymbol{v}_1 - \boldsymbol{v}_2)
\end{aligned}$$

（この計算は $H_0(G)$ を求めるときの計算と同じことである.）$x \in Z_1$ であるならば $\partial_1(x) = 0$ であるので，

$$a(\boldsymbol{v}_1 - \boldsymbol{v}_2) = 0$$

という式を立てることができる．$\partial_1(x) = 0$ を満たす必要十分条件は $a = 0$ であることがわかる．また，b は自由に選んでも条件を満たすので，a, b に関する解は「$a = 0$，b は任意」となる．よって $x = b\boldsymbol{e}_2$ と表されることになり，したがって，

$$Z_1(G) = \{b\boldsymbol{e}_2 \mid b \in \mathbb{Z}\}$$

と求まる．このことから

$$H_1(G) = Z_1(G)/O = \{b[\boldsymbol{e}_2] \mid b \in \mathbb{Z}\} = \mathbb{Z}\langle[\boldsymbol{e}_2]\rangle$$

が得られる．

ホモロジー群の元は商加群の元なので，必ず [ ] をつけた形で書く．もともとそういうものだと思ってもかまわない．

演習問題 4.2　下図のグラフのホモロジー群を定義に従って求めよ．

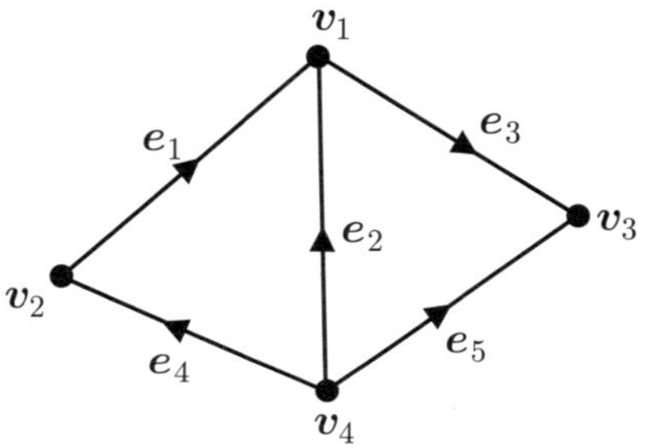

演習問題 4.3 グラフの単体複体 $C(G)$ が複体の定義を満たしていることの証明をせよ．示すべきことは 2 つ．

(1) $\partial_0, \partial_1, \partial_2$ が準同型であるか？

(2) $\partial_1 \circ \partial_2 = 0$ かつ $\partial_0 \circ \partial_1 = 0$ か？

第 5 章

グラフ上の道

（これまでのあらすじ）

グラフとは頂点と辺からなる集合で，辺の両端はいつでも頂点であるものだった．0 チェインとは，頂点によって生成される自由加群の元であるとし，0 チェイン全体の集合を $C_0(G)$ と書いた．1 チェインとは辺によって生成される自由加群の元であるとし，1 チェイン全体の集合を $C_1(G)$ と書いた．1 チェインから 0 チェインへの境界準同型写像 $\partial_1 : C_1(G) \to C_0(G)$ を定め，これを用いて単体複体 $C(G)$ を構成した．ホモロジー群 $H_0(G)$, $H_1(G)$ は定義式 $H_i(G) = Z_i/B_i$ により決まるような商加群だった．実際にグラフが与えられれば，この定義式を用いてホモロジー群を計算できることを前の節で紹介した．しかし，この求める手順は機械的で結構大変なものだ．

本章では，ホモロジー群の定義の意味をもう少し深く考えて，図形的な特徴とホモロジー群との関係を見つけられないかを調べてみよう．具体的にはまずグラフ上の道について考えてみたのち,「弧状連結」「連結成分」という考え方と $H_0(G)$ との関係を 5.4 節で考えてみる．第 6 章以降では,「ホモロジー群が変わらないようなグラフの変形」のパターンを見つけられないか考えてみて,「同相」「レトラクション」という考え方からホモロジー群を容易に計算する方法について考えてみる.

5.1　グラフの上の道

「道」とはグラフ上で点と点を結ぶ経路のことである．たとえば，図のようなグラフを考えてほしい.（いつもと頂点や辺の名前の付け方が違うが，これは誤解を避けるためである.）

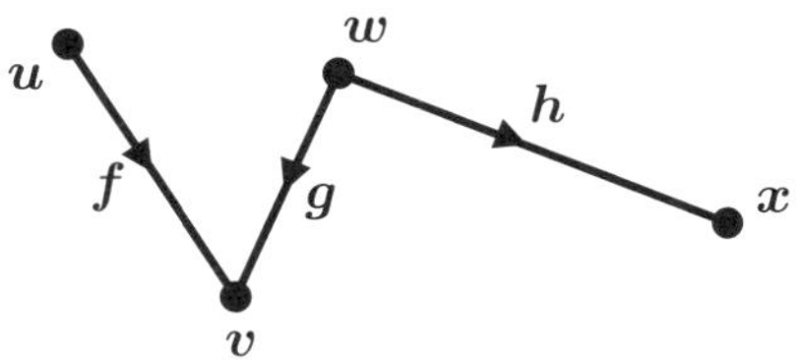

この図で頂点 $\boldsymbol{u}$ から初めて辺に沿って進み $\boldsymbol{x}$ へ到達するような経路を考えたとすれば，これはグラフ上の道であると言える．グラフ上の経路を考えると，頂点から初めて「頂点，辺，頂点，辺，…」とたどることになる．頂点 $\boldsymbol{u}$ から始めて辺に沿って進み $\boldsymbol{x}$ へ到達するような経路を γ とすると，この経路は $\boldsymbol{u}, \boldsymbol{f}, \boldsymbol{v}, \boldsymbol{g}, \boldsymbol{w}, \boldsymbol{h}, \boldsymbol{x}$ という順序で頂点や辺を通過していることになる．これらのことを踏まえて，このグラフ上の道 γ を

$$\gamma = \{\boldsymbol{u}, \boldsymbol{f}, \boldsymbol{v}, \boldsymbol{g}, \boldsymbol{w}, \boldsymbol{h}, \boldsymbol{x}\}$$

というように書き表すことにする．ここで $\boldsymbol{u}, \boldsymbol{v}, \boldsymbol{w}, \boldsymbol{x}$ は頂点であり，$\boldsymbol{f}, \boldsymbol{g}, \boldsymbol{h}$ は辺である．このことを一般化してみよう．

定義 5.1（グラフ上の道） $\gamma = \{\boldsymbol{u}_1, \boldsymbol{f}_1, \boldsymbol{u}_2, \boldsymbol{f}_2, \ldots, \boldsymbol{u}_n, \boldsymbol{f}_n, \boldsymbol{u}_{n+1}\}$ がグラフ上の道であるとは

$$\boldsymbol{u}_1, \boldsymbol{u}_2, \ldots, \boldsymbol{u}_n, \boldsymbol{u}_{n+1} \in V \quad (V \text{ は頂点の集合})$$

$$\boldsymbol{f}_1, \boldsymbol{f}_2, \ldots, \boldsymbol{f}_n \in E \quad (E \text{ は辺の集合})$$

$$\boldsymbol{u}_i, \boldsymbol{u}_{i+1} \text{ は } \boldsymbol{f}_i \text{ の両端である } (i = 1, 2, \ldots, n)$$

の 3 条件を満たすことであると定める．

この定義において，2 つ注意しておく．1 つは「道のたどる向き」と「辺の矢印の向き」は一致しなくてよいことである．定義の中にある「$\boldsymbol{u}_i, \boldsymbol{u}_{i+1}$ は $\boldsymbol{f}_i$ の両端である」とは，

$$(s(\boldsymbol{f}_i) = \boldsymbol{u}_i \text{ かつ } t(\boldsymbol{f}_i) = \boldsymbol{u}_{i+1}) \text{ または } (s(\boldsymbol{f}_i) = \boldsymbol{u}_{i+1} \text{ かつ } t(\boldsymbol{f}_i) = \boldsymbol{u}_i)$$

である．もう 1 つは $\boldsymbol{u}_i, \boldsymbol{f}_i$ などは頂点や辺であるものの，その中に重複が起こってもよいということである．

グラフの上の道 $\gamma = \{\boldsymbol{u}_1, \boldsymbol{f}_1, \boldsymbol{u}_2, \boldsymbol{f}_2, \ldots, \boldsymbol{u}_n, \boldsymbol{f}_n, \boldsymbol{u}_{n+1}\}$ に対して，γ の始点を $s(\gamma) = \boldsymbol{u}_1$，$\gamma$ の終点を $t(\gamma) = \boldsymbol{u}_{n+1}$ と定めることにする．これは，グラフの上

をたどる経路であるという観点からして自然な決め方であるといえる．

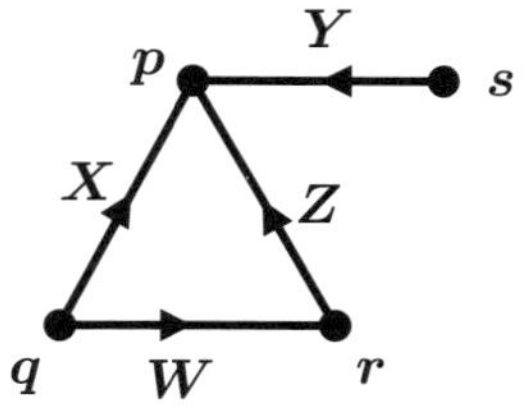

ここで別の例で改めて考えてみるが，この図において，$\delta = \{\boldsymbol{p}, \boldsymbol{Y}, \boldsymbol{s}, \boldsymbol{Y}, \boldsymbol{p}, \boldsymbol{Z}, \boldsymbol{r}, \boldsymbol{W}, \boldsymbol{q}\}$ という順番で辺や頂点をたどることは可能である．この場合，たどる辺や頂点に重複があるが，それでもかまわないということが言いたいのである．始点・終点は $s(\delta) = \boldsymbol{p}, t(\delta) = \boldsymbol{q}$ で与えられる．

$\gamma = \{\boldsymbol{q}\}$ のように，頂点のみからなる場合の道も特別な場合であると考えることにする．すなわち，グラフの頂点 $\boldsymbol{q}$ から始めて，動くことなく終了する場合であると考える．この場合，$s(\gamma) = \boldsymbol{q}$，$t(\gamma) = \boldsymbol{q}$ で与えられる．

道の始点と終点が一致している場合，これを「閉じた道」という．

定義 5.2（**閉じた道**）　道 γ について，$s(\gamma) = t(\gamma)$ であるとき，γ は閉じた道であるという．

例題 5.3　上の図において，$\gamma = \{\boldsymbol{p}, \boldsymbol{X}, \boldsymbol{q}, \boldsymbol{W}, \boldsymbol{r}, \boldsymbol{Z}, \boldsymbol{p}\}$ とすると，$s(\gamma) = t(\gamma) = \boldsymbol{p}$ であるので，γ は閉じた道である．

5.2　道に対応する 1 チェイン

次に，グラフの上の道に対応するような 1 チェインを定義する．1 チェインとは「グラフの辺を足したり引いたりしたもの」であるから，道が通過する辺を順次加えていけば，道に対応する 1 単体ができるような気がする．ここでは辺の向きと道の向きとの整合性に着目することにより，道が通過する辺に「適切な符号」をつけて順次加えたものを考えることにする．

定義 5.4　グラフ上の道 γ に対して 1 チェイン $\tilde{\gamma}$ を次で定義する．
$\gamma = \{\boldsymbol{u}_1, \boldsymbol{f}_1, \boldsymbol{u}_2, \boldsymbol{f}_2, \ldots, \boldsymbol{u}_n, \boldsymbol{f}_n, \boldsymbol{u}_{n+1}\}$ に対し

$$\tilde{\gamma} = \sum_{i=1}^{n} \varepsilon(\boldsymbol{f}_i)\boldsymbol{f}_i$$

とする．ただしここで

$$\varepsilon(\boldsymbol{f}_i) = \begin{cases} 1 & (s(\boldsymbol{f}_i) = \boldsymbol{u}_i \text{ かつ } t(\boldsymbol{f}_i) = \boldsymbol{u}_{i+1}) \\ -1 & (s(\boldsymbol{f}_i) = \boldsymbol{u}_{i+1} \text{ かつ } t(\boldsymbol{f}_i) = \boldsymbol{u}_i) \end{cases}$$

とする．

例題 5.5

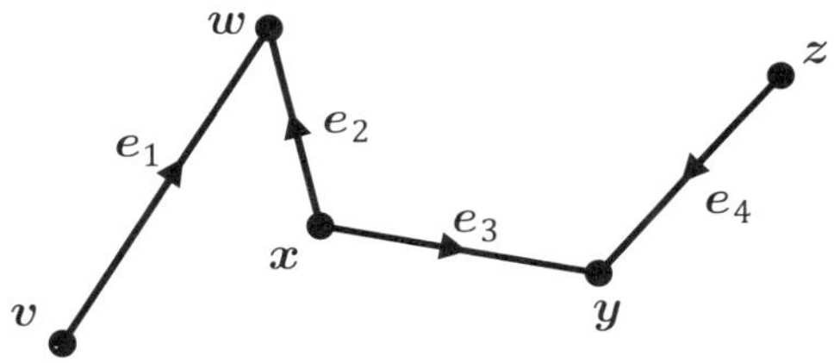

例題を解いてみよう．上の図が与えられていて，

$$\gamma = \{\boldsymbol{v}, \boldsymbol{e}_1, \boldsymbol{w}, \boldsymbol{e}_2, \boldsymbol{x}, \boldsymbol{e}_3, \boldsymbol{y}, \boldsymbol{e}_4, \boldsymbol{z}\}$$

だったとすると $\tilde{\gamma}$ は

$$\tilde{\gamma} = \boldsymbol{e}_1 - \boldsymbol{e}_2 + \boldsymbol{e}_3 - \boldsymbol{e}_4$$

となる．実際に，$s(\boldsymbol{e}_1) = \boldsymbol{v}$ かつ $t(\boldsymbol{e}_1) = \boldsymbol{w}$ なので $\varepsilon(\boldsymbol{e}_1) = 1$ であって $\varepsilon(\boldsymbol{e}_1)\boldsymbol{e}_1 = +\boldsymbol{e}_1$ である．さらに，$s(\boldsymbol{e}_2) = \boldsymbol{x}$ かつ $t(\boldsymbol{e}_2) = \boldsymbol{w}$ なので $\varepsilon(\boldsymbol{e}_2) = -1$ であって $\varepsilon(\boldsymbol{e}_2)\boldsymbol{e}_2 = -\boldsymbol{e}_2$ である．以下同じようにして符号が決まっていく．

演習問題 5.1　図のグラフにおいて，$\delta = \{\boldsymbol{y}, \boldsymbol{e}_4, \boldsymbol{z}, \boldsymbol{e}_4, \boldsymbol{y}, \boldsymbol{e}_3, \boldsymbol{x}, \boldsymbol{e}_2, \boldsymbol{w}, \boldsymbol{e}_1, \boldsymbol{v}\}$ としたときに，$\tilde{\delta}$ を求めよ．

5.3　道に対応する 1 チェインの境界

このようにして得られた道に対応する 1 チェインには著しい性質がある．

命題 5.6　$\partial_1\tilde{\gamma} = t(\gamma) - s(\gamma) = (\gamma$ の終点$) - (\gamma$ の始点$)$

証明の前に例題を解いてみよう．図のようなグラフを考える．

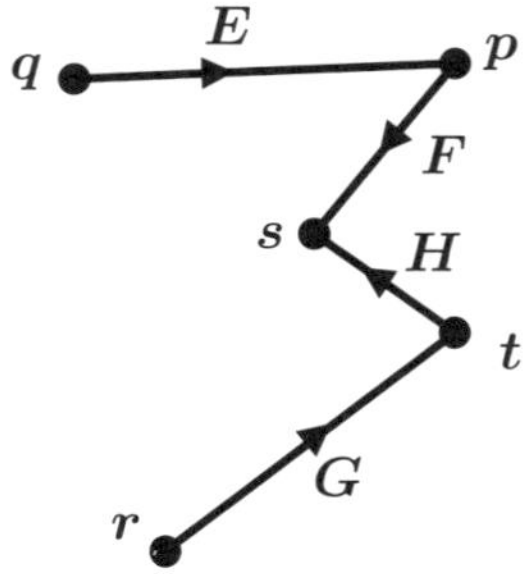

$\gamma = \{\boldsymbol{p}, \boldsymbol{E}, \boldsymbol{q}, \boldsymbol{E}, \boldsymbol{p}, \boldsymbol{F}, \boldsymbol{s}, \boldsymbol{H}, \boldsymbol{t}, \boldsymbol{G}, \boldsymbol{r}\}$ としたとき，$\partial_1\tilde{\gamma}$ を計算してみて上の命題が成立しているかを確認しよう．実際に，

$$\tilde{\gamma} = -\boldsymbol{E} + \boldsymbol{E} + \boldsymbol{F} - \boldsymbol{H} - \boldsymbol{G} = \boldsymbol{F} - \boldsymbol{H} - \boldsymbol{G}$$

となる．これより

$$\begin{aligned}\partial_1\tilde{\gamma} &= (\partial_1\boldsymbol{F}) - (\partial_1\boldsymbol{H}) - (\partial_1\boldsymbol{G}) \\ &= (\boldsymbol{s} - \boldsymbol{p}) - (\boldsymbol{s} - \boldsymbol{t}) - (\boldsymbol{t} - \boldsymbol{r}) = \boldsymbol{r} - \boldsymbol{p} = t(\gamma) - s(\gamma)\end{aligned}$$

確かに $t(\gamma) - s(\gamma)$ と一致している．

演習問題 5.2 下図において，$\gamma = \{$ 夏, う, 秋, い, 春, あ, 夏, え, 冬, お, 秋, う, 夏 $\}$ とする．(1) $\tilde{\gamma}$ を求めよ．(2) $\partial_1\tilde{\gamma}$ を定義に基づいて求めよ．

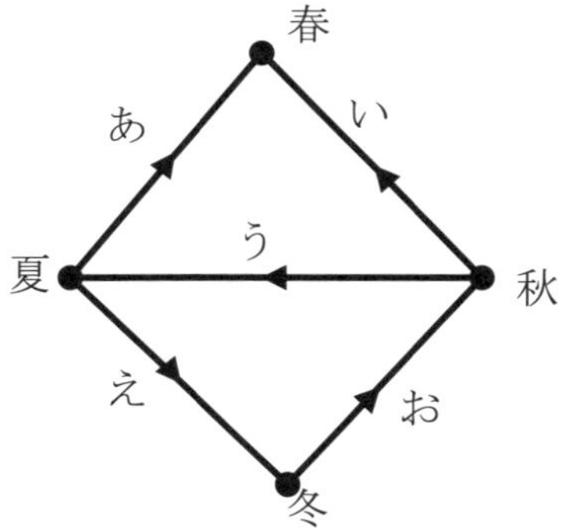

それでは，命題 5.6 の証明をしよう．

証明. $\gamma = \{\boldsymbol{u}_1, \boldsymbol{f}_1, \boldsymbol{u}_2, \boldsymbol{f}_2, \ldots, \boldsymbol{u}_n, \boldsymbol{f}_n, \boldsymbol{u}_{n+1}\}$ とし，$\tilde{\gamma} = \sum_{i=1}^{n} \varepsilon(\boldsymbol{f}_i)\boldsymbol{f}_i$ だから，この両辺に ∂_1 をつけると，

$$\partial_1 \tilde{\gamma} = \partial_1 (\sum_{i=1}^{n} \varepsilon(\boldsymbol{f}_i)\boldsymbol{f}_i) = \sum_{i=1}^{n} \varepsilon(\boldsymbol{f}_i)\partial_1(\boldsymbol{f}_i)$$
$$= \sum_{i=1}^{n} \varepsilon(\boldsymbol{f}_i)(t(\boldsymbol{f}_i) - s(\boldsymbol{f}_i)) \tag{5.1}$$

となる．$\varepsilon(\boldsymbol{f}_i)$ の定義により，

$$\begin{cases} \varepsilon(\boldsymbol{f}_i) = 1 \Longleftrightarrow s(\boldsymbol{f}_i) = \boldsymbol{u}_i \text{ かつ } t(\boldsymbol{f}_i) = \boldsymbol{u}_{i+1} \\ \varepsilon(\boldsymbol{f}_i) = -1 \Longleftrightarrow s(\boldsymbol{f}_i) = \boldsymbol{u}_{i+1} \text{ かつ } t(\boldsymbol{f}_i) = \boldsymbol{u}_i \end{cases}$$

である．$\varepsilon(\boldsymbol{f}_i) = 1$ の場合には

$$\varepsilon(\boldsymbol{f}_i)(t(\boldsymbol{f}_i) - s(\boldsymbol{f}_i)) = +(\boldsymbol{u}_{i+1} - \boldsymbol{u}_i) = \boldsymbol{u}_{i+1} - \boldsymbol{u}_i$$

であり，$\varepsilon(\boldsymbol{f}_i) = -1$ の場合には

$$\varepsilon(\boldsymbol{f}_i)(t(\boldsymbol{f}_i) - s(\boldsymbol{f}_i)) = -(\boldsymbol{u}_i - \boldsymbol{u}_{i+1}) = \boldsymbol{u}_{i+1} - \boldsymbol{u}_i$$

となる．つまり，いずれの場合にも $\varepsilon(\boldsymbol{f}_i)(t(\boldsymbol{f}_i) - s(\boldsymbol{f}_i) = \boldsymbol{u}_{i+1} - \boldsymbol{u}_i$ となり，これを式 (5.1) に代入すると，

$$\partial_1 \tilde{\gamma} = \sum_{i=1}^{n} \varepsilon(\boldsymbol{f}_i)(t(\boldsymbol{f}_i) - s(\boldsymbol{f}e_i))$$
$$= \sum_{i=1}^{n} (\boldsymbol{u}_{i+1} - \boldsymbol{u}_i) = \boldsymbol{u}_{n+1} - \boldsymbol{u}_1 = t(\gamma) - s(\gamma)$$

となる． □

5.4 連結

本章の後半では「図形が連結である」「連結成分」という概念を学習し，これらの概念がホモロジー群と関連付けられることを学習する．

定義 5.7 (連結) グラフ G が連結であるとは，任意の 2 つの頂点 $\boldsymbol{v}_1, \boldsymbol{v}_2 \in V$ に対して $\boldsymbol{v}_1, \boldsymbol{v}_2$ を両端とする道が存在する．

例題 5.8

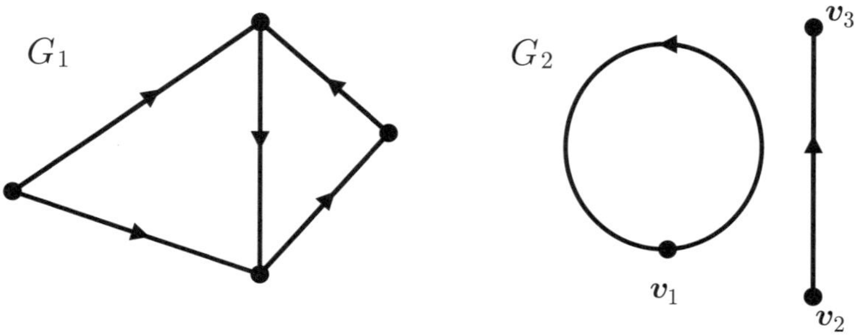

左の図は連結である．つまり，どの 2 点を選んでもその 2 点を結ぶ道が存在する．右の図は連結でない．実際，$\boldsymbol{v}_1$ と $\boldsymbol{v}_2$ とをつなぐようなグラフ上の道は存在しない．

位相空間論，距離空間論において，このように道を用いて連結性を定義するときは「弧状連結」という用語を用いるのが一般的である．一般の位相空間の中には，連結ではあるが弧状連結でないような空間の例が存在するので,「連結」と「弧状連結」とは区別して使われるべき用語である．しかし，有限頂点からなるグラフの場合は「弧状連結＝連結」であり，この 2 つの用語を区別なく使うことにする．

本節における主定理を述べよう．これは，ホモロジー群と図形の特長とを結びつける最初の性質である．

定理 5.9　もしグラフ G が連結であるならば，$H_0(G) \cong \mathbb{Z}$（加群として同型）である．

位相幾何ではホモロジー群がどういう群と同型かを問題にする場合が多い．具体的な図形（ここではグラフ）に対して，その「ホモロジー群はどのような要素によって構成されているか」ということよりも「ホモロジー群がどのような群と同型であるか」のほうに興味があるのである．というのは，次の章で取り扱うように,「全体の図形としては同じ（＝同相）ならば，ホモロジー群は同型」という性質が存在しており，具体的なホモロジー群の要素よりも，群としてのなりたちのほうが重要になってくるのである．

このことを逆方向から見ることもできる．すなわち，2 つの図形があったときに，そのホモロジー群がもし同型でなかったとすれば，その 2 つの図形は「異なる（同相でない）」図形だと結論することができる．

例題 5.8 に挙げた 2 つのグラフを例にとろう．具体的な計算は演習にまかせるが，左のほうのグラフ G_1 は $H_0(G_1) \cong \mathbb{Z}$ であり，右のほうのグラフ G_2 は $H_0(G_2) \cong \mathbb{Z} \oplus \mathbb{Z}$ である．すなわちこの 2 つのグラフの H_0 は同型でないことがわかる．この違いは定理 5.9 においては「連結であるかそうでないか」という違いに現れていると見ることができる．

演習問題 5.3 例題 5.8 の G_1 と G_2 について，適当に頂点・辺に名前をつけることによって，$H_0(G_1), H_0(G_2)$ を計算せよ．

定理 5.9 の証明. グラフ G が連結であるとき，$H_0(G) \cong \mathbb{Z}$ であることを証明しよう．G の頂点集合を $V = \{\boldsymbol{v}_1, \boldsymbol{v}_2, \ldots, \boldsymbol{v}_n\}$ とすると，0 チェイン全体の集合 $C_0(G)$ は

$$C_0(G) = \mathbb{Z}\langle V\rangle = \{x_1\boldsymbol{v}_1 + x_2\boldsymbol{v}_2 + \cdots + x_n\boldsymbol{v}_n | \boldsymbol{v}_i \in V, x_i \in \mathbb{Z}\}$$

と表すことができる．命題 4.6 により，$H_0(G)$ は

$$H_0(G) = C_0(G)/\mathrm{Im}(\partial_1)$$

であることが分かっている．この 2 つの式から定理を証明しよう．

仮定より G は連結である．連結の定義により，任意の 2 頂点 $\boldsymbol{v}_i, \boldsymbol{v}_j \in V$ に対して，この 2 つを両端とする道 γ が存在する．(すなわち，$s(\gamma) = \boldsymbol{v}_i$, $t(\gamma) = \boldsymbol{v}_j$ を満たすような道 γ が存在する．) 命題 5.6 より $\partial_1(\tilde{\gamma}) = \boldsymbol{v}_j - \boldsymbol{v}_i$ であるが，$\partial_1(\tilde{\gamma})$ は像 $\mathrm{Im}(\partial_1)$ の要素であることから，$\boldsymbol{v}_j - \boldsymbol{v}_i \in \mathrm{Im}(\partial_1)$ である．ここで商集合のルール (c) より

$$\begin{aligned} &\boldsymbol{v}_j - \boldsymbol{v}_i \in \mathrm{Im}(\partial_1) \Longrightarrow [\boldsymbol{v}_j - \boldsymbol{v}_i] = [0] \\ &\Longrightarrow [\boldsymbol{v}_j] - [\boldsymbol{v}_i] = [0] \Longrightarrow [\boldsymbol{v}_j] = [\boldsymbol{v}_i] \end{aligned} \tag{5.2}$$

式 (5.2) は任意の 2 頂点 $\boldsymbol{v}_i, \boldsymbol{v}_j \in V$ に対して成り立つことから，

$$[\boldsymbol{v}_1] = [\boldsymbol{v}_2] = \cdots = [\boldsymbol{v}_n] \tag{5.3}$$

である．一方で，任意の $H_0(G) = C_0(G)/\mathrm{Im}(\partial_1)$ の元は

$$[a_1\boldsymbol{v}_1 + a_2\boldsymbol{v}_2 + \cdots + a_n\boldsymbol{v}_n]$$

の形をしている．式 (5.3) を考慮すると

$$[a_1\boldsymbol{v}_1 + a_2\boldsymbol{v}_2 + \cdots + a_n\boldsymbol{v}_n] = (a_1 + a_2 + \cdots + a_n)[\boldsymbol{v}_1]$$

が成り立ち，$a_1 + a_2 + \cdots + a_n = k$ と置けば

$$H_0(G) = \{k[\boldsymbol{v}_1] \mid k \in \mathbb{Z}\} = \mathbb{Z}\langle[\boldsymbol{v}_1]\rangle \cong \mathbb{Z}$$

であることがわかる．したがって，G が連結ならば $H_0(G) \cong \mathbb{Z}$ である． □

演習問題 5.4

$$\begin{aligned} H_0(G) &= C_0(G)/\mathrm{Im}(\partial_1) \\ &= \{a_1[\boldsymbol{v}_1] + a_2[\boldsymbol{v}_2] + \cdots + a_n[\boldsymbol{v}_n] \mid \boldsymbol{v}_i \in V, a_i \in \mathbb{Z}\} \end{aligned}$$

として，具体的に同型写像 $\varphi : C_0(G)/\mathrm{Im}(\partial_1) \to \mathbb{Z}$ を構成し直接同型写像であることを証明せよ．（ヒント：「$a_1 + a_2 + \cdots + a_n = k$ と置けば」を参考にして $\varphi : C_0(\mathrm{G})/(\mathrm{Im}\partial_1) \to \mathbb{Z}$ を定め，それが全単射であることと，準同型写像であることを示す．単射がちょっと難しいかもしれない．）

実際には，定理 5.9 の逆命題「$H_0(G) \cong \mathbb{Z}$ ならば G は連結である」も成立する．この証明は本章の最後に行う．

5.5 連結成分

次に，連結成分の概念を学習する．一言で言えば連結成分とは「つながっているひとまとまり」のことである．このことを厳密に述べるため，部分グラフの概念を導入しよう．

定義 5.10（**部分グラフ**） G をグラフとして G' が G の部分グラフであるとは $G' = (V', E')$ が，$V' \subset V$, $E' \subset E$ であたえられており，かつ $s : E' \to V'$, $t : E' \to V'$ が G のものと一致することをいう．

ありていに言えば，「図形として一部分であるようなグラフを部分グラフという」ということである．

例題 5.11

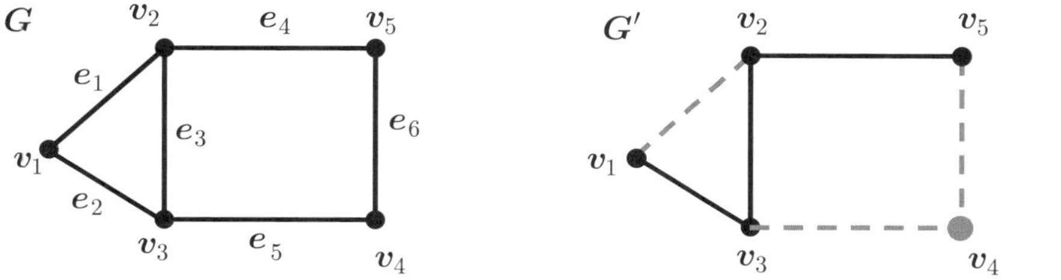

グラフ G に対して，その一部分からなるグラフ G' を考える．$V = \{\boldsymbol{v}_1, \boldsymbol{v}_2, \boldsymbol{v}_3, \boldsymbol{v}_4, \boldsymbol{v}_5\}$ に対して，G' のほうでは $V' = \{\boldsymbol{v}_1, \boldsymbol{v}_2, \boldsymbol{v}_3, \boldsymbol{v}_5\}$ であって，$V' \subset V$ が満たされる． 辺集合に関しても，$E = \{\boldsymbol{e}_1, \boldsymbol{e}_2, \boldsymbol{e}_3, \boldsymbol{e}_4, \boldsymbol{e}_5, \boldsymbol{e}_6\}$ に対して $E' = \{\boldsymbol{e}_2, \boldsymbol{e}_3, \boldsymbol{e}_4\}$ であって，$E' \subset E$ が満たされる．

演習問題 5.5　上の演習において,「$s : E' \to V'$, $t : E' \to V'$ は G のものと一致する」という条件は，図形的にいうとつまりどういうことか．

部分グラフの概念を用いて，連結成分を定義しよう．

定義 5.12（**連結成分**）　G' が G の連結成分であるとは次の 3 つの条件を満たすことである．

(1) $G' \subset G$（部分グラフ）である．

(2) G' は連結である．

(3) G' は極大である．すなわち，連結な部分グラフ H が $G' \subset H \subset G$ を満たすならば $H = G'$ である．

連結成分を図形的なイメージでいうと「繋がっているひとかたまり」ということもできる．

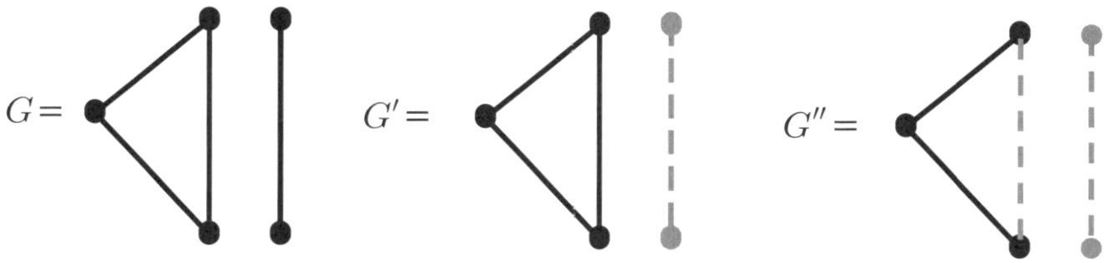

図において，G' は G の連結成分であるが，G'' は G の連結成分ではない．(灰色の頂点は含まれない.) G' も G'' も「連結な部分グラフ」ではある．しかし，G''

は「繋がっているひとかたまり」というには辺が 1 本足りず，実際に定義 5.12(3) の極大条件を満たさない．

演習問題 5.6　(1) 上図で，G' が極大条件を満たすことを示せ．
(2) 上図で，G'' が極大条件を満たさないことを示せ．

つまり，連結成分を別の言葉で表現すると,「ある頂点から道を伝って到達できるような辺，頂点すべてを合わせたような部分グラフ」であるということができる．

演習問題 5.7　ひらがなの「な」の連結成分をすべて挙げよ．連結成分は全部でいくつあるか．

5.6　連結成分と 0 次元ホモロジー群

定理 5.9 を拡張した形の定理を紹介しよう．

定理 5.13　グラフ G に k 個の連結成分があるならば

$$H_0(G) \cong \mathbb{Z} \oplus \mathbb{Z} \oplus \cdots \oplus \mathbb{Z} \ (k \text{ 個の直和})$$

である．実際に，グラフ G に連結成分 $G_1, G_2, \ldots, G_k$ があるとし，G_j に含まれる頂点の 1 つを $\boldsymbol{v}_j$ とすると，

$$H_0(G) = \{a_1[\boldsymbol{v}_1] + a_2[\boldsymbol{v}_2] + \cdots + a_k[\boldsymbol{v}_k] \mid a_1, a_2, \ldots, a_k \in \mathbb{Z}\}$$

である．

直和は 2.5 節で定義したものだが，k 個の直和は，

$$\overbrace{\mathbb{Z} \oplus \mathbb{Z} \oplus \cdots \oplus \mathbb{Z}}^{k \text{ 個}} = \{(a_1, a_2, \ldots, a_k) \mid a_1, a_2, \ldots, a_k \in \mathbb{Z}\}$$

と定義される．これも加群の一種である．

定理 5.13 を $k = 2$ のときの場合で証明する．グラフ G に 2 つの連結成分があるとして，G_1, G_2 の 2 つの連結成分に分けられるものとする．$G_1 = (E_1, V_1)$, $G_2 = (E_2, V_2)$ であるとする．G_1 の任意の辺 $\boldsymbol{e} \in E_1$ について，$\boldsymbol{e}$ の両端の頂点は V_1 の元であることから，$\partial_1(\boldsymbol{e}) \in \mathbb{Z}\langle V_1 \rangle$ であることがわかる．このことから，境界準同型 ∂_1 の定義域を $\mathbb{Z}\langle E_1 \rangle$ に制限した（定義域を狭めて考えた）もの

を $\partial_1^{G_1}$ と書くことにすると，

$$\partial_1^{G_1}: \mathbb{Z}\langle E_1\rangle \to \mathbb{Z}\langle V_1\rangle$$

である．同じように境界準同型 ∂_1 の定義域を $\mathbb{Z}\langle E_2\rangle$ に制限したものを $\partial_1^{G_2}$ と書くことにすると，$\partial_1^{G_2}: \mathbb{Z}\langle E_2\rangle \to \mathbb{Z}\langle V_2\rangle$ である．

演習問題 5.8 $\partial_1^{G_1}: \mathbb{Z}\langle E_1\rangle \to \mathbb{Z}\langle V_1\rangle$ であること（つまり $\partial_1^{G_1}$ の値域が $\mathbb{Z}\langle V_1\rangle$ に含まれること）を確認してみよ．

頂点集合をそれぞれ $V_1 = \{\boldsymbol{v}_1, \boldsymbol{v}_2, \ldots\}, V_2 = \{\boldsymbol{v}'_1, \boldsymbol{v}'_2, \ldots\}$ であるとし，辺集合をそれぞれ $E_1 = \{\boldsymbol{e}_1, \boldsymbol{e}_2, \ldots\}, E_2 = \{\boldsymbol{e}'_1, \boldsymbol{e}'_2, \ldots\}$ であるとする．$C_0(G)$ の任意の要素は

$$(a_1\boldsymbol{v}_1 + a_2\boldsymbol{v}_2 + \cdots) + (a'_1\boldsymbol{v}'_1 + a'_2\boldsymbol{v}'_2 + \cdots)$$

と表され，命題 4.6 から $H_0(G) = C_0(G)/\mathrm{Im}(\partial_1)$ である．V_1 に含まれる任意の 2 頂点 $\boldsymbol{v}_i, \boldsymbol{v}_j$ は，この 2 頂点を両端とする道が存在する（連結成分の定義より）ことから，式 (5.2) と同じ計算により $[\boldsymbol{v}_i] = [\boldsymbol{v}_j]$ である．同じように V_2 に含まれる任意の 2 頂点 $\boldsymbol{v}'_i, \boldsymbol{v}'_j$ は $[\boldsymbol{v}'_i] = [\boldsymbol{v}'_j]$ である．

次に $\mathrm{Im}(\partial_1)$ の全体像を見てみよう．$C_1(G)$ の任意の要素は

$$(b_1\boldsymbol{e}_1 + b_2\boldsymbol{e}_2 + \cdots) + (b'_1\boldsymbol{e}'_1 + b_2\boldsymbol{e}'_2 + \cdots)$$

と書き表せるが，$\partial_1(b_1\boldsymbol{e}_1 + b_2\boldsymbol{e}_2 + \cdots)$ は $\boldsymbol{v}_1, \boldsymbol{v}_2, \ldots$ の関係式のみを与え，$\partial_1(b'_1\boldsymbol{e}'_1 + b_2\boldsymbol{e}'_2 + \cdots)$ は $\boldsymbol{v}'_1, \boldsymbol{v}'_2, \ldots$ の関係式のみを与えるので，任意の i, j について $\boldsymbol{v}_i$ と $\boldsymbol{v}'_j$ の関係式を与えるような $\mathrm{Im}(\partial_1)$ の要素はないことがわかる．このことから，$H_0(G)$ においては，

$$[\boldsymbol{v}_1] = [\boldsymbol{v}_2] = \cdots$$

$$[\boldsymbol{v}'_1] = [\boldsymbol{v}'_2] = \cdots$$

であって，$[\boldsymbol{v}_1], [\boldsymbol{v}'_1]$ に代表になってもらうことにすると，

$$H_0(G) = \{a[\boldsymbol{v}_1] + a'[\boldsymbol{v}'_1] \mid a, a' \in \mathbb{Z}\}$$

と表されることがわかり，この群は $\mathbb{Z} \oplus \mathbb{Z}$ と同型である．

一般の k に対しても $k = 2$ の場合と同じように考えていけば

$$H_0(G) \cong \overbrace{\mathbb{Z} \oplus \mathbb{Z} \oplus \cdots \oplus \mathbb{Z}}^{k\ \text{個}}$$

であることが示される.（証明終）

この定理 5.13 を用いれば，次の定理が得られる.

定理 5.14（定理 5.9 の逆）　グラフ G が $H_0(G) \cong \mathbb{Z}$ であるならば連結である.

証明.　命題の対偶を証明する．対偶命題は「グラフ G が連結でないならば $H_0(G) \not\cong \mathbb{Z}$」である．グラフ G が連結でないとすると，G には k 個 $(k \geq 2)$ の連結成分があるとしてよい．すると定理 5.13 より $H_0(G) \cong \mathbb{Z} \oplus \mathbb{Z} \oplus \cdots \oplus \mathbb{Z}$ (k 個) であり従って $H_0(G) \not\cong \mathbb{Z}$ である．これより定理 5.9 の逆は証明された．　□

演習問題 5.9　上の証明では，加群として $\mathbb{Z} \oplus \mathbb{Z} \oplus \cdots \oplus \mathbb{Z}$ (k 個) と $\mathbb{Z}$ とは同型でないことを暗黙のうちに用いていた．たとえば $\mathbb{Z} \oplus \mathbb{Z}$ と $\mathbb{Z}$ とが同型でないことはどのように示されるか.（ヒント：$\varphi : \mathbb{Z} \oplus \mathbb{Z} \to \mathbb{Z}$ という同型写像が存在すると仮定して矛盾を導け.）

例題 5.15　ひらがなの中で，連結なものをいくつかあげるとすると

あ，く，し，す，せ，そ，…

である.「や」は字の書き方によって連結になったりそうでなかったりする.

演習問題 5.10　濁点・半濁点のついていないひらがなのなかで，連結成分が 3 つであるものをすべて挙げよ.

この演習問題においても「ふ」の連結成分が 3 つであるか 4 つであるかはよく議論になるところだが，これは字の書き方によって 3 つにも 4 つにもなりうるというだけの話で，数学的に定義できないという話ではない.（ちなみに，多くの明朝体では「ふ」は連結な字体になっている.）

同じように，漢字で連結成分の個数を数えることもできる.「数」という字は米と女と攵の 3 つの部分からなると考えれば連結成分は 3 つだが,「米」を連結と言っていいのか，など議論が残る部分はある.

演習問題 5.11　画数が 11 画以上の常用漢字で連結な図形になるようなものをみつけよ.

この問題においてよく議論になるのは「貝」の字が連結かどうか，ということであるが，阿原研究室の見解としては「貝」は連結でないと認定している.

第 6 章

同相（位相同型）

前章で,「G が連結ならば $H_0(G) \cong \mathbb{Z}$」という定理を証明した. この定理はグラフの図形的性質がホモロジー群という代数的なものと深く関係していることを示している例であるといえる.

6.1　同相の定義

本章では「グラフの図形的性質」を表す言葉として「同相（位相同型）」という概念を紹介しよう. 同相を一言で言うと「図形のつながり具合が同じ」ということである. たとえば, JR の首都圏路線図を思い浮かべてみよう.

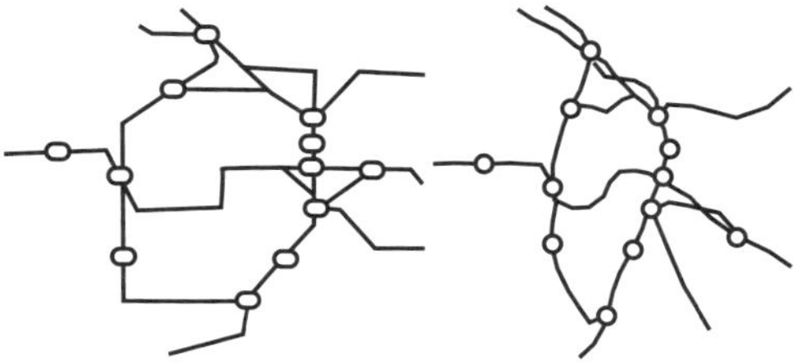

左の図はよく見かける図で, われわれにとって何の違和感もない図だと思う. 駅と駅のつながり具合や見やすさを前提に描かれているので実際の場所や地形に基づいているわけではない. 実際の地図はおおむね右の図のようになっているのである.

この左の図を見るときに, われわれは何を注意して見るだろうか. だいたいの東西南北も重要であろうが, 路線のつながり具合や乗り換えの具合に注意をするに違いない. 正確な形や距離などは度外視していることがわかる. しかしわれわれは右の図と左の図をそれほど区別して考えてはいない. それはなぜかというと「図形として形が同じ」という感覚がわれわれの頭の中にあり, その観点からするとこの 2 つの図は「同じ形」なのである.

ここでいう「同じ形」を数学的に考えたものが同相（位相同型）である. 具体

的に，線から成る図形が同相であるとは，

（あ）つながり具合が同じ（連結成分の個数など）である．

（い）枝分かれの具合（三叉路，交差点の個数）が同じである．

（う）折れ具合・曲がり具合は問わない．

という 3 点が大事になる．

同相に関する別の例を見てみよう．ひらがなを線からなる図形とみなして，位相同型で分類することを考えよう.「く」「し」「つ」「て」「へ」はどれも「1 本の線からなっている」という意味で互いに同相である．G_1, G_2 というグラフが同相であることを「$G_1 \sim G_2$」と書くとするならば，

$$く \sim し \sim つ \sim て \sim へ$$

である．これら 5 つのひらがなは曲がる向きや曲がり方はそれぞれ異なるが，同相を考えるときには曲がり具合は無視して考えるのである．

「い」「こ」「り」はどれも「2 本の線からなっている」という意味で互いに同相である．したがって

$$い \sim こ \sim り$$

である.「せ」と「も」は「1 本の線に交差する 2 本の線がある」という意味で互いに同相である．一方で,「た」と「に」はよく似ている形をしているが同相ではない.「た」では 1 箇所交差点があるが,「に」のほうには交差点がないからである．

演習問題 6.1 「せ」「も」と同相であるようなひらがながもう 1 つある．それは何か.（ただし「や」ではない.）

演習問題 6.2 「は」と同相であるようなひらがながあと 2 つある．それは何か.

位相空間論には「同相」という概念があるが，位相空間論での同相と，本書における同相とは実は同じ概念である．念のために位相空間論での同相の定義を書いておこう.（本書を読み進める上ではこの定義は必要ない.）

定義 6.1（位相空間論における同相の定義） 2 つの位相空間 X, Y が同相であるとは写像 $f : X \to Y$ が存在して，(a) f は全単射，(b) f, f^{-1} は連続，を満たすことである．

この定義から「つながり具合が同じ」「枝分かれ具合が同じ」「曲がり具合は問題にならない」ということを証明することができるのだが，本書では，とりあえず図形をグラフに限定し，より簡素な定義を導入する．

6.2 グラフの同相

グラフにおける同相を定義しよう．もともと，グラフの図を描くときには曲がり具合を自由に描いてよいことになっていたので，「曲がり具合は問題にならない」という点は最初から保障されているといってもよい．つまり，「く」「し」は

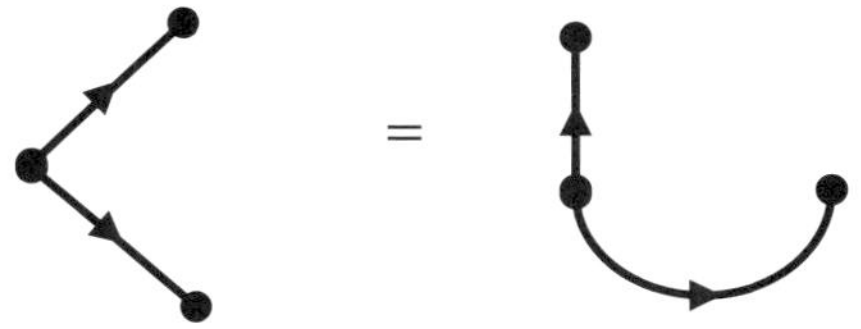

であると思えば，同じグラフであるといえる．

枝分かれ具合についても 1 つのグラフを異なった図で描いたと思えばすぐにわかる例も作れる．たとえば，下図の 2 つのグラフ（辺の向きは省略してある）は同じグラフのものであるが，そのことがただちに同相を意味していることがわかるだろう．

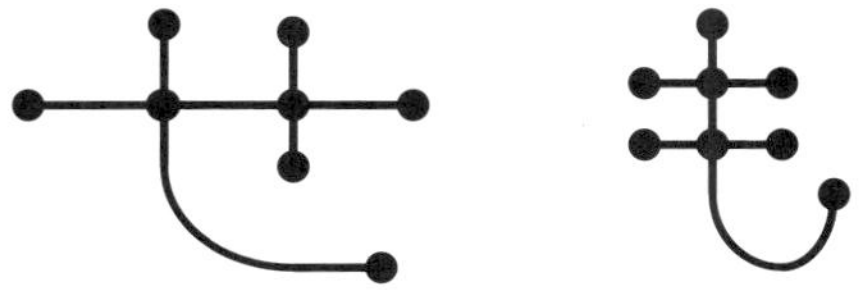

演習問題 6.3 次図の 2 つのグラフ（辺の向きは省略してある）は同じグラフのものであるといえるだろうか？

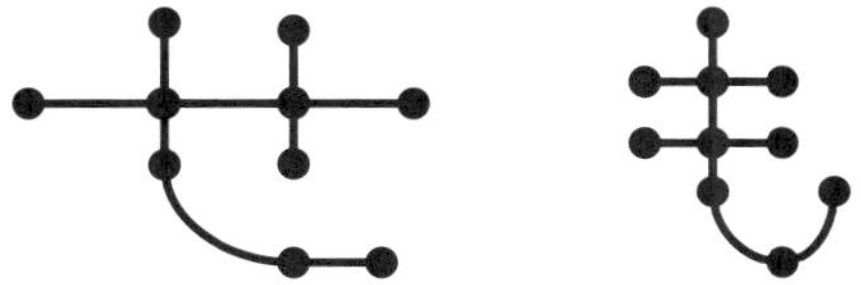

この演習は，2 つの問題点をわれわれに示唆している．1 つは「辺の向きは無視してよいか」という問題．もう 1 つは「辺の途中に余分な頂点がある場合をどう考えるか」という問題である．つまりわれわれは辺の向きや途中にある余分な頂点

を一切無視して，

の 2 つのグラフをどちらも「せ」だと思いたいわけである．この観点からグラフの同相を次のように定義することにする．

定義 6.2（**グラフの同相**） (1) ある辺 $\boldsymbol{e}$ について $\boldsymbol{e}$ の向きだけを逆にしたグラフを考えることができる．この操作を「辺の反転」という．

(2) ある辺 $\boldsymbol{e}$ について，その辺の途中に頂点を追加して辺を 2 つに分ける操作を「辺の細分」という．

(3) 辺が 2 本集まっているような頂点 $\boldsymbol{v}$ ついて，その頂点を取り去って 2 本の辺をつなげる操作を「辺の細分の逆」という．

(4) 2 つのグラフ G_1 と G_2 が「同相（位相同型）」であるとは，「辺の反転」「辺の細分」「辺の細分の逆」の操作を繰り返して G_1 を G_2 へ変形できることをいう．これを $G_1 \sim G_2$ と書く

以上の定義を図で説明しよう．

(1) 辺の反転（反転した辺を便宜上 $\boldsymbol{e}^-$ と書くことにする．）

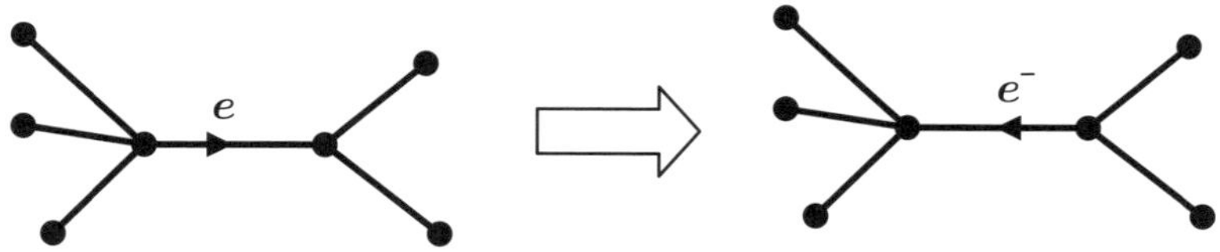

(2) 辺の細分（細分した辺を便宜上 $\boldsymbol{e}', \boldsymbol{e}''$ と書くことにする．）

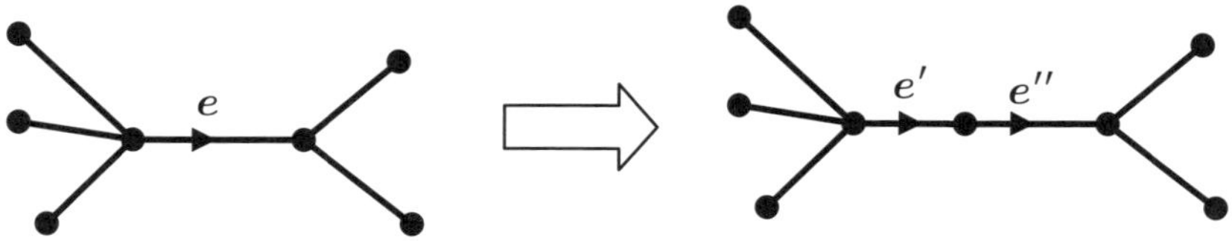

(3) 辺の細分の逆（辺 $\boldsymbol{e}', \boldsymbol{e}''$ の向きがそろっていないときは反転を用いてそろえる．）

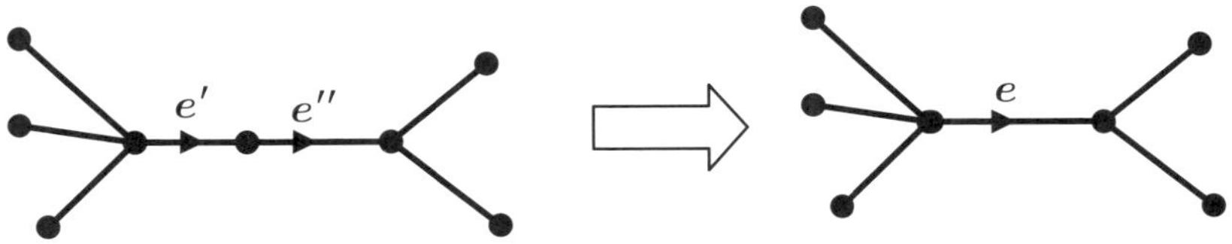

これらの操作を繰り返して変形できるグラフを同相であると定める．こうすることにより,「せ」は，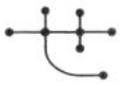でも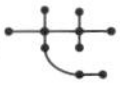でも辺の向きにかかわらず同相なグラフであるということができる．

例題 6.3　例題として，5 角形 G_1 と 3 角形 G_2 とは同相であることを示してみよう．

$G_1=$ 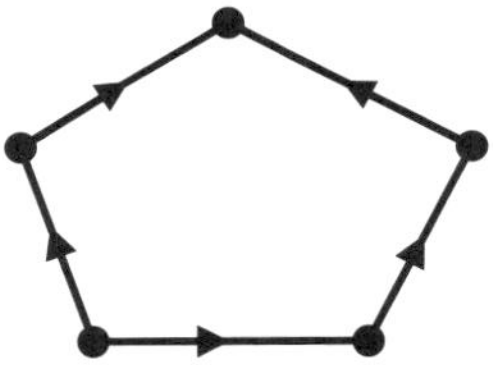，$G_2=$  とする．

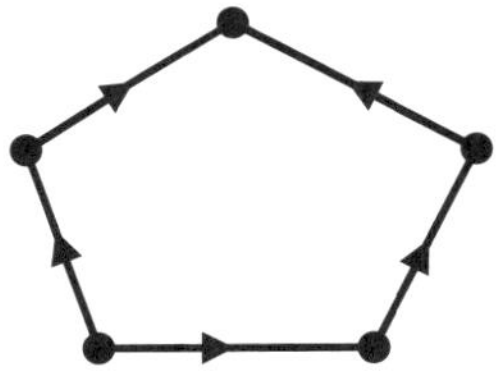 (⇒辺の反転) 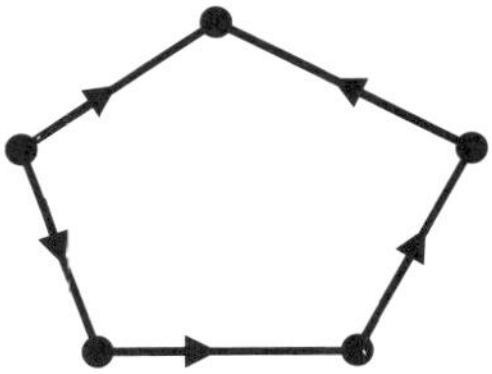 (⇒辺の細分の逆)

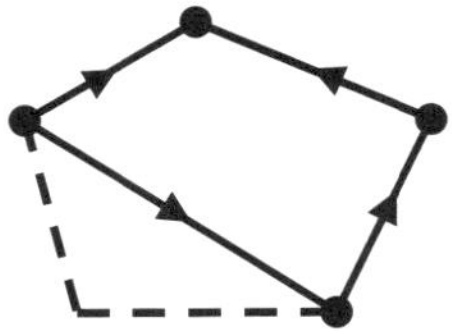 (⇒辺の細分の逆)  $=G_2$

以上より G_1 と G_2 は同相である．

演習問題 6.4　「明」の字をとグラフの図にしてみたとき，これを同相で変形して辺の本数が最小になるようにせよ．

例題 6.4　漢字の同相問題を考えてみよう．たとえば，

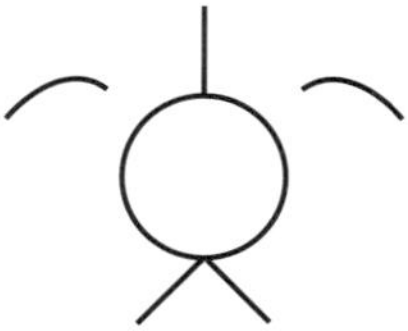

と同相な漢字を見つけてみよう．

答えは「冬」なのだが，その理由がわかるだろうか？　冬という字には輪が 1 つあり，そこから 3 本の線分が出ている．3 本のうちの 2 本は輪の上の同じ点から出ており，4 差路を作っている．あとは，離れた点が 2 つあることから，上の図形と同相になるのである．

演習問題 6.5

以下の図形と同相な漢字を常用漢字からみつけよ．

(1) 

(2) 

(3) 

(4) 

(5) 

(6) 

(3)(4) は，明治大学数学科の期末試験において「漢字同相問題を創作せよ」という問いへの解答のなかから寄りすぐったものである．(本人の同意を得て掲載している.)

6.3 同相とホモロジー群

位相幾何では,「ホモロジー群がどういう群と同型か」を問題にしている．実際に「G_1 と G_2 とが同相であるならば G_1 と G_2 のホモロジー群は（加群として）

同型」という定理があり，この性質をグラフの同相についてのホモロジー不変性という．同相についてのホモロジー不変性を証明しよう．

定理 6.5 $G_1 \sim G_2 \Longrightarrow H_i(G_1) \cong H_i(G_2)$ $(i = 0, 1)$

証明の方針

まず証明の方針について説明する．グラフの同相とは,「辺の反転」「辺の細分」「辺の細分の逆」という操作を繰り返し行って得られるグラフのことだった．そこで「辺の反転」「辺の細分」の操作を行っても $H_i(G)$ が変わらない（同型である）ということを示せれば十分である．

まず H_0 について解決してしまおう．$H_0(G)$ については前の章で,「G の連結成分が k 個$\Leftrightarrow H_0(G) \cong \mathbb{Z} \oplus \cdots \oplus \mathbb{Z}$（$k$ 個の直和）」という定理を示した.「辺の反転」「辺の細分」「辺の細分の逆」という操作を行っても「連結成分の個数」は変わらない.（くっついている部分が分かれたり，分かれているものがくっついたりしない，という意味である.）このことから，$G_1 \sim G_2$ ならば $H_0(G_1) \cong H_0(G_2)$ であることが示される.（この説明は直感に基づくものである．数学としては，これから示す H_1 のときと同じように $H_0(G_1) \to H_0(G_2)$ という同型写像を構成することが必要である．それは演習問題として残しておく.）

残るは H_1 についてである．以下に示すことは,「反転，細分で $H_1(G)$ が変わらないこと」である．これは実際に同型写像を構成することにより証明する．

6.4 辺の反転とホモロジー群 $H_1(G)$

辺の反転で $H_1(G)$ が変わらないことを示す．辺の反転とは

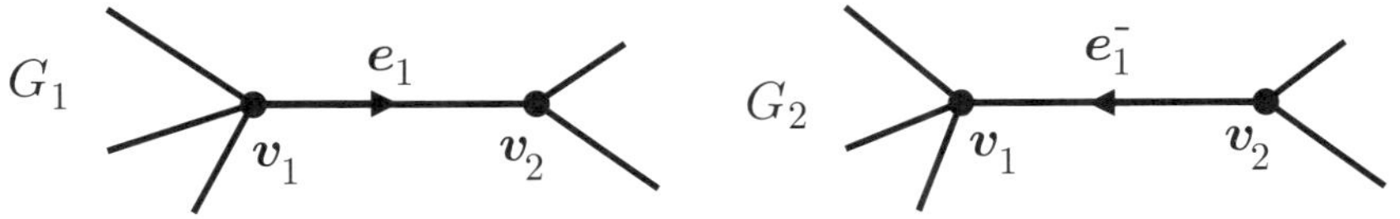

というグラフの変形であった．G_1 の辺集合を $E_1 = \{e_1, e_2, \ldots, e_r\}$ とすると，G_2 の辺集合は $E_2 = \{e_1^-, e_2, \ldots, e_r\}$ となる．頂点集合についてはグラフ G_1, G_2 ともに共通で，どちらも $V = \{v_1, v_2, \ldots\ v_s\}$ であると考える．

この状況から具体的に $H_1(G_1)$ と $H_1(G_2)$ の間に同型写像を作るのが目標であるが，いきなり構成するにも見当がつかないだろう．方針を見定める目的で，1 つ

の具体例で $H_1(G_1)$ と $H_1(G_2)$ を比較する作業を行ってみる.

では，方針を見定めるために具体例で見てみよう.

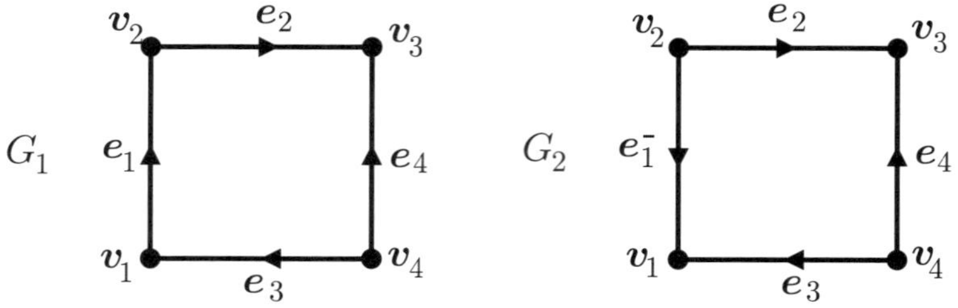

まず命題 4.6 によりグラフのホモロジーについては $H_1(G) = Z_1(G)/O$ であるから

$$Z_1 = \mathbb{Z}\langle \gamma_1, \gamma_2, \ldots, \gamma_r \rangle \Longleftrightarrow H_1(G) = \mathbb{Z}\langle [\gamma_1], [\gamma_2], \ldots, [\gamma_r] \rangle$$

である．つまり，$H_1(G)$ を求めるためには $Z_1(G) = \{\gamma \in C_1(G) \mid \partial_1 \gamma = 0\}$ を求めればよいことがわかる.

まずは G_1 のほうから求める．ここで，G_1 の境界準同型 ∂_1 のことをわざわざ $\partial_1^{(1)}$ と書くことにして,「グラフ G_1 の境界準同型」であることをはっきりさせることにする．$C_1(G_1) = \mathbb{Z}\langle \boldsymbol{e}_1, \boldsymbol{e}_2, \boldsymbol{e}_3, \boldsymbol{e}_4 \rangle$ であり，

$$\partial_1^{(1)}(\boldsymbol{e}_1) = \boldsymbol{v}_2 - \boldsymbol{v}_1 \qquad \partial_1^{(1)}(\boldsymbol{e}_2) = \boldsymbol{v}_3 - \boldsymbol{v}_2$$

$$\partial_1^{(1)}(\boldsymbol{e}_3) = \boldsymbol{v}_1 - \boldsymbol{v}_4 \qquad \partial_1^{(1)}(\boldsymbol{e}_4) = \boldsymbol{v}_3 - \boldsymbol{v}_4$$

である.

$\gamma \in C_1(G_1)$ を $\gamma = a\boldsymbol{e}_1 + b\boldsymbol{e}_2 + c\boldsymbol{e}_3 + d\boldsymbol{e}_4$ と表しておくと，$\partial_1^{(1)}\gamma = 0$ より

$$a(\boldsymbol{v}_2 - \boldsymbol{v}_1) + b(\boldsymbol{v}_3 - \boldsymbol{v}_2) + c(\boldsymbol{v}_1 - \boldsymbol{v}_4) + d(\boldsymbol{v}_3 - \boldsymbol{v}_4) = 0$$

$$(-a + c)\boldsymbol{v}_1 + (a - b)\boldsymbol{v}_2 + (b + d)\boldsymbol{v}_3 + (-c - d)\boldsymbol{v}_4 = 0$$

$$-a + c = a - b = b + d = -c - d = 0$$

$$a = b = c = -d$$

したがって，$\gamma \in Z_1 \Leftrightarrow \gamma = a(\boldsymbol{e}_1 + \boldsymbol{e}_2 + \boldsymbol{e}_3 - \boldsymbol{e}_4)$ であり，$Z_1 = \mathbb{Z}\langle \boldsymbol{e}_1 + \boldsymbol{e}_2 + \boldsymbol{e}_3 - \boldsymbol{e}_4 \rangle$ である．このことから，

$$H_1(G_1) = \mathbb{Z}\langle [\boldsymbol{e}_1 + \boldsymbol{e}_2 + \boldsymbol{e}_3 - \boldsymbol{e}_4] \rangle \cong \mathbb{Z}$$

であることが求まった．同じように計算すると，$C_1(G_2) = \mathbb{Z}\langle \boldsymbol{e}_1^-, \boldsymbol{e}_2, \boldsymbol{e}_3, \boldsymbol{e}_4 \rangle$ で

あり，$\gamma \in Z_1(G_2) \Leftrightarrow \gamma = a(-\boldsymbol{e}_1^- + \boldsymbol{e}_2 + \boldsymbol{e}_3 - \boldsymbol{e}_4)$ であり，

$$H_1(G_2) = \mathbb{Z}\langle[-\boldsymbol{e}_1^- + \boldsymbol{e}_2 + \boldsymbol{e}_3 - \boldsymbol{e}_4]\rangle \cong \mathbb{Z}$$

であることが求まる．

確かに，どちらの H_1 も $\mathbb{Z}$ と同型であることが見て取れるが，もっと詳細に比較すると，$\boldsymbol{e}_1$ と $-\boldsymbol{e}_1^-$ の部分だけが違うことが見てとれる．そこでつまり，$\boldsymbol{e}_1$ と $-\boldsymbol{e}_1^-$ とを対応させ，他の $\boldsymbol{e}_2, \boldsymbol{e}_3, \ldots$ などはそのまま対応させるような写像を作れば，同型写像が得られるのではないかと予想がつく．

演習問題 6.6 上のグラフ G_2 について，$H_1(G_2)$ を正しい方法で求めて検算せよ．ただし，G_2 の境界準同型を $\partial_1^{(2)}$ と書くことにする．

実例を見て方針が立ちそうなので，本題に戻ろう．$E_1 = \{\boldsymbol{e}_1, \boldsymbol{e}_2, \ldots, \boldsymbol{e}_r\}$，$E_2 = \{\boldsymbol{e}_1^-, \boldsymbol{e}_2, \ldots, \boldsymbol{e}_r\}$ をふまえて，$\varphi : \mathbb{Z}\langle E_1\rangle \to \mathbb{Z}\langle E_2\rangle$ を

$$\begin{cases} \varphi(\boldsymbol{e}_1) = -\boldsymbol{e}_1^-, \\ \varphi(\boldsymbol{e}_i) = \boldsymbol{e}_i, \qquad (i = 2, 3, \ldots, r) \end{cases}$$

と定める．全単射な準同型写像 $H_1(G_1) \to H_1(G_2)$ を求めることが最終的な目標ではあるが（したがってそれを直接得られればそれに越したことはないが），上の例を見ればわかるように，辺ごとに対応を見て写像を決めたほうがよさそうだと見込みをつけて，まずは G_1 と G_2 の辺同士に対応をつけてみる．しかも，「$\boldsymbol{e}_1$ と $-\boldsymbol{e}_1^-$ とを対応させる」というのが方針なので，$\varphi : \mathbb{Z}\langle E_1\rangle \to \mathbb{Z}\langle E_2\rangle$ を「$\boldsymbol{e}_1$ と $-\boldsymbol{e}_1^-$ とを対応させ，$\boldsymbol{e}_2, \ldots, \boldsymbol{e}_r$ についてはそのままを対応させる」という写像として構成することにした．$\varphi : \mathbb{Z}\langle E_1\rangle \to \mathbb{Z}\langle E_2\rangle$ がきまれば，$H_0(G_1) = Z_1(G_1)/O$，$H_0(G_2) = Z_1(G_2)/O$ であることを用いて $H_0(G_1) \to H_0(G_2)$ という写像がつくれるような気がするが，そのことはきちんと構成してみせた上で，証明をめざすことにする．写像が構成できたうえで，全単射であることを示すことになるが，全単射を示すときの 1 つのテクニックとして「逆写像が存在することを示す」という方法があるので，実際に逆写像を作ってみせるという方針で考えてみる．逆写像をパッとみつけることは一般的にはできないのであるが，今の場合は「$\boldsymbol{e}_1$ と $-\boldsymbol{e}_1^-$ とを対応させる」という方針があるので，逆向きに考えれば「$\boldsymbol{e}_1^-$ と $-\boldsymbol{e}_1$ とを対応させる」というのが逆写像ではないかと想像がつく．そこで，逆写像の候

補として $\psi : \mathbb{Z}\langle E_2\rangle \to \mathbb{Z}\langle E_1\rangle$ であって，

$$\begin{cases}\psi(\boldsymbol{e}_1^-) = -\boldsymbol{e}_1, \\ \psi(\boldsymbol{e}_i) = \boldsymbol{e}_i, \qquad (i = 2, 3, \ldots, r)\end{cases}$$

というものを考える．問題を正確に記述するために，境界準同型について，$\partial_1^{(1)} : C_1(G_1) \to C_0(G_1)$，$\partial_1^{(2)} : C_1(G_2) \to C_0(G_2)$ という記号を用いて，2 つのグラフの境界準同型を区別して表記することにする．

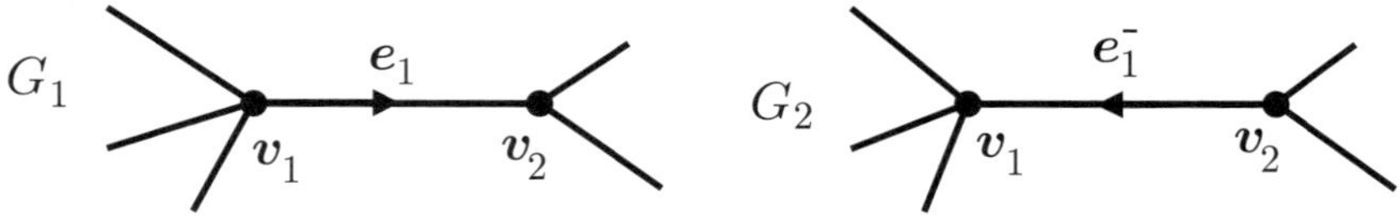

同じ図をもう一度見ながら，$\partial_1^{(1)}, \partial_1^{(2)}$ を決めてみよう．$\boldsymbol{e}_1, \boldsymbol{e}_1^-$ については

$$\partial_1^{(1)}(\boldsymbol{e}_1) = \boldsymbol{v}_2 - \boldsymbol{v}_1,$$
$$\partial_1^{(2)}(\boldsymbol{e}_1^-) = \boldsymbol{v}_1 - \boldsymbol{v}_2$$

がわかる．図に表れていないところでは，

$$\partial_1^{(1)}(\boldsymbol{e}_i) = \partial_1^{(2)}(\boldsymbol{e}_i) \qquad (i = 2, 3, \ldots, r)$$

である．

このように定義された φ, ψ に対して，次の 4 つの補題を証明することを当面の目標とする．

補題 6.6

(1) $\psi \circ \varphi = \mathrm{id}$

(2) $\varphi \circ \psi = \mathrm{id}$

(3) 任意の $\gamma \in Z_1(G_1)$ に対して，$\varphi(\gamma)$ は $Z_1(G_2)$ の要素である．

(4) 任意の $\gamma \in Z_1(G_2)$ に対して，$\psi(\gamma)$ は $Z_1(G_1)$ の要素である．

証明． $Z_1(G_1) = \mathrm{Ker}\partial_1^{(1)}$，$Z_1(G_2) = \mathrm{Ker}\partial_1^{(2)}$ であることに注意しながら証明を進めよう．まずは，(1) を示す．

合成写像 $\psi \circ \varphi$ により $\boldsymbol{e}_i$ $(i = 1, 2, \ldots, r)$ を写した先がそれぞれ $\boldsymbol{e}_i$ であればよい．つまり $\psi(\varphi(\boldsymbol{e}_i)) = (\boldsymbol{e}_i)$ を示せばよい．$i = 1$ の場合と $i = 2, 3, \ldots, r$ の場合とに場合分けする必要があり，それぞれ定義に従って，

$$\psi(\varphi(\boldsymbol{e}_1)) = \psi(-\boldsymbol{e}_1^-) = -(-(\boldsymbol{e}_1)) = \boldsymbol{e}_1$$

$$\psi(\varphi(\boldsymbol{e}_i)) = \psi(\boldsymbol{e}_i) = \boldsymbol{e}_i \quad (i \geq 2)$$

したがっていずれの場合にも $\psi \circ \varphi = \mathrm{id}$ が示される．(2) の証明は (1) とほぼ同じ方法でである．

演習問題 6.7 $\psi(\varphi(\boldsymbol{e}_i)) = (\boldsymbol{e}_i)$ $(i = 1, 2, \ldots, r)$ を示せば $\psi \circ \varphi = \mathrm{id}$ となる理由を確認せよ．

演習問題 6.8 (2) を各自証明せよ．何を示せばよいかをまず明確にしてから計算を始めよ．

次に (3) を示す．示すべきことは，任意の $\gamma \in Z_1(G_1)$ に対して $\varphi(\gamma) \in Z_1(G_2)$ である．$\gamma \in Z_1(G_1) \subset C_1(G_1) = \mathbb{Z}\langle E_1 \rangle$ なので，一般的に

$$\gamma = a_1\boldsymbol{e}_1 + \sum_{i=2}^{r} a_i\boldsymbol{e}_i$$

と表わせる．

$$\begin{aligned}
&\gamma \in Z_1(G_1) = \mathrm{Ker}(\partial_1^{(1)}) \\
&\Rightarrow \partial_1^{(1)}(\gamma) = 0 \quad (\mathrm{Ker}\ \text{の定義}) \\
&\Rightarrow \partial_1^{(1)}(a_1\boldsymbol{e}_1 + \sum_{i=2}^{r} a_i\boldsymbol{e}_i) = 0 \quad (\gamma\ \text{に代入}) \\
&\Rightarrow a_1\partial_1^{(1)}(\boldsymbol{e}_1) + \sum_{i=2}^{r} a_i\partial_1^{(1)}(\boldsymbol{e}_i) = 0 \quad (\partial_1^{(1)}\ \text{は準同型}) \\
&\Rightarrow a_1(\boldsymbol{v}_2 - \boldsymbol{v}_1) + \sum_{i=2}^{r} a_i\partial_1^{(1)}(\boldsymbol{e}_i) = 0 \quad (\partial_1^{(1)}(\boldsymbol{e}_1)\ \text{に代入}) \qquad (6.1)
\end{aligned}$$

この条件式 (6.1) が成り立つと仮定して，$\varphi(\gamma) \in \mathrm{Ker}(\partial_1^{(2)})$ を示すことが現在のミッションである．そこで，次に $\partial_1^{(2)}(\varphi(\gamma))$ を計算して，これが 0 になることを示せばよいことになる．

$$\begin{aligned}
&\partial_1^{(2)}(\varphi(\gamma)) \\
&= \partial_1^{(2)}(\varphi(a_1\boldsymbol{e}_1 + \sum_{i=2}^{r} a_i\boldsymbol{e}_i)) \quad (\gamma\ \text{に代入}) \\
&= \partial_1^{(2)}(a_1\varphi(\boldsymbol{e}_1) + \sum_{i=2}^{r} a_i\varphi(\boldsymbol{e}_i)) \quad (\varphi\ \text{が準同型であることより})
\end{aligned}$$

$$= \partial_1^{(2)}\left(a_1(-\boldsymbol{e}_1^-) + \sum_{i=2}^{r} a_i \boldsymbol{e}_i\right) \quad (\varphi \text{ の定義により})$$

$$= a_1 \partial_1^{(2)}(-\boldsymbol{e}_1^-) + \sum_{i=2}^{r} a_i \partial_1^{(2)}(\boldsymbol{e}_i) \quad (\partial_1^{(2)} \text{ が準同型であることより})$$

$$= a_1(-(\boldsymbol{v}_1 - \boldsymbol{v}_2)) + \sum_{i=2}^{r} a_i \partial_1^{(2)}(\boldsymbol{e}_i) \quad (\partial_1^{(2)}(\boldsymbol{e}_1^-) \text{ に代入})$$

$$= a_1(\boldsymbol{v}_2 - \boldsymbol{v}_1) + \sum_{i=2}^{r} a_i \partial_1^{(1)}(\boldsymbol{e}_i)$$

$$= 0 \quad (\text{式 (6.1) より})$$

以上の計算により $\varphi(\gamma) \in \mathrm{Ker}(\partial_1^{(2)}) = Z_1(G_2)$ である. □

演習問題 6.9 $\gamma \in Z_1(G_1)$ ならば $\gamma = a_1\boldsymbol{e}_1 + \sum_{i=2}^{r} a_i \boldsymbol{e}_i$ と表わせる理由を改めて正確に述べよ.

演習問題 6.10 (4) も (3) と同様にして証明できる. 各自証明してみよ.

この補題を用いれば $H_1(G_1)$ と $H_1(G_2)$ とが同型な群であることを示すことができる.

定理 6.7 グラフ G_1 の辺 $\boldsymbol{e}_1$ を反転させたようなグラフ G_2 について $H_1(G_1) \cong H_1(G_2)$ である.

証明. 任意の $H_1(G_1)$ の要素は $Z_1(G_1)$ の要素 γ を用いて $[\gamma]$ と表せる. 補題 6.6(3) により, $\gamma \in Z_1(G_1)$ に対して $\varphi(\gamma) \in Z_1(G_2)$ である. このことから, $[\gamma] \in H_1(G_1)$ に対して, $[\varphi(\gamma)] \in H_1(G_2)$ である. この対応を写像をみなして $\varphi_* : H_1(G_1) \to H_1(G_2)$ と書き表すことにする.

定義 6.8（誘導された写像） $\varphi : Z_1(G_1) \to Z_1(G_2)$ に対して,

$$\varphi_*[\gamma] = [\varphi(\gamma)]$$

で定められるホモロジー間の写像 $\varphi_* : H_1(G_1) \to H_1(G_2)$ を φ から誘導された写像であるという.

φ は加群の準同型であったから,

$$\varphi_*[\gamma+\delta] = [\varphi(\gamma+\delta)] = [\varphi(\gamma)] + [\varphi(\delta)] = \varphi_*[\gamma] + \varphi_*[\delta] \in H_1(G_2)$$

が成り立つ．すなわちこの写像 $\varphi_* : H_1(G_1) \to H_1(G_2)$ は加群の準同型である．このこともまとめておこう．

命題 6.9 誘導された写像は準同型写像である．

同様に，$[\gamma] \in H_1(G_2)$ に対して $[\psi(\gamma)] \in H_1(G_1)$ を対応させるような写像 $\psi_* : H_1(G_2) \to H_1(G_1)$ も準同型である．

補題 6.6(1)(2) を用いると

$$\varphi_* \circ \psi_*[\gamma] = \varphi_*[\psi(\gamma)] = [\varphi \circ \psi(\gamma)] = [\gamma]$$

$$\psi_* \circ \varphi_*[\gamma] = \psi_*[\varphi(\gamma)] = [\psi \circ \varphi(\gamma)] = [\gamma]$$

であり，φ_* と ψ_* とが互いに逆写像の関係にあることが示される．このことから $H_1(G_1)$ と $H_1(G_2)$ とは（加群の）同型である． □

6.5 辺の細分とホモロジー群

後半戦に入る．辺の細分で $H_1(G_1)$ と $H_1(G_2)$ が変わらない（群の同型である）ことを示す．G_1 の辺集合を $E_1 = \{\boldsymbol{e}_1, \boldsymbol{e}_2, \ldots, \boldsymbol{e}_r\}$ とすると，G_2 の辺集合は $E_2 = \{\boldsymbol{e}_1', \boldsymbol{e}_1'', \boldsymbol{e}_2, \ldots, \boldsymbol{e}_r\}$ となる．

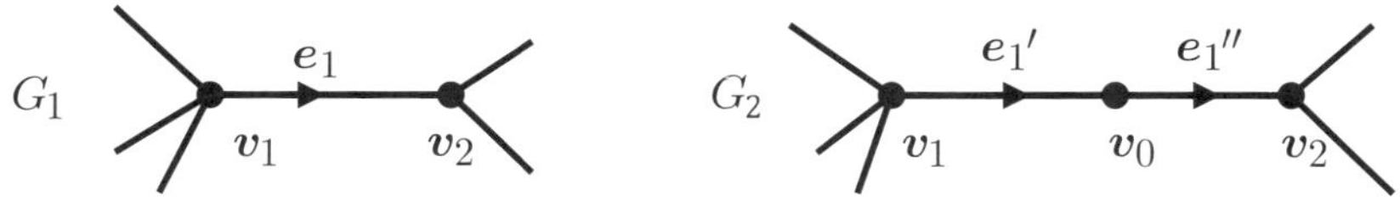

$H_1(G_1)$ と $H_1(G_2)$ との間の同型写像をつくるための方針を見定めるために，一度，具体例で見てみよう．

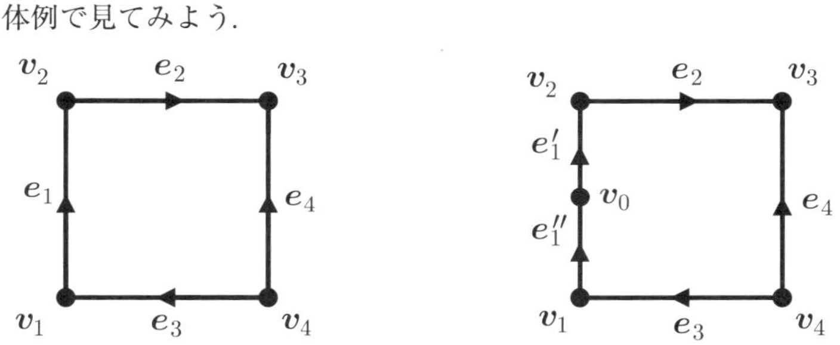

ここでも，G_1 に関する境界準同型を $\partial_1^{(1)}$ と書くことにし G_2 に関する境界準

同型を $\partial_1^{(2)}$ と書くことにする．$H_1(G_1)$ は前節の場合と同じなので細かい計算は省略するが

$$H_1(G_1) = \{a[\boldsymbol{e}_1 + \boldsymbol{e}_2 + \boldsymbol{e}_3 - \boldsymbol{e}_4] \mid a \in \mathbb{Z}\}$$

であった．$H_1(G_2)$ についての計算の概略を書いておこう．$[\gamma] \in H_1(G_2)$ とすると，

$$\gamma = a'\boldsymbol{e}_1' + a''\boldsymbol{e}_1'' + b\boldsymbol{e}_2 + c\boldsymbol{e}_3 + d\boldsymbol{e}_4$$

と置ける．$\gamma \in Z_1(G_2)$ であることから，$\partial_1^{(2)}\gamma = 0$ であって，

$$\partial_1^{(2)}(a'\boldsymbol{e}_1' + a''\boldsymbol{e}_1'' + b\boldsymbol{e}_2 + c\boldsymbol{e}_3 + d\boldsymbol{e}_4) = 0$$

$$a'(\boldsymbol{v}_2 - \boldsymbol{v}_0) + a''(\boldsymbol{v}_0 - \boldsymbol{v}_1) + b(\boldsymbol{v}_3 - \boldsymbol{v}_2) + c(\boldsymbol{v}_1 - \boldsymbol{v}_4) + d(\boldsymbol{v}_3 - \boldsymbol{v}_4) = 0$$

$$a' = a'' = b = c = -d$$

以上より

$$\gamma = a'(\boldsymbol{e}_1' + \boldsymbol{e}_1'' + \boldsymbol{e}_2 + \boldsymbol{e}_3 - \boldsymbol{e}_4)$$

が得られ，a' を a で置き換えると

$$H_1(G_2) = \{a[\boldsymbol{e}_1' + \boldsymbol{e}_1'' + \boldsymbol{e}_2 + \boldsymbol{e}_3 - \boldsymbol{e}_4] \mid a \in \mathbb{Z}\}$$

となる．

演習問題 6.11　ホモロジー群 $H_1(G_2)$ の計算を実際に検算してみよ．

この実例から考察してみよう．ここで，$H_1(G_1)$ と $H_1(G_2)$ とを比べてみて，G_1 における $\boldsymbol{e}_1$ と G_2 における $\boldsymbol{e}_1' + \boldsymbol{e}_1''$ とが対応していることがわかる．その方針で進んでみることにする．前の節と同じように考えるとすると φ を次のように定めるのがよさそうだ．

$$\begin{cases} \varphi(\boldsymbol{e}_1) = \boldsymbol{e}_1' + \boldsymbol{e}_1'' \\ \varphi(\boldsymbol{e}_i) = \boldsymbol{e}_i & (i = 2, 3, \ldots, r) \end{cases}$$

この φ に対して，うまく $\psi : \mathbb{Z}\langle E_2\rangle \to \mathbb{Z}\langle E_1\rangle$ を構成して，補題 6.6 と同じような式が成り立つようでなければならない．

では，$\psi : \mathbb{Z}\langle E_2\rangle \to \mathbb{Z}\langle E_1\rangle$ をどのように与えればよいか，その答えを書いてしまえばあとは検算するだけだが，ここでは少しがんばって「ψ を見つけ」てみよう．

まずは $\psi \circ \varphi = \mathrm{id}$ という式に注目してみる．$\boldsymbol{e}_2, \ldots, \boldsymbol{e}_r$ については $\varphi(\boldsymbol{e}_i) = \boldsymbol{e}_i$ $(i = 2, \ldots, r)$ なのだから，逆向きの対応として $\psi(\boldsymbol{e}_i) = \boldsymbol{e}_i$ $(i = 2, \ldots, r)$ ということでよさそうである．

問題は $\varphi(\boldsymbol{e}_1) = \boldsymbol{e}'_1 + \boldsymbol{e}''_1$ の逆対応をどのように考えるかである．$E_2 = \{\boldsymbol{e}'_1, \boldsymbol{e}''_1, \boldsymbol{e}_2, \ldots, \boldsymbol{e}_r\}$ であることから，$\psi(\boldsymbol{e}'_1)$ と $\psi(\boldsymbol{e}''_1)$ の値を $\mathbb{Z}\langle E_1 \rangle$ の中に見つけなければいけない．$\psi \circ \varphi = \mathrm{id}$ より $\psi \circ \varphi(\boldsymbol{e}_1) = \boldsymbol{e}_1$ であるのだから，

$$\psi \circ \varphi(\boldsymbol{e}_1) = \psi(\boldsymbol{e}'_1 + \boldsymbol{e}''_1) = \psi(\boldsymbol{e}'_1) + \psi(\boldsymbol{e}''_1) = \boldsymbol{e}_1$$

でなければならない．少し考えると，$\psi(\boldsymbol{e}'_1) = \frac{1}{2}\boldsymbol{e}_1$ と $\psi(\boldsymbol{e}''_1) = \frac{1}{2}\boldsymbol{e}_1$ とすればよさそうであるが，いまは「整数を係数とする」という縛りがあるので，これはよくない．

演習問題 6.12　$\psi(\boldsymbol{e}'_1)$ と $\psi(\boldsymbol{e}''_1)$ の値をどのように決めればよいか．読みすすめる前に自分なりに考えてみて，それで補題 6.10 がうまくいくかを検討してみよ．

ではどうすればよいか．$\psi(\boldsymbol{e}'_1) + \psi(\boldsymbol{e}''_1) = \boldsymbol{e}_1$ でなければならず，かつ整数を係数とする必要があるので，

$$\begin{cases} \psi(\boldsymbol{e}'_1) = \boldsymbol{e}_1 \\ \psi(\boldsymbol{e}''_1) = 0 \\ \psi(\boldsymbol{e}_i) = \boldsymbol{e}_i \quad (i = 2, \ldots, r) \end{cases} \tag{6.2}$$

と置けば，一応条件は満たしていることがわかる．これでうまくいくかはわからないが，「うまくいかなかったら，またそこで考え直せばよい」ことにして補題を立ててみよう．

補題 6.10　ψ を式 (6.2) で定めたとき以下が成り立つ．

(1) $\varphi \circ \psi = \mathrm{id}$（ただし $Z_1(G_2)$ の要素に対して）．

(2) $\psi \circ \varphi = \mathrm{id}$（ただし $Z_1(G_1)$ の要素に対して）．

(3) 任意の $\gamma \in Z_1(G_1)$ に対して，$\varphi(\gamma) \in Z_1(G_2)$.

(4) 任意の $\delta \in Z_1(G_2)$ に対して，$\psi(\delta) \in Z_1(G_1)$.

証明.　まず (3) から証明しよう．任意の $\gamma \in Z_1(G_1)$ に対して $\varphi(\gamma) \in Z_1(G_2)$ を示す．$\gamma \in C_1(G_1)$ なので $\gamma = a_1\boldsymbol{e}_1 + \sum_{i=2}^{r} a_i\boldsymbol{e}_i$ と表わせる．

$$\begin{aligned}
&\gamma \in Z_1(G_1) = \mathrm{Ker}\partial_1^{(1)} \\
&\Rightarrow \partial_1^{(1)}(\gamma) = 0 \quad (\mathrm{Ker}\ \text{の定義により}) \\
&\Rightarrow \partial_1^{(1)}(a_1\boldsymbol{e}_1 + \sum_{i=2}^{r} a_i\boldsymbol{e}_i) = 0 \quad (\gamma\ \text{に代入}) \\
&\Rightarrow a_1\partial_1^{(1)}(\boldsymbol{e}_1) + \sum_{i=2}^{r} a_i\partial_1^{(1)}(\boldsymbol{e}_i) = 0 \quad (\partial_1^{(1)}\ \text{は準同型}) \\
&\Rightarrow a_1(\boldsymbol{v}_2 - \boldsymbol{v}_1) + \sum_{i=2}^{r} a_i\partial_1^{(1)}(\boldsymbol{e}_i) = 0 \quad (\partial_1^{(1)}(\boldsymbol{e}_1)\ \text{に代入}) \qquad (6.3)
\end{aligned}$$

この式 (6.3) が正しいと仮定して $\varphi(\gamma) \in Z_1(G_2) = \mathrm{Ker}(\partial_1^{(2)})$，つまり $\partial_1^{(2)}(\varphi(\gamma)) = 0$ を示すのが目標である．

$$\begin{aligned}
&\partial_1^{(2)}(\varphi(\gamma)) \\
&= \partial_1^{(2)}(\varphi(a_1\boldsymbol{e}_1 + \sum_{i=2}^{r} a_i\boldsymbol{e}_i)) \quad (\gamma\ \text{に代入}) \\
&= \partial_1^{(2)}(a_1\varphi(\boldsymbol{e}_1) + \sum_{i=2}^{r} a_i\varphi(\boldsymbol{e}_i)) \quad (\varphi\ \text{は準同型}) \\
&= \partial_1^{(2)}(a_1(\boldsymbol{e}_1' + \boldsymbol{e}_1'') + \sum_{i=2}^{r} a_i\boldsymbol{e}_i) \quad (\varphi(\boldsymbol{e}_1), \varphi(\boldsymbol{e}_i)\ \text{に代入}) \\
&= a_1\partial_1^{(2)}(\boldsymbol{e}_1') + a_1\partial_1^{(2)}(\boldsymbol{e}_1'') + \sum_{i=2}^{r} a_i\partial_1^{(2)}(\boldsymbol{e}_i) \quad (\partial_1^{(2)}\ \text{は準同型}) \\
&= a_1(\boldsymbol{v}_0 - \boldsymbol{v}_1) + a_1(\boldsymbol{v}_2 - \boldsymbol{v}_0) + \sum_{i=2}^{r} a_i\partial_1^{(2)}(\boldsymbol{e}_i) \quad (\partial_1^{(2)}(\boldsymbol{e}_1')\ \text{などに代入}) \\
&= a_1(\boldsymbol{v}_2 - \boldsymbol{v}_1) + \sum_{i=2}^{r} a_i\partial_1^{(1)}(\boldsymbol{e}_i) \quad (\partial_1^{(1)}(\boldsymbol{e}_i) = \partial_1^{(2)}(\boldsymbol{e}_i)(i = 2, \ldots, r)\ \text{を代入}) \\
&= 0 \quad (\text{式 (6.3) より})
\end{aligned}$$

以上より $\varphi(\gamma) \in \mathrm{Ker}(\partial_1^{(2)}) = Z_1(G_2)$ が示された．((3) の証明終)

次は (4) を示す．つまり，任意の $\delta \in Z_1(G_2)$ に対して $\psi(\delta) \in Z_1(G_1)$ を示す．$\delta \in C_1(G_2)$ なので

$$\delta = a_1'\boldsymbol{e}_1' + a_1''\boldsymbol{e}_1'' + \sum_{i=2}^{r} a_i\boldsymbol{e}_i$$

と表わせる．条件 $\delta \in Z_1(G_2) = \mathrm{Ker}(\partial_1^{(2)})$ を式に表してみる．

$$\partial_1^{(2)}(\delta) = 0$$

$$\partial_1^{(2)}(a_1'\boldsymbol{e}_1' + a_1''\boldsymbol{e}_1'' + \sum_{i=2}^{r} a_i\boldsymbol{e}_i) = 0 \quad (\delta\ \text{に代入})$$

$$a_1'\partial_1^{(2)}(\boldsymbol{e}_1') + a_1''\partial_1^{(2)}(\boldsymbol{e}_1'') + \sum_{i=2}^{r} a_i\partial_1^{(2)}(\boldsymbol{e}_i) = 0 \quad (\partial_1^{(2)}\ \text{は準同型})$$

$$a_1'(\boldsymbol{v}_0 - \boldsymbol{v}_1) + a_1''(\boldsymbol{v}_2 - \boldsymbol{v}_0) + \sum_{i=2}^{r} a_i\partial_1^{(2)}(\boldsymbol{e}_i) = 0 \quad (\partial_1^{(2)}(\boldsymbol{e}_1')\ \text{を代入})$$

$$(\boldsymbol{v}_0\ \text{の係数}) = a_1' - a_1'' = 0 \tag{6.4}$$

$$a_1'(\boldsymbol{v}_2 - \boldsymbol{v}_1) + \sum_{i=2}^{r} a_i\partial_1^{(2)}(\boldsymbol{e}_i) = 0 \tag{6.5}$$

演習問題 6.13 式 (6.4), (6.5) が導かれる理由を正確に説明せよ.

次に $\psi(\delta) \in \mathrm{Ker}(\partial_1^{(1)})$ を示したいので，$\partial_1^{(1)}(\psi(\delta))$ を計算して 0 と等しいことを証明する.

$$\begin{aligned}
&\partial_1^{(1)}(\psi(\delta)) \\
&= \partial_1^{(1)}(\psi(a_1'\boldsymbol{e}_1' + a_1''\boldsymbol{e}_1'' + \sum_{i=2}^{r} a_i\boldsymbol{e}_i)) \quad (\delta\ \text{に代入}) \\
&= \partial_1^{(1)}(a_1'\psi(\boldsymbol{e}_1') + a_1''\psi(\boldsymbol{e}_1'') + \sum_{i=2}^{r} a_i\psi(\boldsymbol{e}_i)) \quad (\psi\ \text{は準同型}) \\
&= \partial_1^{(1)}(a_1'\boldsymbol{e}_1 + 0 + \sum_{i=2}^{r} a_i\boldsymbol{e}_i) \quad (\psi(\boldsymbol{e}_1'), \psi(\boldsymbol{e}_1'')\ \text{に代入}) \\
&= a_1'\partial_1^{(1)}(\boldsymbol{e}_1) + \sum_{i=2}^{r} a_i\partial_1^{(1)}(\boldsymbol{e}_i) \quad (\partial_1^{(1)}\ \text{は準同型}) \\
&= a_1'(\boldsymbol{v}_2 - \boldsymbol{v}_1) + \sum_{i=2}^{r} a_i\partial_1^{(2)}(\boldsymbol{e}_i) \quad (\partial_1^{(1)}(\boldsymbol{e}_1)\ \text{に代入}) \\
&= 0 \quad (\text{式 (6.5) により})
\end{aligned}$$

したがって $\psi(\delta) \in Z_1(G_1)$ であり，(4) が示された.

(3)(4) より，準同型写像 $\varphi : Z_1(G_1) \to Z_1(G_2)$ と $\psi : Z_1(G_2) \to Z_1(G_1)$ が適正に定まっていることがわかる.

演習問題 6.14 ψ を別の置き方，たとえば

$$\begin{cases} \psi(\boldsymbol{e}_1') = -\boldsymbol{e}_1 \\ \psi(\boldsymbol{e}_1'') = 2\boldsymbol{e}_1 \\ \psi(\boldsymbol{e}_i) = \boldsymbol{e}_i \qquad (i = 2, \ldots, r) \end{cases}$$

とおいてみたら (3)(4) はうまく示せるだろうか？ 実際に計算してみることにより確かめよ.

(1) について調べよう． 写像 φ の定義域，終域を $C_1(G_1) \to C_1(G_2)$ で考えたりすると，φ, ψ は逆写像になっていない.（各自確かめよ.）そこで，$\varphi: Z_1(G_1) \to Z_1(G_2)$，$\psi: Z_1(G_2) \to Z_1(G_1)$ という範囲で $\varphi \circ \psi = \mathrm{id}, \psi \circ \varphi = \mathrm{id}$ の証明を目指すことにする．ここで，任意の $\delta = a_1'\boldsymbol{e}_1' + a_1''\boldsymbol{e}_1'' + \sum_{i=2}^{s} a_i\boldsymbol{e}_i \in Z_1(G_2)$ に対して $a_1' - a_1'' = 0$ が成り立つという式 (6.4) を用いることが重要である．(1) を証明するために，この δ について，$\varphi \circ \psi(\delta)$ を調べて，これが δ と一致することを示そう.

$$\begin{aligned}
&\varphi \circ \psi(\delta) \\
&= \varphi \circ \psi(a_1'\boldsymbol{e}_1' + a_1''\boldsymbol{e}_1'' + \sum_{i=2}^{r} a_i\boldsymbol{e}_i) \quad (\delta \text{ に代入}) \\
&= \varphi(a_1'\psi(\boldsymbol{e}_1') + a_1''\psi(\boldsymbol{e}_1'') + \sum_{i=2}^{r} a_i\psi(\boldsymbol{e}_i)) \quad (\psi \text{ は準同型}) \\
&= \varphi(a_1'\boldsymbol{e}_1 + 0 + \sum_{i=2}^{r} a_i\boldsymbol{e}_i) \quad (\psi(\boldsymbol{e}_1'), \psi(\boldsymbol{e}_1'') \text{ に代入}) \\
&= a_1'\varphi(\boldsymbol{e}_1) + \sum_{i=2}^{r} a_i\varphi(\boldsymbol{e}_i) \quad (\varphi \text{ は準同型}) \\
&= a_1'(\boldsymbol{e}_1' + \boldsymbol{e}_1'') + \sum_{i=2}^{r} a_i\boldsymbol{e}_i \quad (\varphi(\boldsymbol{e}_1) \text{ に代入}) \\
&= a_1'\boldsymbol{e}_1' + a_1''\boldsymbol{e}_1'' + \sum_{i=2}^{r} a_i\boldsymbol{e}_i \quad (\text{式 (6.4) より}) \\
&= \delta
\end{aligned}$$

したがって $\varphi \circ \psi(\delta) = \delta$ であり (1) が証明された．同様にして，(2) も証明できる. □

演習問題 6.15 「$C_1(G_1), C_1(G_2)$ で考えると，φ, ψ は逆写像になっていない.」

と書いてあるが，このことを確認せよ．

演習問題 6.16　(2) についても同じように証明してみよ．(4) と同じように，$\gamma = a_1\boldsymbol{e}_1 + \sum_{i=2}^{r} a_i\boldsymbol{e}_i$ とおいて始めることに注意せよ．

以上の補題を用いて，辺の細分によってホモロジー群 $H_1(G)$ が変わらない（加群の同型である）ことを示そう．

定理 6.11　グラフ G_1 の辺 $\boldsymbol{e}_1$ を細分したグラフを G_2 とするとき，$\varphi_* : H_1(G_1) \to H_1(G_2)$ は加群の同型写像である．

証明.　定理 6.7 の証明と同じように考える．補題 6.10(3)(4) が成立する保証のもとに，$\varphi : Z_1(G_1) \to Z_1(G_2)$ から $\varphi_* : H_1(G_1) \to H_1(G_2)$ を誘導する．すなわち，φ_* を

$$\varphi_*[\gamma] = [\varphi(\gamma)]$$

により定義する．同じように $\psi_* : H_1(G_2) \to H_1(G_1)$ を

$$\psi_*[\delta] = [\psi(\delta)]$$

により定義する．補題 6.10(1)(2) により，

$$\psi_* \circ \varphi_*[\gamma] = [\psi(\varphi(\gamma))] = [\gamma]$$

$$\varphi_* \circ \psi_*[\delta] = [\varphi(\psi(\delta))] = [\delta]$$

である．このことは ψ_* と φ_* とが互いに逆写像の関係にあることを意味しており，φ_* は同型写像である．以上より，辺の細分を行ってもホモロジー群は同型である $(H_1(G_1) \cong H_1(G_2))$ ことが示された．　□

第 7 章

レトラクション

辺を減らしてグラフの形を簡素化する操作をレトラクションという．同相とやや似ているが異なる操作である．レトラクションを一言で言うならば,「出っ張りをなくす変形」である．レトラクションにより得られたグラフについてのホモロジー群は，もとのグラフのホモロジー群と同型であることが示せる．

7.1　レトラクションの定義

定義 7.1（レトラクション）　G をグラフとする．G の辺 $\boldsymbol{e}$ の**両端が異なる頂点である**とき，辺 $\boldsymbol{e}$ を取り去り両端の点を 1 つにするという一連の操作をレトラクションという．

レトラクションの典型的な例を挙げよう．下図において，辺 $\boldsymbol{e}$ をとりさり，2 つの頂点 $\boldsymbol{v}_1, \boldsymbol{v}_2$ がレトラクションにより 1 つの頂点 $\boldsymbol{v}$ にする作業をレトラクションという．

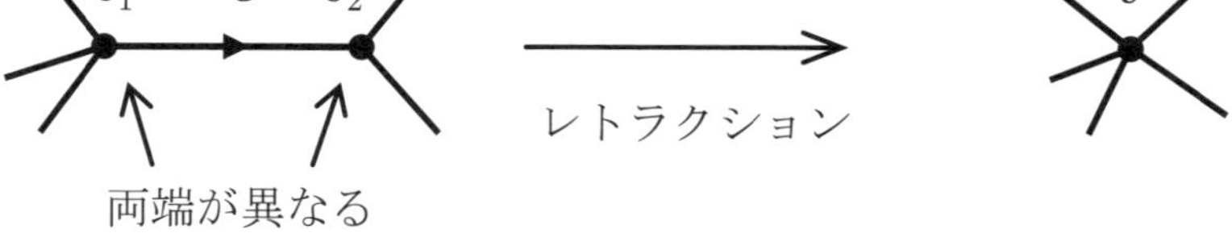

したがって，次の図の辺 $\boldsymbol{e}$ のように，両端が同じ点であるような場合にはこの辺でレトラクションを行うことはできない．

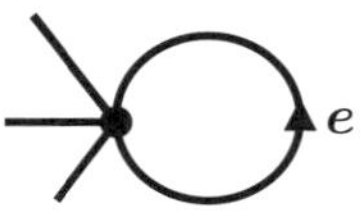

例題 7.2　練習問題として,「め」というひらがなに対してレトラクションを

行ってみよう.

7.2 レトラクションと連結成分

「め」の例からわかるように，1 回レトラクションを行うごとに頂点の個数は減り続け．頂点の個数が減少した結果，最終的に頂点の個数は 1 つになるまで続けることができた．頂点の個数が 1 つになるのは最初の図形が連結であるからだろうか？　最初の図形が連結でない場合はどうだろうか？　このことについて，次の定理が成り立つ.

定理 7.3　任意のグラフ G に対して，レトラクションを繰り返し行うことにより,「頂点の個数＝連結成分の個数」というグラフを得ることができる．このような性質を持つグラフを極小のグラフと呼ぶ.

証明.　ある 1 つの連結成分について，2 つ以上の頂点があったと仮定する．連結成分の中ではどの頂点も辺を伝って結ぶことができるので，同じ連結成分のうちの 2 つの頂点を結ぶような辺が存在する．その辺についてレトラクションを行う．レトラクションを行うことにより，連結成分の個数は変わらず，頂点は 1 つ減る．この作業を繰り返せば，各々の連結成分が 1 つの頂点のみを含むようになるまでレトラクションを続けることができる．このとき,「頂点の個数＝連結成分の個数」が満たされるようなグラフが得られていることがわかる. □

演習問題 7.1　ひらがなの「な」は 3 つの連結成分からなる.「な」の形に適当に頂点を設定してグラフとみなし，レトラクションを行い，頂点が 3 つであるようなグラフになるようにしてみよ.

7.3 レトラクションとホモロジー

「同相ならばホモロジー群は同型」という定理と似た定理で,「レトラクションで移りあうならばホモロジー群は同型」という定理も示すことができる.

定理 7.4　グラフ G_1 にレトラクションを行い，グラフ G_2 を得たとする．このとき，

$$H_0(G_1) \cong H_0(G_2), \quad H_1(G_1) \cong H_1(G_2)$$

である．

H_0 についての証明

まずは H_0 について考える．定理 5.13 により，H_0 が同型である必要十分条件は「連結成分の個数が等しいこと」である．直感的にレトラクションにより連結成分の個数は変わらないので，$H_0(G_1) \cong H_0(G_2)$ となりそうであるが，このことを少し正確に論証してみよう．

レトラクションにより辺 $\boldsymbol{e}$ が消されるものと考えると，この辺を含む連結成分と含まない連結成分に分けて考えることができる．($\boldsymbol{e}$ を含まない連結成分は存在しない可能性もあるが，議論上は問題ない．)

辺 $\boldsymbol{e}$ を含む連結成分については，この辺の両端の点が同一の点に合流する．このことにより，この連結成分の形は変わるが連結であることには変わりない．辺 $\boldsymbol{e}$ を含まない連結成分についてはレトラクションによって形が変わらない．以上により，G_1 の連結成分の個数は G_2 のそれと同じである．このことはすなわち $H_0(G_1)$ と $H_0(G_2)$ とが同型であることを意味する．

演習問題 7.2　同じことを次の手順で厳密に示せ．実際に，辺 $\boldsymbol{e}$ の両端の 2 つの点 $\boldsymbol{v}_1, \boldsymbol{v}_2$ がレトラクションにより 1 つの頂点 $\boldsymbol{v}$ になるものとすると，G_1 の頂点集合 $V_1 = \{\boldsymbol{v}_1, \boldsymbol{v}_2, \boldsymbol{v}_3, \ldots, \boldsymbol{v}_s\}$, G_2 の頂点集合 $V_2 = \{\boldsymbol{v}, \boldsymbol{v}_3, \ldots, \boldsymbol{v}_s\}$ の間に，

$$\begin{cases} \varphi(\boldsymbol{v}_1) = \boldsymbol{v} \\ \varphi(\boldsymbol{v}_2) = \boldsymbol{v} \\ \varphi(\boldsymbol{v}_i) = \boldsymbol{v}_i \quad (i = 3, 4, \ldots, s) \end{cases}$$

として定まる準同型写像 $\varphi : C_0(G_1) \to C_0(G_2)$ を考えることができる．この写像から誘導される準同型写像 $\varphi_* : H_0(G_1) \to H_0(G_2)$ が同型であることを示せ．

つぎは，$H_1(G_1) \cong H_1(G_2)$ を示していこう．はっきりいってこの証明は難しい．ここから本章の最後までは，チャレンジ精神のある人のみが読めばよい．この難しさがトポロジーの真の面白さの入り口であることも付け加えておこう．

レトラクションにより，辺 $\boldsymbol{e}_1$ が消されるものとすると，$E_1 = \{\boldsymbol{e}_1, \boldsymbol{e}_2, \ldots, \boldsymbol{e}_r\}$, $E_2 = \{\boldsymbol{e}_2, \ldots, \boldsymbol{e}_r\}$ と置くことができる．G_1 における境界準同型を $\partial_1^{(1)}$ と書き，G_2 における境界準同型を $\partial_1^{(2)}$ と書くことにする．

例題 7.5 ここで $\varphi : C_1(G_1) \to C_1(G_2)$ を決める見通しをつけるために，1 つ実例で試し計算してみよう．

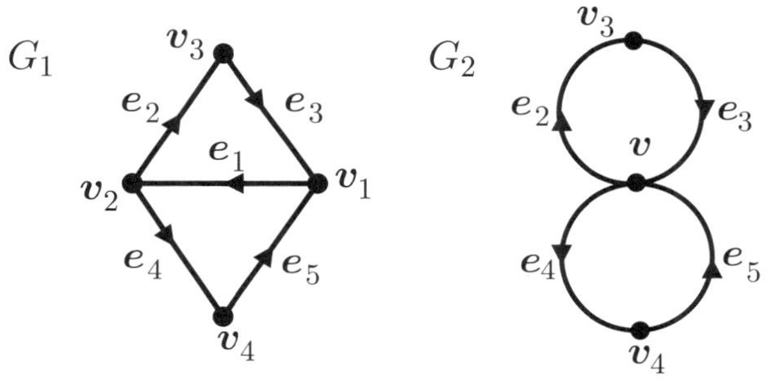

グラフ G_1 を辺 $\boldsymbol{e}_1$ についてレトラクションすると G_2 になる．まずこのことを確認せよ．それがよければ，$H_1(G_1)$，$H_1(G_2)$ を具体的に計算してみよう．いろいろな表現の仕方があるとおもうが，たとえば次のように求まることがわかるだろう．

$$H_1(G_1) = \{a[\boldsymbol{e}_1 + \boldsymbol{e}_2 + \boldsymbol{e}_3] + b[\boldsymbol{e}_1 + \boldsymbol{e}_4 + \boldsymbol{e}_5] \mid a, b \in \mathbb{Z}\}$$

$$H_1(G_2) = \{a[\boldsymbol{e}_2 + \boldsymbol{e}_3] + b[\boldsymbol{e}_4 + \boldsymbol{e}_5] \mid a, b \in \mathbb{Z}\}$$

演習問題 7.3 ここまでの計算を検算しよう．

$H_1(G_1)$，$H_1(G_2)$ の計算を比べてみると，$H_1(G_1)$ に現れる $\boldsymbol{e}_1$ を消すと $H_1(G_2)$ の式になることが発見できるだろう．このことから，$\varphi : \mathbb{Z}\langle E_1 \rangle \to \mathbb{Z}\langle E_2 \rangle$ を

$$\begin{cases} \varphi(\boldsymbol{e}_1) = 0 \\ \varphi(\boldsymbol{e}_i) = \boldsymbol{e}_i \quad (i = 2, 3, \ldots, r) \end{cases} \tag{7.1}$$

から定まる準同型であるとするのがよさそうだ．ただし，この式がホモロジーの間の同型を与えるかどうかは（現段階では）全く未知数である．$H_1(G_1) = Z_1(G_1)/O, H_1(G_2) = Z_1(G_2)/O$ である（命題 4.6）ことを思い出すと，示すべきことは，次の 3 つである．

補題 7.6　φ を式 (7.1) で定義すると，
(1) 任意の $\gamma \in Z_1(G_1)$ に対して，$\varphi(\gamma) \in Z_1(G_2)$ である．
(2) $\varphi : Z_1(G_1) \to Z_1(G_2)$ は単射
(3) $\varphi : Z_1(G_1) \to Z_1(G_2)$ は全射

補題 7.6(1) **の証明**:
辺 $\boldsymbol{e}_1$ のまわりが下図のようになっていたとする．

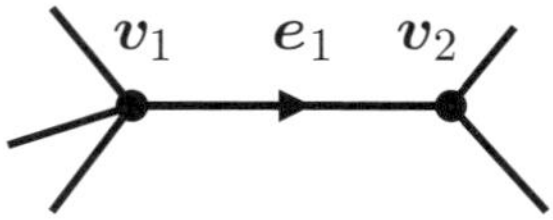

G_1 における境界準同型を $\partial_1^{(1)}$ と書くと，

$$\partial_1^{(1)}(\boldsymbol{e}_1) = \boldsymbol{v}_2 - \boldsymbol{v}_1 \tag{7.2}$$

である．この式は上の例題の形でも成り立つ式である．それ以外の辺 $\boldsymbol{e}_i$ $(i = 2, 3, \ldots, r)$ について，$\partial_1^{(1)}(\boldsymbol{e}_i)$ と $\partial_1^{(2)}(\boldsymbol{e}_i)$ とを比較してみよう．$\boldsymbol{v}_1$ にも $\boldsymbol{v}_2$ にも関係しない辺 $\boldsymbol{e}_i$ については $\partial_1^{(1)}(\boldsymbol{e}_i)$ と $\partial_1^{(2)}(\boldsymbol{e}_i)$ とはまったく同じであることがわかるだろう．

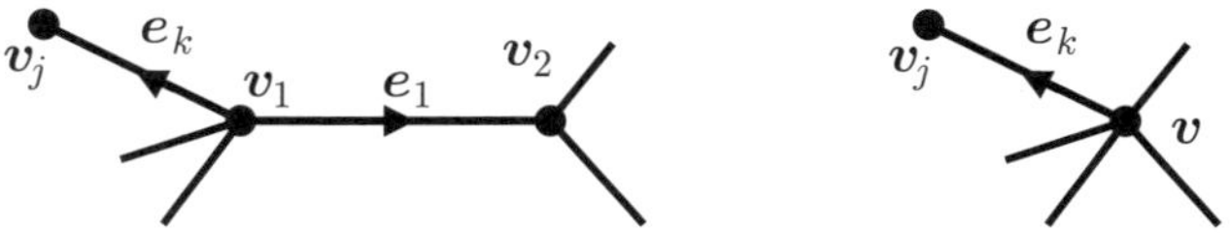

では，上図の $\boldsymbol{e}_k$ のような場合はどうか．図において，$\boldsymbol{e}_k$ は $\boldsymbol{v}_1$ から $\boldsymbol{v}_j$ へ向かう辺であるから，$\partial_1^{(1)}(\boldsymbol{e}_k) = \boldsymbol{v}_j - \boldsymbol{v}_1$ である．$\boldsymbol{e}_1$ でレトラクションした後は，図右のようになっている．

したがって

$$\partial_1^{(2)}(\boldsymbol{e}_k) = \boldsymbol{v}_j - \boldsymbol{v}$$

である．$\partial_1^{(2)}(\boldsymbol{e}_k)$ というのは，$\partial_1^{(1)}(\boldsymbol{e}_k)$ と比べると，これまで $\boldsymbol{v}_1, \boldsymbol{v}_2$ と呼んでいたものを $\boldsymbol{v}$ に統合して考えたものであることが，観察によりわかる．

そろそろ (1) の証明の本題に入ろう．

$\gamma \in Z_1(G_1)$ を任意の元とする．$\gamma \in \mathbb{Z}\langle E_1\rangle$ より，$\gamma = \sum_{i=1}^{r} a_i \boldsymbol{e}_i$ と表せる．仮定 $\gamma \in Z_1(G_1)$ より，

$$\partial_1^{(1)}(\gamma) = \partial_1^{(1)}(\sum_{i=1}^{r} a_i \boldsymbol{e}_i) = \sum_{i=1}^{r} a_i \partial_1^{(1)}(\boldsymbol{e}_i) = 0 \tag{7.3}$$

である．特に，$\partial_1^{(1)}(\gamma)$ の中では $\boldsymbol{v}_1$ の係数も $\boldsymbol{v}_2$ の係数も（総計として）0 であることを確認しておこう．目標は $\varphi(\gamma) \in Z_1(G_2)$ を示すことである．φ の定義の式 (7.1) より

$$\varphi(\gamma) = \varphi(\sum_{i=1}^{r} a_i \boldsymbol{e}_i) = \sum_{i=2}^{r} a_i \boldsymbol{e}_i \tag{7.4}$$

である.（シグマ（総和）の足す範囲が変わっていることに十分注意しよう.）この計算より，

$$\begin{aligned}
\partial_1^{(1)}(\sum_{i=2}^{r} a_i \boldsymbol{e}_i) &= \partial_1^{(1)}(\gamma - a_1 \boldsymbol{e}_1) \quad (\gamma = a_1 \boldsymbol{e}_1 + \sum_{i=2}^{r} a_i \boldsymbol{e}_i \text{ より}) \\
&= \partial_1^{(1)}(\gamma) - \partial_1^{(1)}(a_1 \boldsymbol{e}_1) \quad (\partial_1^{(1)} \text{ は準同型}) \\
&= -a_1(\boldsymbol{v}_2 - \boldsymbol{v}_1) \quad (\text{式 (7.2), (7.3) より})
\end{aligned} \tag{7.5}$$

式 (7.4) と式 (7.5) より

$$\begin{aligned}
\partial_1^{(2)}(\varphi(\gamma)) &= \partial_1^{(2)}(\sum_{i=2}^{r} a_i \boldsymbol{e}_i) \quad (\text{式 (7.4) より}) \\
&= (\partial_1^{(1)}(\sum_{i=2}^{r} a_i \boldsymbol{e}_i) \text{ の } \boldsymbol{v}_1, \boldsymbol{v}_2 \text{ を } \boldsymbol{v} \text{ に統合したもの}) \\
&= (-a_1(\boldsymbol{v}_2 - \boldsymbol{v}_1) \text{ の } \boldsymbol{v}_1, \boldsymbol{v}_2 \text{ を } \boldsymbol{v} \text{ に統合したもの}) \quad (\text{式 (7.5) より}) \\
&= -a_1(\boldsymbol{v} - \boldsymbol{v}) \quad (\boldsymbol{v}_1, \boldsymbol{v}_2 \text{に } \boldsymbol{v} \text{ を代入}) \\
&= 0
\end{aligned}$$

よって，$\varphi(\gamma) \in Z_1(G_2)$ であることが示された．

演習問題 7.4 $h : \mathbb{Z}\langle V_1 \rangle \to \mathbb{Z}\langle V_2 \rangle$ を

$$\begin{cases} h(\boldsymbol{v}_1) = \boldsymbol{v} \\ h(\boldsymbol{v}_2) = \boldsymbol{v} \\ h(\boldsymbol{v}_j) = \boldsymbol{v}_j \quad (j = 3, 4, \ldots, s) \end{cases}$$

によって定めるとき，$\partial_1^{(2)} = h \circ \partial_1^{(1)}$ であることを示せ．この式を用いて $\varphi(\gamma) \in Z_1(G_2)$ を示せ．この方法で考えれば「〜を $\boldsymbol{v}$ に統合したもの」のような曖昧な

表現を用いずにすべて計算式で証明することができる.

補題 7.6(2) の証明

まず, 命題 2.17 により φ が単射であることを示すには「$\varphi(\gamma) = 0 \Rightarrow \gamma = 0$」を示せばよい. このことから, $\varphi(\gamma) = 0$ となる $\gamma \in Z_1(G_1)$ について調べてみる.

$\varphi(\gamma) = 0$ ならば, φ の定義より $\gamma = a_1\boldsymbol{e}_1$ である. (γ は一般に $\sum_{i=1}^{r} a_i\boldsymbol{e}_i$ と表されるが, $\varphi(\sum_{i=1}^{r} a_i\boldsymbol{e}_i) = \sum_{i=2}^{r} a_i\boldsymbol{e}_i = 0$ であることから $a_2 = a_3 = \cdots = 0$ となる.)

一方で $\gamma \in Z_1(G_1)$ であることから, $\partial_1^{(1)}(a_1\boldsymbol{e}_1) = a_1(\boldsymbol{v}_2 - \boldsymbol{v}_1) = 0$ より, $a_1 = 0$ である. よって $\gamma = 0$ となる.「$\varphi(\gamma) = 0 \Rightarrow \gamma = 0$」が満たされたので φ は単射である.

補題 7.6(3) の証明が難しい理由

(3) の証明に取りかかるが, この証明は難しい. 証明を始める前にまずは「なぜ難しいか」を解説しよう. 全射の定義により「任意の $\delta \in Z_1(G_2)$ に対して $\varphi(\gamma) = \delta$ となる $\gamma \in Z_1(G_1)$ が存在する」ならば φ は全射である.

つまり, 与えられた δ に対して, $\varphi(\gamma) = \delta$ となるような γ を探せといわれているわけである. このことを上の例題 7.5 を題材にして考えてみよう. この例題では

$$H_1(G_2) = \{a[\boldsymbol{e}_2 + \boldsymbol{e}_3] + b[\boldsymbol{e}_4 + \boldsymbol{e}_5] \mid a, b \in \mathbb{Z}\}$$

だった. これは

$$Z_1(G_2) = \{a(\boldsymbol{e}_2 + \boldsymbol{e}_3) + b(\boldsymbol{e}_4 + \boldsymbol{e}_5) \mid a, b \in \mathbb{Z}\}$$

と同じことである. そこで, $\delta = a(\boldsymbol{e}_2 + \boldsymbol{e}_3) + b(\boldsymbol{e}_4 + \boldsymbol{e}_5)$ と置いて γ を探すことになる.

次に $\varphi(\gamma) = \delta$ という式を考察してみよう. 写像 φ は「$\boldsymbol{e}_1$ を消す」という写像である. (式 (7.1) を確認しよう.) このことから, $\varphi(\gamma) = \delta$ とは「$\boldsymbol{e}_1$ を消した結果, $\delta = a(\boldsymbol{e}_2 + \boldsymbol{e}_3) + b(\boldsymbol{e}_4 + \boldsymbol{e}_5)$ になった」と読み取れる. $\gamma = a_1\boldsymbol{e}_1 + a_2\boldsymbol{e}_2 + \cdots + a_5\boldsymbol{e}_5$ と一般的に置くと, $\varphi(\gamma) = \delta$ より $a_2 = a_3 = a, a_4 = a_5 = b$ でなければならないので, a_1 を改めて整数の定数 c に置きなおすと γ は

$$\gamma = c\boldsymbol{e}_1 + a(\boldsymbol{e}_2 + \boldsymbol{e}_3) + b(\boldsymbol{e}_4 + \boldsymbol{e}_5)$$

と表されていなければいけない.

そもそも γ は $Z_1(G_1)$ の要素でなければならなかった．つまり，$\gamma \in Z_1(G_1)$ となるような定数 c の値を決定できるかどうかが問題の焦点となる．(そのような c を取れる保証は何もない.) この例題の場合には具体的に計算してみることにより c を求めることができる．

$$\partial_1^{(1)}(c\boldsymbol{e}_1 + a(\boldsymbol{e}_2 + \boldsymbol{e}_3) + b(\boldsymbol{e}_4 + \boldsymbol{e}_5)) = 0$$

$$c(\boldsymbol{v}_2 - \boldsymbol{v}_1) + a((\boldsymbol{v}_3 - \boldsymbol{v}_2) + (\boldsymbol{v}_1 - \boldsymbol{v}_3)) + b((\boldsymbol{v}_4 - \boldsymbol{v}_2) + (\boldsymbol{v}_1 - \boldsymbol{v}_4)) = 0$$

$$(-c + a + b)\boldsymbol{v}_1 + (c - a - b)\boldsymbol{v}_2 + (a - a)\boldsymbol{v}_3 + (b - b)\boldsymbol{v}_4 = 0$$

$$(-c + a + b)\boldsymbol{v}_1 + (c - a - b)\boldsymbol{v}_2 = 0$$

$$c - a - b = 0$$

となり，任意に与えられた $\delta = a(\boldsymbol{e}_2 + \boldsymbol{e}_3) + b(\boldsymbol{e}_4 + \boldsymbol{e}_5)$ に対して $c = a + b$ と置いて $\gamma = c\boldsymbol{e}_1 + a(\boldsymbol{e}_2 + \boldsymbol{e}_3) + b(\boldsymbol{e}_4 + \boldsymbol{e}_5)$ と置けば，$\gamma \in Z_1(G_1)$ と $\varphi(\gamma) = \delta$ の両方が満たされる．このような経緯で（上の例題の場合では矛盾なく）定数 c は求めることができる．一般の場合において同じように γ を決めることができることを証明せよ，といわれているのである．

補題 7.6(3) の証明

全射の定義により「任意の $\delta \in Z_1(G_2)$ に対して $\varphi(\gamma) = \delta$ となる $\gamma \in Z_1(G_1)$ が存在する」ならば φ は全射である．

任意に与えられた $\delta \in Z_1(G_2)$ を $\delta = \sum\limits_{i=2}^{r} a_i\boldsymbol{e}_i$ と書き表しておこう．φ の定義により，$\varphi(c\boldsymbol{e}_1 + \delta) = \delta$ となるので，$\gamma = c\boldsymbol{e}_1 + \delta$ と置くことにし，$\gamma \in Z_1(G_1)$ を満たすような定数 c の存在を証明する．

$\delta \in Z_1(G_2)$ であることから，$\partial_1^{(2)}(\delta) = 0$ である．δ をそのまま $C_1(G_1)$ の元とみなして，$\partial_1^{(1)}(\delta)$ を考えたとすると，辺 $\boldsymbol{v}$ の周り以外では $\partial_1^{(2)}(\delta) = 0$ となっていることから，G_1 と G_2 の違いであるところの $\boldsymbol{v}_1$ と $\boldsymbol{v}_2$ についての項が残ることになる．つまり整数の定数 x, y が何かしら存在して，$\partial_1^{(1)}(\delta) = x\boldsymbol{v}_1 + y\boldsymbol{v}_2$ と書き表すことができる．

ここで演習 7.4 の写像 h を持ち込めば，$\partial_1^{(2)} = h \circ \partial_1^{(1)}$ であった．これより，

$$\begin{aligned}\partial_1^{(2)}(\delta) &= h \circ \partial_1^{(1)}(\delta) \\ &= h(x\boldsymbol{v}_1 + y\boldsymbol{v}_2)\end{aligned}$$

$$= x\boldsymbol{v} + y\boldsymbol{v} = 0$$

であることから $x + y = 0$ を得る．つまり，

$$\partial_1^{(1)}(\delta) = x(\boldsymbol{v}_1 - \boldsymbol{v}_2)$$

を得る．一方で，$\partial_1^{(1)}(\boldsymbol{e}_1) = \boldsymbol{v}_2 - \boldsymbol{v}_1$ であることから，

$$\begin{aligned} &\partial_1^{(1)}(c\boldsymbol{e}_1 + \delta) = 0 \\ &\Rightarrow c(\boldsymbol{v}_2 - \boldsymbol{v}_1) + x(\boldsymbol{v}_1 - \boldsymbol{v}_2) = 0 \\ &\Rightarrow (-c + x)(\boldsymbol{v}_1 - \boldsymbol{v}_2) = 0 \\ &\Rightarrow c = x \end{aligned}$$

が得られる．つまり $\partial_1^{(1)}(\delta) = x(\boldsymbol{v}_1 - \boldsymbol{v}_2)$ によって x を決めれば $\gamma = x\boldsymbol{e}_1 + \delta$ は求めるものであり，$\gamma \in Z_1(G_1)$ かつ $\varphi(\gamma) = \delta$ を満たす．以上より φ は全射であることが示された．

ポイントをまとめておこう．レトラクションは辺の数・頂点の数を減らす操作である．レトラクションを繰り返せば，連結成分のそれぞれが頂点 1 個であるように変形することができる．レトラクションをしてもホモロジー群は変わらない．

レトラクションをしてもホモロジー群が変わらないことについて，より本格的な枠組みからの証明を第 9 章に紹介する．

次の例を使ってレトラクションと同相の違いをはっきり理解しておこう．

例題 7.7　「明」という文字について，レトラクションによって得られるグラフで，辺の数が最も少ないようなものを描け．同相の場合（演習問題 6.4）とどのように違うかを検討せよ．

（解答）

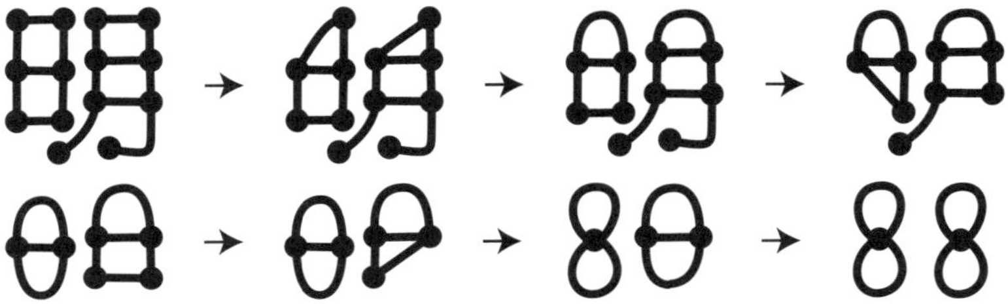

第 8 章

オイラー数

本章では，18 世紀のスイスの数学者であるエルンハルト・オイラーが発見した「オイラー数」について学ぶ．オイラーは，図形の辺数・頂点数から定義したこの数が同相やレトラクションと深いかかわりがあることを見つけたのである．我々もそのことを学ぼう．

8.1　オイラー数の定義

定義 8.1　グラフ G に対して

$$\chi(G) = \#V - \#E$$

を**オイラー数**という．ただしここで，$\#V$ は頂点数，$\#E$ は辺数である．

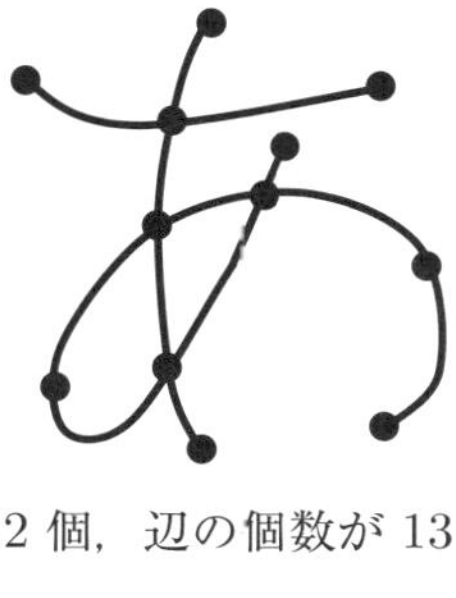

図のグラフは頂点の個数が 12 個，辺の個数が 13 個あるので，オイラー数は

$$\chi(G) = 12 - 13 = -1$$

と求められる．

8.2 オイラー数とホモロジー群

定理 8.2

(1) 同相によってオイラー数は変わらない.

(2) レトラクションによってオイラー数は変わらない.

(3) $\chi(G) = \dim H_0(G) - \dim H_1(G)$.

$\dim H_0(G)$ とは $H_0(G)$ に含まれる $\mathbb{Z}$ の個数のことであり，たとえば $\dim(\mathbb{Z}) = 1$, $\dim(\mathbb{Z} \oplus \mathbb{Z} \oplus \mathbb{Z}) = 3$ である.

定義 8.3 (**ベッチ数**)　$\dim H_0(G)$ を $b_0(G)$ と書いて，これを 0 次ベッチ数という．$\dim H_1(G)$ を $b_1(G)$ と書いて，これを 1 次ベッチ数と呼ぶ.

ベッチ数の記号を用いると，定理 8.2(3) の式は

$$\chi(G) = b_0(G) - b_1(G)$$

と表される.

下の図は辺の細分の逆操作を行った場合のオイラー数の変化について計算してみたものである.

左の図では頂点 12 個，辺 13 本であることからオイラー数は -1 である．一方で，右図のほうは辺の細分の逆操作をした図であるが，こちらは頂点 10 個，辺 11 本であることからオイラー数はやはり -1 であって，値に変化がないことがわかる.

次の図はレトラクションの細分の操作を行った場合のオイラー数の変化について計算してみたものである.

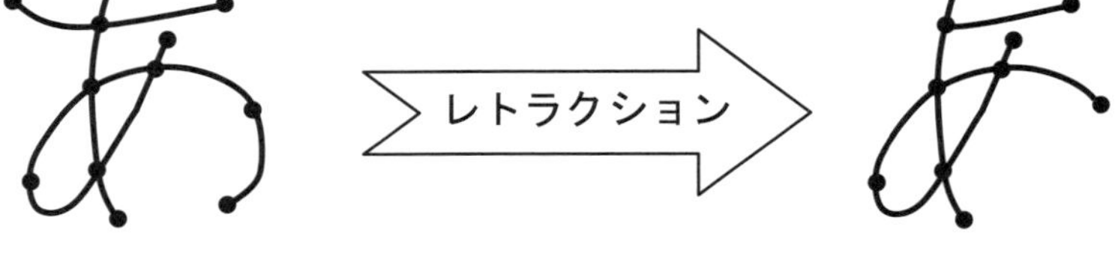

左の図では頂点 12 個，辺 13 本であることからオイラー数は -1 である．一方で，右図のほうはレトラクションした図であるが，こちらは頂点 10 個，辺 11 本であることからオイラー数はやはり -1 であって，値に変化がないことがわかる．

改めて「あ」のホモロジー群を求めてみよう．「あ」という文字の頂点や辺に名前をつける．ここではその一部を表示した．

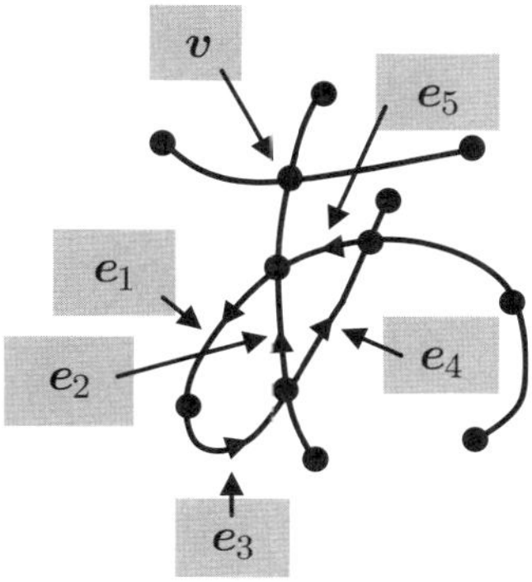

このようにすると，

$$H_0(G) = \{a[\boldsymbol{v}] \mid a \in \mathbb{Z}\} \cong \mathbb{Z}$$

$$H_1(G) = \{a[\boldsymbol{e}_1 + \boldsymbol{e}_2 + \boldsymbol{e}_3] + b[-\boldsymbol{e}_2 + \boldsymbol{e}_4 + \boldsymbol{e}_5] \mid a, b \in \mathbb{Z}\} \cong \mathbb{Z} \oplus \mathbb{Z}$$

であることを計算により示すことができる．このことから，$b_0(G) = \dim H_0(G) = 1$, $b_1(G) = \dim H_1(G) = 2$ であり，

$$\dim H_0(G) - \dim H_1(G) = 1 - 2 = -1$$

であることが確認できる．

演習問題 8.1 「あ」のホモロジー群を実際に求めてみよ．上の図に書かれていない，頂点や辺の名前は自分で適切に決めること．

定理 8.2 の証明

(1) 同相によってオイラー数が変わらない証明をしよう．

(a) 辺の反転では，$\#V$（頂点数）と $\#E$（辺数）は不変なので $\#V - \#E$ も不変である．

(b) 辺の細分を 1 回行った場合，$\#V$ は 1 つ増え $\#E$ も 1 つ増える．よって $\#V - \#E$ は結局変わらない．したがって同相によってオイラー数は変わらない．

(2) レトラクションによってオイラー数が変わらない証明をしよう．レトラクションを 1 回行った場合，$\#V$ は 1 つ減り，$\#E$ も 1 つ減る．よって $\#V - \#E$ は結局変わらない．したがって，レトラクションによってオイラー数は変わらない．

(3) オイラー数はレトラクションによって変わらないことを利用すると，最初にレトラクションで形を簡単にしてからホモロジー群を求めて証明すればよいことがわかる．グラフ G をレトラクションにより極小グラフ（「頂点数＝連結成分数」を満たすグラフ）G' へと変形できる．(定理 7.3)

ここですぐに結論へ至ってもよいが，極小グラフを導入することの意味を考察するために具体例を通して $\dim H_0(G) - \dim H_1(G)$ と $\dim H_0(G') - \dim H_1(G')$ を求めてみよう．

$G =$ 

この図形のホモロジー群を求めるのは結構大変だった．つまり $\dim H_0(G) - \dim H_1(G)$ を求めるのも大変で，できれば大変なことはしたくない．そこで G をレトラクションにより極小グラフ G' にして頂点数と連結成分数が一致するところまでグラフを簡略化した．

$G' =$ 

となる．(このことをまず確認しよう．) $G' = (V', E')$ と書くことにする「レトラクションによりホモロジー群は変わらない」(定理 7.4) によって，極小グラフ G' のベッチ数はもとのグラフ G のベッチ数に等しい．したがって

$$b_0(G) - b_1(G) = b_0(G') - b_1(G')$$

である．「レトラクションによりオイラー数は変わらない」(定理 8.2(2)) によって，$\chi(G) = \chi(G')$ である．そこで $\dim H_0(G'), \dim H_1(G')$ を簡単に求める方法がないかどうかを調べてみる．すると次の補題が成り立つことがわかる．

補題 8.4　極小グラフ (「頂点数＝連結成分数」が成り立つグラフ) $G' = (V', E')$ においては

$$b_0(G') = \#V',\ b_1(G') = \#E'$$

である．

証明． 定理 5.13 を注意深く読むと，$H_0(G')$ はそれぞれの連結成分に含まれる頂点（が表す 0 単体）によって構成される．いまの場合，それぞれの連結成分は頂点を 1 つずつ持っているから $b_0(G') = \dim H_0(G') = \#V'$ となる．

次は $H_1(G')$ について考えよう．G' に属する辺について，G' は各連結成分に頂点が 1 つなので各辺の両端はいつでも同じ頂点である（一致している）．(下図参照)

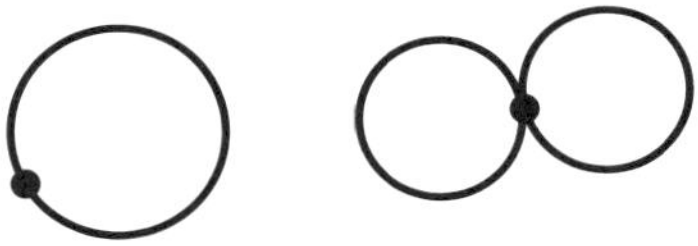

よって，G' のすべての辺は $Z_1(G')$ の要素であり，$H_1(G') = Z_1(G')/O$ の要素ともみなすことができる．このことから

$$b_1(G') = \dim H_1(G') = \dim Z_1(G') = \#E'$$

が言えた． □

したがって，次のように計算できる．

$$\begin{aligned}\chi(G) &= \chi(G') \\ &= \#V' - \#E' \quad (\text{定理 } 8.2(2) \text{ より}) \\ &= b_0(G') - b_1(G') \quad (\text{補題 } 8.4 \text{ より}) \\ &= b_0(G) - b_1(G) \quad (\text{定理 } 7.4 \text{ より})\end{aligned}$$

このようにして定理 8.2(3) が証明された．

第 6 章における考察により，b_0 とは連結成分の個数であり，また b_1 は囲まれた領域の個数である．ベッチ数はグラフの図形的性質を表したものであることがわかる．

演習問題 8.2 次の漢字の列の空欄 (a) に当てはまる漢字を以下の 4 つの中から選べ．また，空欄 (b) に当てはまる漢字を答えよ．

枚， (a) ， 音， 明， (b) ，

解答群 (1) 右 (2) 固 (3) 枯 (4) 同

第 9 章

完全系列

本章では，ホモロジーの高度な計算に重要な役割を果たす，完全系列という考え方を紹介する．本章の内容はやや抽象的でわかりにくい部分もあるが，根気よく 1 つ 1 つ考えていけば必ずわかるように理論が作られているので，がんばって取り組んでほしい．

また，完全系列の理論を手にいれると，これまで証明してきた「同相ならばホモロジー群は同型」や「レトラクションならばホモロジー群は同型」といった定理たちは太陽にさらしたアイスクリームのように解けてしまう．そんな魔法のような[1]理論が完全系列の理論である．

9.1 複体から複体への写像

複体というものは一列に並んだ加群と，その間の準同型たちを 1 つのセットとみなしたものだった．今は，話を簡単に取り扱うために，

$$O \to C_1 \xrightarrow{\partial_1} C_0 \to O$$

というもっともシンプルな複体だけを考える．

ここで，複体から複体への写像を考える．そのためにはまず 2 つの複体を考えなければならない．そこで，2 つの複体 $\mathcal{L}, \mathcal{M}$

$$\mathcal{L} : O \to C_1(\mathcal{L}) \xrightarrow{\partial_1^{\mathcal{L}}} C_0(\mathcal{L}) \to O, \quad \mathcal{M} : O \to C_1(\mathcal{M}) \xrightarrow{\partial_1^{\mathcal{M}}} C_0(\mathcal{M}) \to O$$

を用意して，対応する加群の間に写像

$$C_1(\mathcal{L}) \underset{\varphi_1}{\longrightarrow} C_1(\mathcal{M}), \quad C_0(\mathcal{L}) \underset{\varphi_0}{\longrightarrow} C_0(\mathcal{L})$$

があるとしよう．

---

[1]アイスクリームが溶けるのは魔法ではない．

なにやら記号がごちゃごちゃしてわかりにくいが，$C_1(\mathcal{L})$ は「$\mathcal{L}$ という名前の複体の C_1 に相当するところ」の意味であって，まだ中身が具体的にあるわけではないのである．すぐ後で具体的な例も考えてみるので，そこで確認してほしい．

また，こうやって羅列しても，これらがどのように組み合わさっているかがわかりにくい．そこで数学では図式と呼ばれる書き方をする．

$$\begin{array}{ccc} O & & O \\ \downarrow & & \downarrow \\ C_1(\mathcal{L}) & \xrightarrow{\varphi_1} & C_1(\mathcal{M}) \\ \partial_1^{\mathcal{L}} \downarrow & & \partial_1^{\mathcal{M}} \downarrow \\ C_0(\mathcal{L}) & \xrightarrow{\varphi_0} & C_0(\mathcal{M}) \\ \downarrow & & \downarrow \\ O & & O \end{array} \tag{9.1}$$

図式で見ると，$C_1(\mathcal{L})$ から $C_0(\mathcal{M})$ へと写像でたどる方法が 2 通りあることがすぐにわかる．つまり，右上から $\varphi_1, \partial_1^{\mathcal{M}}$ とたどる合成写像 $\partial_1^{\mathcal{M}} \circ \varphi_1$ と，左下から $\partial_1^{\mathcal{L}}, \varphi_0$ とたどる合成写像 $\varphi_0 \circ \partial_1^{\mathcal{L}}$ との 2 通りである．

そこで複体の写像を定義しよう．

定義 9.1（複体の写像） 図式 (9.1) が複体の写像であるとは，

$$\partial_1^{\mathcal{M}} \circ \varphi_1 = \varphi_0 \circ \partial_1^{\mathcal{L}}$$

を満たすことである．

このように，図式の中の 4 角形が上のような合成関数の等式を満たすときに，図式は可換図式であるという[2]．

演習問題 9.1 ここで $H_0(\mathcal{L})$ と $H_0(\mathcal{M})$ を複体 $\mathcal{L}, \mathcal{M}$ の 0 次元ホモロジー群とするとき，

$$\varphi_{0*}[t] = [\varphi_0(t)]$$

で定義される写像 $\varphi_{0*} : H_0(\mathcal{L}) \to H_0(\mathcal{M})$ が構成できることを示せ．

---

[2] 筆者をはじめ多くの数学者はこれを「ぐるぐる」とか「ぐるぐる回し」と呼ぶ．

9.2 短完全系列

さて，だんだん図式を大きくしていくのだが，その前に加群の短完全系列について解説しよう．3 つの加群 K, L, M があったとして，$\varphi : K \to L$ と $\psi : L \to M$ という準同型があったとする．このとき短完全系列を次のように定義する．(とりあえず，前の節の複体の話と一度切り離して定義を見てほしい.) これは複体と似ているが，満たすべき条件が異なるので注意しよう．

定義 9.2 (短完全系列)

$$O \to K \underset{\varphi}{\to} L \underset{\psi}{\to} M \to O$$

が短完全系列であるとは次の 3 つの条件が成り立つことである．

(1) φ は単射である．(2) $\mathrm{Im}(\varphi) = \mathrm{Ker}(\psi)$ である．(3) ψ は全射である．

単射，全射，$\mathrm{Im}(\varphi)$, $\mathrm{Ker}(\psi)$ の定義があやふやな読者はその定義まできちんと遡っておくことを強くお勧めする．この定義自体に強い意味があるわけではないが，条件 (2) $\mathrm{Im}(\varphi) = \mathrm{Ker}(\psi)$ が特徴的な条件付けであって，長完全系列と言ったときには定義 9.2(2) の条件がいたるところで成り立つことが条件であることを後から解説する．

ホモロジーを構成する複体に定義が似ているが，複体のときには「2 つ続けて写すと 0 になる」という条件だった．ここではそれよりももっと強い条件 $\mathrm{Im}(\varphi) = \mathrm{Ker}(\psi)$ が課されている．つまり,「2 つ続けて写すと 0 になる」という条件に追加して,「$\psi(c) = 0$ になるならば，ある $b \in K$ が存在して $\varphi(b) = c$ と表せる」という条件も必要なのである．

このことをもう一度，図を使って確認しておこう．$\mathrm{Im}(\varphi) \subset \mathrm{Ker}(\psi)$ と $\mathrm{Im}(\varphi) \supset \mathrm{Ker}(\psi)$ とを図に表すと図のようになる．

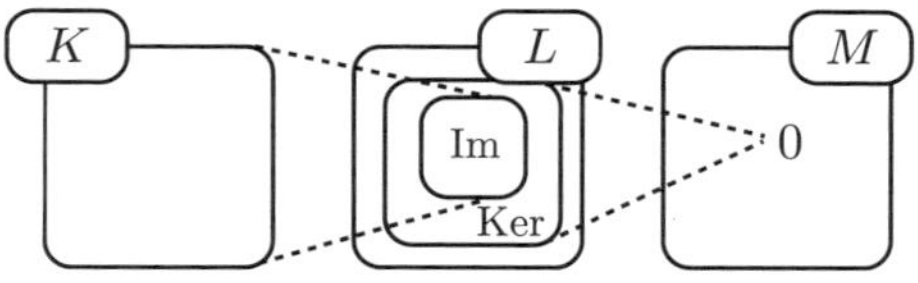

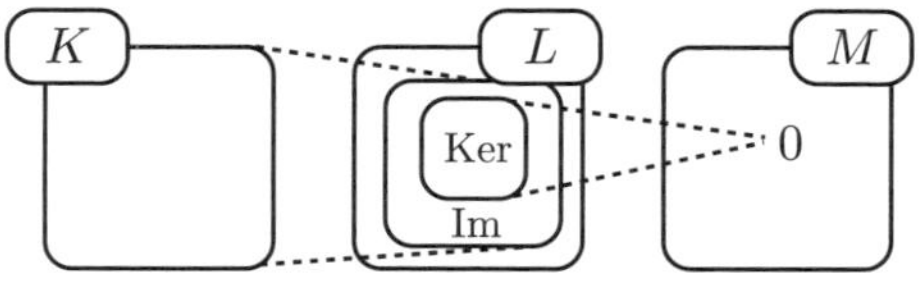

このことが両方成り立つのが $\mathrm{Im}(\varphi)=\mathrm{Ker}(\psi)$ ということであるから，図式の中では次のような 2 つのプロセスが認められる．

(1) もし $v=\varphi(t)$ ならば，$\psi(v)=0$ である．$\mathrm{Im}(\varphi)\subset\mathrm{Ker}(\psi)$

(2) もし $\psi(v)=0$ ならば，$v=\varphi(t)$ となる t が存在する．$\mathrm{Im}(\varphi)\supset\mathrm{Ker}(\psi)$

例題 9.3 グラフから得られる 1 チェインを題材にして，実例を 1 つ挙げておこう．下の図で $K=\mathbb{Z}\langle \boldsymbol{e}_1\rangle, L=\mathbb{Z}\langle \boldsymbol{e}_2,\boldsymbol{e}_3,\boldsymbol{e}_4\rangle, M=\mathbb{Z}\langle \boldsymbol{e}_5,\boldsymbol{e}_6\rangle$ と置く．

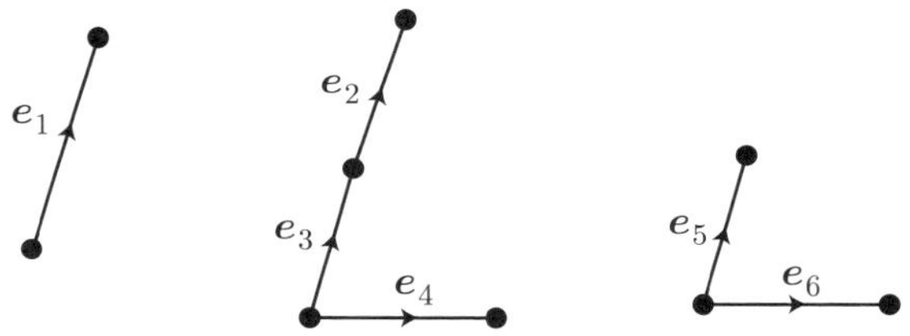

そのうえで，$\varphi: K\to L$ を

$$\varphi(\boldsymbol{e}_1)=\boldsymbol{e}_2$$

で定め，$\psi: L\to M$ を

$$\begin{cases}\psi(\boldsymbol{e}_2)=0\\ \psi(\boldsymbol{e}_3)=\boldsymbol{e}_5\\ \psi(\boldsymbol{e}_4)=\boldsymbol{e}_6\end{cases}$$

で定めることにすると，$O\to K\underset{\varphi}{\longrightarrow}L\underset{\psi}{\longrightarrow}M\to O$ は短完全系列である．

そのことを 1 つ 1 つ確かめてみよう．まず φ が単射であるかどうかを確かめる．命題 2.17 により $\mathrm{Ker}(\varphi)=O$ であるならば φ が単射であるので，$\mathrm{Ker}(\varphi)$ を調べてみる．実際に，$\gamma=a\boldsymbol{e}_1\in\mathrm{Ker}(\varphi)$ とすると

$$\varphi(a\boldsymbol{e}_1)=a\boldsymbol{e}_2=0$$

より $a=0$ である．このことは $\gamma=0$ であり，つまり $\mathrm{Ker}(\varphi)=O$ を意味している．したがって φ が単射であることが示された．

次は $\mathrm{Im}(\varphi)=\mathrm{Ker}(\psi)$ を確かめる．一般には Im や Ker を求めるにはいろいろなテクニックや気遣いが必要であるが，この場合には非常に単純である．

$\psi(\boldsymbol{e}_2)=0, \psi(\boldsymbol{e}_3)=\boldsymbol{e}_5, \psi(\boldsymbol{e}_4)=\boldsymbol{e}_6$ なので，$\psi(\gamma)=0$ となるのは「見るから

に」$\gamma = a\boldsymbol{e}_2$ の場合に限る．つまり $\mathrm{Ker}(\psi) = \mathbb{Z}\langle \boldsymbol{e}_2 \rangle$ である．

$$\varphi(\boldsymbol{e}_1) = \boldsymbol{e}_2$$

のほうを見ると,「見るからに」$\gamma = \varphi(\delta)$ の形で書き表せるのは $\gamma = a\boldsymbol{e}_2$ の場合に限る．つまり $\mathrm{Im}(\varphi) = \mathbb{Z}\langle \boldsymbol{e}_2 \rangle$ である．つまり二者は一致したので，$\mathrm{Im}(\varphi) = \mathrm{Ker}(\psi)$ が確かめられた．

最後に ψ が全射であることを確かめる．普通はいろいろ細かい気遣いが必要なところであるが，今の場合には，

$$\begin{aligned}\mathrm{Im}(\psi) &= \psi(\mathbb{Z}\langle \boldsymbol{e}_2, \boldsymbol{e}_3, \boldsymbol{e}_4 \rangle) \\ &= \mathbb{Z}\langle \psi(\boldsymbol{e}_2), \psi(\boldsymbol{e}_3), \psi(\boldsymbol{e}_4) \rangle \\ &= \mathbb{Z}\langle 0, \boldsymbol{e}_5, \boldsymbol{e}_6 \rangle \\ &= \mathbb{Z}\langle \boldsymbol{e}_5, \boldsymbol{e}_6 \rangle \\ &= M\end{aligned}$$

となり，$\mathrm{Im}(\psi) = M$ が全射の条件なので，全射であることが確かめられた．

9.3　複体の短完全系列

さて，複体の写像と短完全系列を学んだ上で，この 2 つを組み合わせた「複体の短完全系列」を定義しよう．

定義 9.4（**複体の短完全系列**）　3 つの複体

$$O \to C_1(\mathcal{K}) \xrightarrow{\partial_1^{\mathcal{K}}} C_0(\mathcal{K}) \to O$$

$$O \to C_1(\mathcal{L}) \xrightarrow{\partial_1^{\mathcal{L}}} C_0(\mathcal{L}) \to O$$

$$O \to C_1(\mathcal{M}) \xrightarrow{\partial_1^{\mathcal{M}}} C_0(\mathcal{M}) \to O$$

があり，これらが 2 つの短完全系列

$$O \to C_1(\mathcal{K}) \xrightarrow[\varphi_1]{} C_1(\mathcal{L}) \xrightarrow[\psi_1]{} C_1(\mathcal{M}) \to O$$

$$O \to C_0(\mathcal{K}) \xrightarrow[\varphi_0]{} C_0(\mathcal{L}) \xrightarrow[\psi_0]{} C_0(\mathcal{M}) \to O$$

で結ばれていて，複体の写像になっている（図式が可換図式である）とき，これ

を複体の短完全系列であるという.

このことを可換図式で書いておこう.

$$
\begin{array}{ccccccccc}
 & & O & & O & & O & & \\
 & & \downarrow & & \downarrow & & \downarrow & & \\
O & \longrightarrow & C_1(\mathcal{K}) & \xrightarrow{\varphi_1} & C_1(\mathcal{L}) & \xrightarrow{\psi_1} & C_1(\mathcal{M}) & \longrightarrow & O \\
 & & {\scriptstyle \partial_1^{\mathcal{K}}}\downarrow & & {\scriptstyle \partial_1^{\mathcal{L}}}\downarrow & & {\scriptstyle \partial_1^{\mathcal{M}}}\downarrow & & \\
O & \longrightarrow & C_0(\mathcal{K}) & \xrightarrow{\varphi_0} & C_0(\mathcal{L}) & \xrightarrow{\psi_0} & C_0(\mathcal{M}) & \longrightarrow & O \\
 & & \downarrow & & \downarrow & & \downarrow & & \\
 & & O & & O & & O & &
\end{array}
\tag{9.2}
$$

ここで，矢印で表されているところに加群の準同型があることは言うまでもないが，そのほかにも，横の並びが短完全系列（定義 9.2）になっているということと，四角に囲まれたところが可換図式（ぐるぐる回し）になっているという条件が成り立っていなければならない.

なかなか条件がたくさんあるので，一堂にすべてを満たすのは難しいようであるが，実際には単体複体から発生した概念であるので，単体複体にその例を見つけることはたやすい.

さきほどのグラフにもう一度おいでねがって，今度は頂点にも名前をつけてみよう.

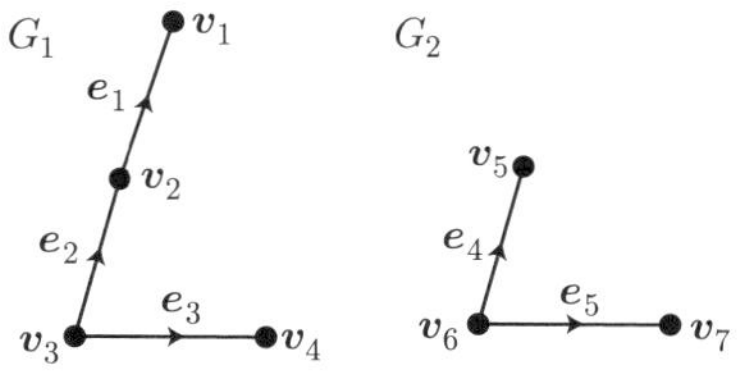

このグラフとは別に，$O \to C_1(\mathcal{K}) = \mathbb{Z}\langle \boldsymbol{x} \rangle \xrightarrow{\partial_1^{\mathcal{K}}} C_0(\mathcal{K}) = \mathbb{Z}\langle \boldsymbol{y} \rangle \to O$ というシンプルな複体を考える．ただし，ここで $\boldsymbol{x}, \boldsymbol{y}$ はグラフの構成部分ではなく，その間を結ぶ写像 $\partial_1^{\mathcal{K}}$ も

$$\partial_1^{\mathcal{K}}(\boldsymbol{x}) = \boldsymbol{y}$$

により定義する.

$C_1(\mathcal{K}), C_0(\mathcal{K})$ の決め方はやや強引と思われるかもしれないが，動機はある．簡単に言うと，グラフ G_1, G_2 の間の写像 ψ_1, ψ_0 で「消えてしまった単体」に相当するものを $C_1(\mathcal{K}), C_0(\mathcal{K})$ とするのである．2 つのグラフ G_1, G_2 の単体複体とこれらを組み合わせる.

それぞれの加群を次のように固定する.

$$
\begin{aligned}
C_1(\mathcal{K}) &= \mathbb{Z}\langle \boldsymbol{x} \rangle \\
C_1(\mathcal{L}) &= C_1(G_1) = \mathbb{Z}\langle \boldsymbol{e}_1, \boldsymbol{e}_2, \boldsymbol{e}_3 \rangle \\
C_1(\mathcal{M}) &= C_1(G_2) = \mathbb{Z}\langle \boldsymbol{e}_4, \boldsymbol{e}_5 \rangle \\
C_0(\mathcal{K}) &= \mathbb{Z}\langle \boldsymbol{y} \rangle \\
C_0(\mathcal{L}) &= C_0(G_1) = \mathbb{Z}\langle \boldsymbol{v}_1, \boldsymbol{v}_2, \boldsymbol{v}_3, \boldsymbol{v}_4 \rangle \\
C_0(\mathcal{M}) &= C_0(G_2) = \mathbb{Z}\langle \boldsymbol{v}_5, \boldsymbol{v}_6, \boldsymbol{v}_7 \rangle
\end{aligned}
$$

縦向きの写像（複体）を次のように構成する．グラフ G_1, G_2 に関する部分は，境界準同型によって複体を定めることにする.

$$
\partial_1^{\mathcal{K}} : C_1(\mathcal{K}) \to C_0(\mathcal{K}) : \partial_1^{\mathcal{K}}(\boldsymbol{x}) = \boldsymbol{y}
$$

$$
\partial_1^{\mathcal{L}} : C_1(\mathcal{L}) \to C_0(\mathcal{L}) : \begin{cases} \partial_1^{\mathcal{L}}(\boldsymbol{e}_1) = \boldsymbol{v}_1 - \boldsymbol{v}_2 \\ \partial_1^{\mathcal{L}}(\boldsymbol{e}_2) = \boldsymbol{v}_2 - \boldsymbol{v}_3 \\ \partial_1^{\mathcal{L}}(\boldsymbol{e}_3) = \boldsymbol{v}_4 - \boldsymbol{v}_3 \end{cases}
$$

$$
\partial_1^{\mathcal{M}} : C_1(\mathcal{M}) \to C_0(\mathcal{M}) : \begin{cases} \partial_1^{\mathcal{M}}(\boldsymbol{e}_4) = \boldsymbol{v}_5 - \boldsymbol{v}_6 \\ \partial_1^{\mathcal{M}}(\boldsymbol{e}_5) = \boldsymbol{v}_7 - \boldsymbol{v}_6 \end{cases}
$$

その上で，次のように横向きの写像（短完全系列）を構成する.

$$
\varphi_1 : C_1(\mathcal{K}) \to C_1(\mathcal{L}) : \varphi_1(\boldsymbol{x}) = \boldsymbol{e}_1
$$

$$
\psi_1 : C_1(\mathcal{L}) \to C_1(\mathcal{M}) : \begin{cases} \psi_1(\boldsymbol{e}_1) = 0 \\ \psi_1(\boldsymbol{e}_2) = \boldsymbol{e}_4 \\ \psi_1(\boldsymbol{e}_3) = \boldsymbol{e}_5 \end{cases}
$$

$$
\varphi_0 : C_0(\mathcal{K}) \to C_0(\mathcal{L}) : \varphi_0(\boldsymbol{y}) = \boldsymbol{v}_1 - \boldsymbol{v}_2
$$

$$\psi_0 : C_0(\mathcal{L}) \to C_0(\mathcal{M}) : \begin{cases} \psi_0(\boldsymbol{v}_1) = \boldsymbol{v}_5 \\ \psi_0(\boldsymbol{v}_2) = \boldsymbol{v}_5 \\ \psi_0(\boldsymbol{v}_3) = \boldsymbol{v}_6 \\ \psi_0(\boldsymbol{v}_4) = \boldsymbol{v}_7 \end{cases}$$

これらが複体の短完全系列になっている条件をすべてチェックしてみよう．ψ_1, ψ_0 が図形的にどのような対応になっているかを調べてみることも大切である．

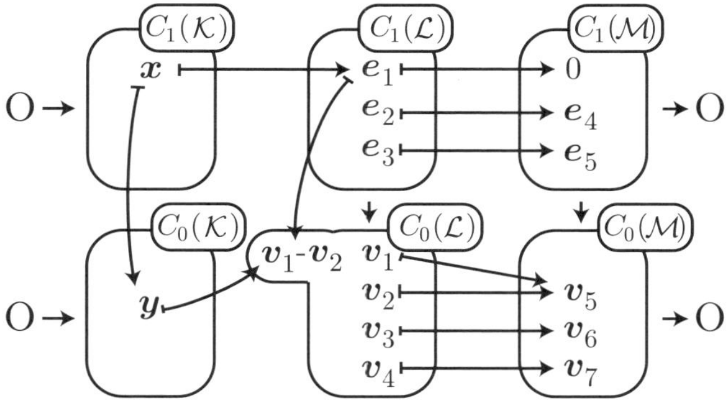

これらの定義の仕方の必然性については後（9.7 節）で述べることとして，とにかくこれで複体の短完全系列になっていることを確かめよう．

命題 9.5 上の例において，次の 4 つが成り立つ．

(1) $O \to C_1(\mathcal{K}) \underset{\varphi_1}{\longrightarrow} C_1(\mathcal{L}) \underset{\psi_1}{\longrightarrow} C_1(\mathcal{M}) \to O$ は短完全系列を構成する．

(2) $O \to C_0(\mathcal{K}) \underset{\varphi_0}{\longrightarrow} C_0(\mathcal{L}) \underset{\psi_0}{\longrightarrow} C_0(\mathcal{M}) \to O$ は短完全系列を構成する．

(3) $\partial_1^{\mathcal{L}} \circ \varphi_1 = \varphi_0 \circ \partial_1^{\mathcal{K}}$

(4) $\partial_1^{\mathcal{M}} \circ \psi_1 = \psi_0 \circ \partial_1^{\mathcal{L}}$

証明． (1) $\varphi_1(\boldsymbol{x}) = \boldsymbol{e}_1$ より，φ_1 が単射であることはほぼ自明．

φ_1 の決め方から，$\mathrm{Im}(\varphi_1) = \mathbb{Z}\langle \boldsymbol{e}_1 \rangle$ であることは定義より従う．また ψ_1 の定義式から，$\psi_1(a\boldsymbol{e}_1 + b\boldsymbol{e}_2 + c\boldsymbol{e}_3) = 0$ となるのは $b = c = 0$ のとき，つまり $a\boldsymbol{e}_1$ の形に限るので，$\mathrm{Ker}(\psi_1) = \mathbb{Z}\langle \boldsymbol{e}_1 \rangle$ となり，これは $\mathrm{Im}(\varphi_1)$ と等しい．

$C_1(\mathcal{M}) = \mathbb{Z}\langle \boldsymbol{e}_4, \boldsymbol{e}_5 \rangle$ でありかつ $\psi_1(\boldsymbol{e}_2) = \boldsymbol{e}_4$, $\psi(\boldsymbol{e}_3) = \boldsymbol{e}_5$ であることから，ψ_1 が全射であることは定義よりただちに従う．

以上より (1) は証明された．

(3) は丁寧に行き先を計算すればよい．$\partial_1^{\mathcal{L}} \circ \varphi_1, \varphi_0 \circ \partial_1^{\mathcal{K}}$ は $C_1(\mathcal{K})$ から $C_0(\mathcal{L})$ への写像なので，$C_1(\mathcal{K})$ を生成する $\boldsymbol{x}$ について行き先を調べれば十分である．実際に，

$$\begin{aligned}\partial_1^{\mathcal{L}} \circ \varphi_1(\boldsymbol{x}) &= \partial_1^{\mathcal{L}}(\boldsymbol{e}_1)\\ &= \boldsymbol{v}_1 - \boldsymbol{v}_2\\ \varphi_0 \circ \partial_1^{\mathcal{K}}(\boldsymbol{x}) &= \varphi_0(\boldsymbol{y})\\ &= \boldsymbol{v}_1 - \boldsymbol{v}_2\end{aligned}$$

□

演習問題 9.2　命題 9.5 の (2)(4) の証明をせよ．

9.4　連結準同型

さて，複体の短完全系列に対して，連結準同型という写像を構成できる．この写像が定義できるという証明は非常に複雑で長く，図式のなかでも非常に長いうねった図形を描き出すことから「蛇の補題 (snake lemma)」という通称がつけられている．

ここでもう一度複体の短完全系列を書き出しておこう．

$$\begin{array}{ccccccccc} & & O & & O & & O & & \\ & & \downarrow & & \downarrow & & \downarrow & & \\ O & \longrightarrow & C_1(\mathcal{K}) & \xrightarrow{\varphi_1} & C_1(\mathcal{L}) & \xrightarrow{\psi_1} & C_1(\mathcal{M}) & \longrightarrow & O \\ & & \partial_1^{\mathcal{K}}\downarrow & & \partial_1^{\mathcal{L}}\downarrow & & \partial_1^{\mathcal{M}}\downarrow & & \\ O & \longrightarrow & C_0(\mathcal{K}) & \xrightarrow{\varphi_0} & C_0(\mathcal{L}) & \xrightarrow{\psi_0} & C_0(\mathcal{M}) & \longrightarrow & O \\ & & \downarrow & & \downarrow & & \downarrow & & \\ & & O & & O & & O & & \end{array} \tag{9.2}$$

まず，縦方向の写像の列が複体であって，ここにはもともとホモロジー群があったことをきちんと思い出しておこう．ホモロジー群の記号を $O \to C_1(\mathcal{K}) \to C_0(\mathcal{K}) \to O$ については $H_1(\mathcal{K}), H_0(\mathcal{K})$ と書くことにし，それぞれは

$$H_1(\mathcal{K}) = Z_1(\mathcal{K})/B_1(\mathcal{K})$$

$$H_0(\mathcal{K}) = Z_0(\mathcal{K})/B_0(\mathcal{K})$$

と定義されているものとする．同じように $O \to C_1(\mathcal{L}) \to C_0(\mathcal{L}) \to O$ については $H_1(\mathcal{L}), H_0(\mathcal{L})$ と書き，$O \to C_1(\mathcal{M}) \to C_0(\mathcal{M}) \to O$ については $H_1(\mathcal{M}), H_0(\mathcal{M})$ と書くことにする．

連結準同型 $\Delta : H_1(\mathcal{M}) \to H_0(\mathcal{K})$ という写像を決めたいのだが，とはいえ，$H_1(\mathcal{M})$ は $C_1(\mathcal{M})$ の要素から得られ，$H_0(\mathcal{K})$ は $C_0(\mathcal{K})$ の要素から得られる．図式上では $C_1(\mathcal{M})$ と $C_0(\mathcal{K})$ はとても離れた位置にある．とりあえずは（写像としてきちんと決まるかどうかは度外視して）$H_1(\mathcal{M})$ の要素から $H_0(\mathcal{K})$ の要素を対応づける方法を紹介しよう．

まず $H_1(\mathcal{M})$ とは $H_1(\mathcal{M}) = Z_1(\mathcal{M})/B_1(\mathcal{M})$ と決まるものと考えられる．ただしここで

$$O \to C_1(\mathcal{M}) \to C_0(\mathcal{M}) \to O$$

であって，

$$Z_1(\mathcal{M}) = \mathrm{Ker}(\partial_1^{\mathcal{M}}) = \{u \in C_1(\mathcal{M}) \mid \partial_1^{\mathcal{M}}(u) = 0\}$$

$$B_1(\mathcal{M}) = \mathrm{Im}(\partial_2^{\mathcal{M}}) = \{\partial_2^{\mathcal{M}}(v) \mid v \in O\} = O$$

である．$[u] \in H_1(\mathcal{M})$ をホモロジーの要素であるとすると，これは $u \in Z_1(\mathcal{M})$ に，類を表す括弧 [ ] をつけたものである．そこで，$u \in Z_1(\mathcal{M})$ をまず考えることにしよう．

さて，写像 $\psi_1 : C_1(\mathcal{L}) \to C_1(\mathcal{M})$ は短完全系列の成立要件により全射である．このことは，ψ_1 の像（値域）は $C_1(\mathcal{M})$ すべてに広がっていることを意味するのであるが，逆向きに考えると，$u \in C_1(\mathcal{M})$ に値をとるような $v \in C_1(\mathcal{L})$ が少なくとも 1 つ存在することを意味している．そこで，$v \in C_1(\mathcal{L})$ を $\psi_1(v) = u$ であるようにとろう．

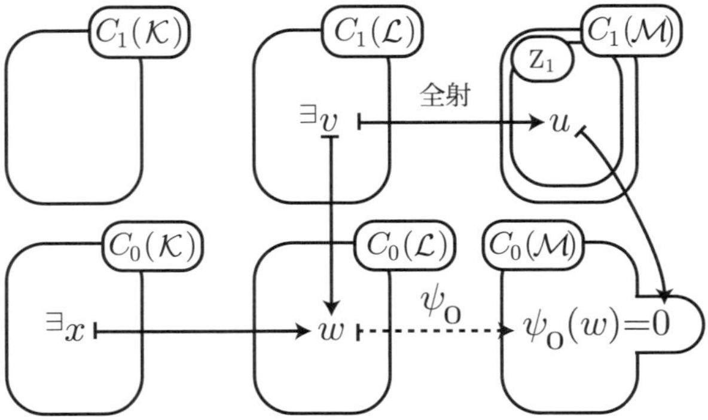

さて，v を $\partial_1^{\mathcal{L}}$ で写したものを $w = \partial_1^{\mathcal{L}}(v)$ と書くことにしよう．ここで，右側のぐるぐる回しを絵に描くと上の図の右半分のようになっている．

この図より，$\psi_0 \circ \partial_1^{\mathcal{L}}(v) = \partial_1^{\mathcal{M}} \circ \psi_1(v)$ であるが，この両辺はそれぞれ書き改めることができる．

$$\psi_0 \circ \partial_1^{\mathcal{L}}(v) = \psi_0(w)$$

$$\partial_1^{\mathcal{M}} \circ \psi_1(v) = \partial_1^{\mathcal{M}}(u) = 0$$

この二者が一致するというのがぐるぐる回しの帰結であるが，このことは

$$\psi_0(w) = 0$$

であり，つまり $w \in \mathrm{Ker}(\psi_0)$ であることを意味している．

このあたりで Ker とか Im とかでとりあえず息が上がっていると思うので一度深呼吸をしてほしい．十分に呼吸を整えたところで次に進もう．

さて，次は，$O \to C_0(\mathcal{K}) \to C_0(\mathcal{L}) \to C_0(\mathcal{M})$ が短完全系列であるという成立条件から，$\mathrm{Im}(\varphi_0) = \mathrm{Ker}(\psi_0)$ が成り立っていた．このことから $w \in \mathrm{Im}(\varphi_0)$ であることがわかる（上の図の下列中央）．

ここで $\mathrm{Im}(\varphi_0)$ の意味を再度確認しよう．$w \in \mathrm{Im}(\varphi_0)$ とは写像 φ_0 の値域に w が入っているということである．これを逆から見れば，$\varphi_0(x) = w$ となるような $x \in C_0(\mathcal{K})$ が存在するということである（上の図の下列左側）．

以上をもって $u \in Z_1(\mathcal{M}) \subset C_1(\mathcal{M})$ から $x \in C_0(\mathcal{K})$ への対応があることがわかったが,「一通りに決まる対応」であるかどうかについてはまだなんともわからない．そこでそのことを確かめるのが「蛇の補題」である．

補題 9.6（蛇の補題） 複体の短完全系列 (9.2) に対して，上の手順で得られる

対応

$$\Delta : H_1(\mathcal{M}) \to H_0(\mathcal{K}) : [u] \mapsto [x]$$

は準同型写像である．この写像 Δ を**連結準同型**という．

本節では複体が $O \to C_1(\mathcal{L}) \to C_0(\mathcal{L}) \to O$ という長さしかないので，蛇の補題も易しいバージョンになっているのである．実のところ複体が長いものでも蛇の補題と言うものはあり，そのときの証明はここで紹介するものよりももう少し複雑になっている．

それにしても蛇の補題の証明にはいくつものポイントがあり，とにかく山あり谷ありである.「準同型写像である」という結論の中には「写像である」という意味もふくまれ，実は写像であるかどうかのほうが大事（おおごと）なのである．どういう点が問題になるかを列挙して，その１つ１つを解決してみよう．

補題 9.7（**蛇の補題のための補題**）(1) このようにして得られた $x \in C_0(\mathcal{K})$ は必ず $Z_0(\mathcal{K})$ $(= \mathrm{Ker}(\partial_0^{\mathcal{K}}))$ の要素である．

(2) $[u] = [u'] \in H_1(\mathcal{M})$ とし，$u \in C_1(\mathcal{M})$ から $x \in C_0(\mathcal{K})$ が，$u' \in C_1(\mathcal{M})$ から $x' \in C_0(\mathcal{K})$ が得られたとするとき，$[x] = [x'] \in H_0(\mathcal{K})$ である．

(3) $u \in Z_1(\mathcal{M})$ に対して，$\psi_1(v) = u$ かつ $\psi_1(v') = u$ が得られたとし，$v \in C_1(\mathcal{L})$ から $x \in C_0(\mathcal{K})$ が，$v' \in C_1(\mathcal{L})$ から $x' \in C_0(\mathcal{K})$ が得られたとするとき，$[x] = [x'] \in H_0(\mathcal{K})$ である．

(4) $w \in \mathrm{Ker}(\psi_0)$ に対して，$\varphi_0(x) = w$ かつ $\varphi_0(x') = w$ が得られたとするとき，$[x] = [x'] \in H_0(\mathcal{K})$ である．

補題 9.7 の証明. (1) は容易である．いま，$\partial_0^{\mathcal{K}}$ は零写像であることがわかっているので，$Z_0(\mathcal{K}) = C_0(\mathcal{K})$ である．このことから $x \in C_0(\mathcal{K})$ ならば $x \in Z_0(\mathcal{K})$ であって，$[x]$ はホモロジー群の元である．

次に (4) は容易である．$O \to C_0(\mathcal{K}) \to C_0(\mathcal{L}) \to C_0(\mathcal{M}) \to O$ が短完全系列であるという成立条件の１つに φ_0 は単射であるというものがあった．単射の定義（1.3.7 項）を参照することにより，もし $\varphi_0(x) = w$ かつ $\varphi_0(x') = w$ であるならば，$x = x'$ であることがただちに得られる．したがって $[x] = [x']$ であって (4) は確かめられた．

(3) について取り組もう．これはなかなか難物である．$\psi_1(v) = u$ かつ $\psi_1(v') =$

u が得られているということなので，w, w' を $w = \partial_1^{\mathcal{L}}(v), w' = \partial_1^{\mathcal{L}}(v')$ により定める．さらに，x, x' が $\varphi_0(x) = w$ かつ $\varphi_0(x') = w'$ によって得られたものとする．(ここまで見ても，(3) の結論からはほど遠い．)

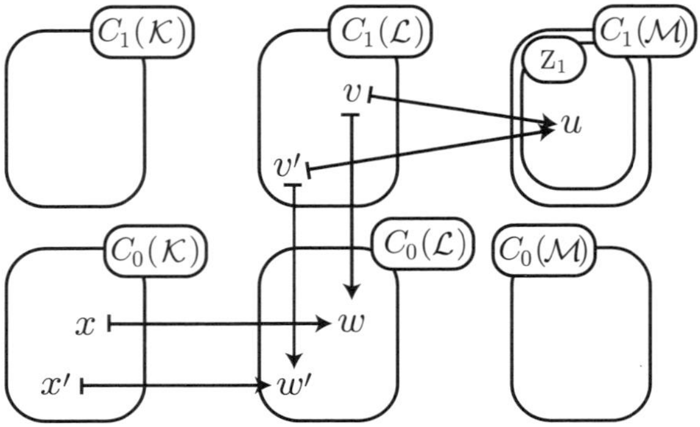

ここで，$v - v'$ を考えるのがコツである．とはいえ，なぜ $v - v'$ を考えつかなければいけないかは茫漠としているが，以後の長い議論を経て，この取り方が唯一の解決であることが後でわかる．(一流の数学者はこのくらいの証明はひと目で読みきれる，ということのようだ．)

$v - v'$ を ψ_1 で写すと，$\psi_1(v - v') = \psi_1(v) - \psi_1(v') = u - u = 0$ であることから，

$$v - v' \in \mathrm{Ker}(\psi_1)$$

である．$O \to C_1(\mathcal{K}) \to C_1(\mathcal{L}) \to C_1(\mathcal{M}) \to O$ が短完全系列であるという成立条件より，$\mathrm{Im}(\varphi_1) = \mathrm{Ker}(\psi_1)$ であり，このことから

$$v - v' \in \mathrm{Im}(\varphi_1)$$

である．$v - v'$ が $\mathrm{Im}(\varphi_1)$ に含まれるということは，φ_1 の値域（取りうる値の集合）に含まれるということである．このことを逆から見ると，$\varphi_1(y) = v - v'$ となるような $y \in C_1(\mathcal{K})$ が存在するということである．(ここまできてはじめて $C_1(\mathcal{K})$ が登場した！）さて，そこで $z = \partial_1^{\mathcal{K}}(y)$ と置く．

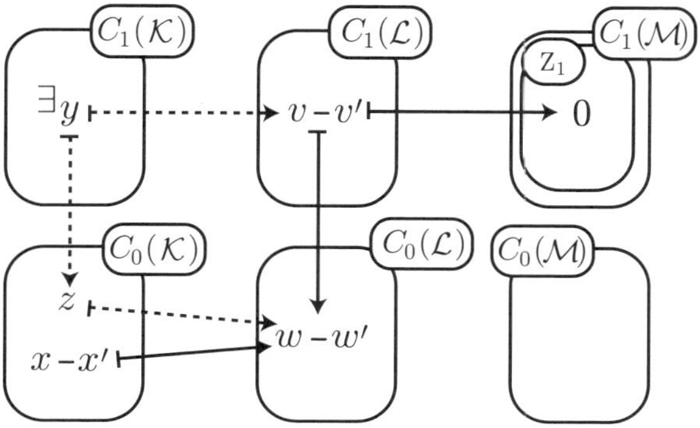

複体の成立要件であるぐるぐる回しにより，$\partial_1^{\mathcal{L}} \circ \varphi_1 = \varphi_0 \circ \partial_1^{\mathcal{K}}$ である．これを $y \in C_1(\mathcal{K})$ について考えてみると，

$$\begin{aligned}\partial_1^{\mathcal{L}} \circ \varphi_1(y) &= \partial_1^{\mathcal{L}}(v - v') \\ &= \partial_1^{\mathcal{L}}(v) - \partial_1^{\mathcal{L}}(v') = w - w' \\ \varphi_0 \circ \partial_1^{\mathcal{K}}(y) &= \varphi_0(z)\end{aligned}$$

となる．この二者が一致するということから，

$$w - w' = \varphi_0(z)$$

である．

さて，仕上げにかかろう．x, x' が $\varphi_0(x) = w$ かつ $\varphi_0(x') = w'$ で得られていたから，

$$\varphi_0(x - x') = \varphi_0(x) - \varphi_0(x') = w - w' = \varphi_0(z)$$

である．さらに φ_0 は単射だった（短完全系列の成立条件）ので，

$$x - x' = z = \partial_1^{\mathcal{K}}(y)$$

である．

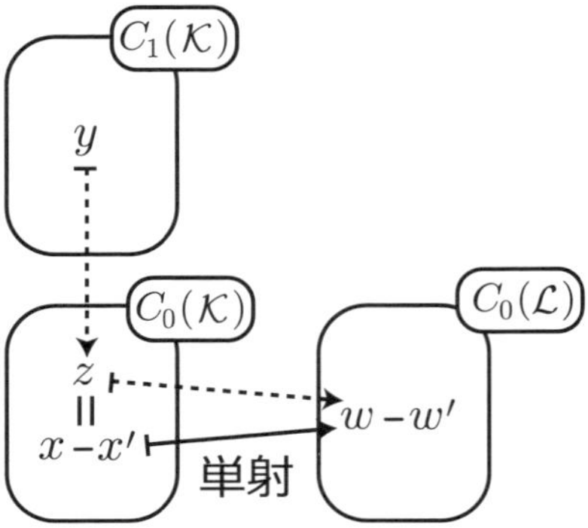

まだまだ終わらない．ホモロジー群 $H_0(\mathcal{K})$ の要素として $[x]$ と $[x']$ とが同じであることを検証しなければならない．それはホモロジー群が $H_0(\mathcal{K}) = Z_0(\mathcal{K})/B_0(\mathcal{K})$ という商加群により定義されていることを用いる．ホモロジー群の計算（4.3 節）と同じ計算により，われわれはホモロジー群についての次のルールを知っていた．

（ルール (c)）$z \in \mathrm{Im}(\partial_1^{\mathcal{K}}) \Leftrightarrow [z] = [0]$

このことと $z = \partial_1^{\mathcal{K}}(y)$ とを照らし合わせてみると，確かに $z \in \mathrm{Im}(\partial_1^{\mathcal{K}})$ であることが言えるので，$[z] = [0]$ である．したがって，

$$[x] - [x'] = [x - x'] = [z] = [0]$$

であり，$[x] = [x']$ が確かめられた．

最後に (2) を確認するが，実は現在の状況ではこの問いは易しい．というのは，我々が考えている複体 $O \to C_1(\mathcal{M}) \to C_0(\mathcal{M}) \to O$ では，$[u] = [u'] \in H_1(\mathcal{M})$ と $u = u' \in \mathrm{Ker}(\partial_1^{\mathcal{M}})$ とは同値である（命題 4.6）からである．このことから，$[u] = [u']$ であるならば，u, u' からは同じ x が得られることがわかる．以上で蛇の補題のための補題はすべて証明された． □

注意 9.8 やれやれ大変な議論だったと胸をなでおろす読者もいるかもしれない．しかし実はホモロジー群が H_0, H_1 しかないという特殊事情により上の補題では (1)(2) が簡単に解決するのである．一般の複体の短完全系列から蛇の補題を考えるときには，この (1)(2) に相当する部分にも，(3) と同じくらいの「あっちいったりこっちいたり」の議論が必要なのである．

補題 9.6 の証明. 補題 9.7(1) より，任意のホモロジー類 $[u] \in H_1(\mathcal{M})$ の代表

元 u から決まる $C_0(\mathcal{L})$ の要素 x は $Z_0(\mathcal{K})$ に含まれる．したがって，ホモロジー類 $[x] \in H_0(\mathcal{K})$ を考えることができる．

次に補題 9.7(2) により，x を決める上での $[u]$ の代表元の取り方によらずに $[x]$ が定まることが示された．

次に補題 9.7(3) により u から v を決める決め方は一通りではないが，最終的に得られる $[x]$ は同じものになることが示された．

次に補題 9.7(4) により w から x を決める決め方は一通りであることが示された．

以上により，対応 $[u] \mapsto [x]$ が写像であることが示された．

最後に写像 $\Delta : [u] \mapsto [x]$ が準同型であることを示そう．任意のホモロジー類 $[u_1], [u_2] \in H_1(\mathcal{M})$ に対して，$\psi_1(v_1) = u_1$ かつ $\psi_1(v_2) = u_2$ となるように v_1, v_2 とを選ぶことにすると，ψ_1 自身が準同型であることから

$$\psi_1(v_1 + v_2) = u_1 + u_2$$

である．$\partial_1^{\mathcal{L}}(v_1) = w_1, \partial_1^{\mathcal{L}}(v_2) = w_2$ と置くと，

$$\partial_1^{\mathcal{L}}(v_1 + v_2) = \partial_1^{\mathcal{L}}(v_1) + \partial_1^{\mathcal{L}}(v_2) = w_1 + w_2$$

である．

$\varphi_0(x_1) = w_1, \varphi_0(x_2) = w_2$ とすると，

$$\varphi_0(x_1 + x_2) = w_1 + w_2$$

である．以上から，$u = u_1 + u_2$ と置くと，$\Delta[u] = [x_1 + x_2]$ で定まることが**定義から直接わかる**．この式を整理すると，

$$\Delta[u_1 + u_2] = [x_1 + x_2] = [x_1] + [x_2] = \Delta[u_1] + \Delta[u_2]$$

であり，Δ が準同型写像であることが示された．　□

9.5　ホモロジー長完全系列

まず長完全系列の定義をしておこう．

定義 9.9（**長完全系列**）　加群の列 $C_1, C_2, \ldots, C_r$ とその間の準同型写像 $f_i : C_i \to C_{i+1}$ があるとき，すなわち

$$C_1 \xrightarrow{f_1} C_2 \xrightarrow{f_2} \cdots \xrightarrow{f_{r-1}} C_r$$

となっているとき，これが長完全系列であるとは，$i = 1, 2, \ldots, r-2$ に対して

$$\mathrm{Im}(f_i) = \mathrm{Ker}(f_{i+1})$$

が成り立っていることである．

短完全系列では真ん中のところで $\mathrm{Im}(f_i) = \mathrm{Ker}(f_{i+1})$ に相当する条件が必要であった．実は次の補題 9.10 とあわせて考えると「短完全系列とは長完全系列の特別な場合」であることがわかる．

補題 9.10（長完全系列と単射，全射）　(1) 長完全系列（の一部）$C_i \to C_{i+1} \to C_{i+2}$ において，$f_i = 0$（零写像）であることと，f_{i+1} が単射であることは同値である．

(2) 長完全系列（の一部）$C_i \to C_{i+1} \to C_{i+2}$ において，$f_{i+1} = 0$（零写像）であることと，f_i が全射であることは同値である．

短完全系列 $O \to K \underset{\varphi}{\to} L \underset{\psi}{\to} M \to O$ のときに，φ が単射で ψ が全射である，という条件があった．上の補題を利用して考えると，短完全系列を「長完全系列の短いもの」とみなせることがわかるだろう．この補題の証明は容易なので読者への演習としよう．

演習問題 9.3　上の補題を証明せよ．

蛇の補題によって，連結準同型の存在を示すことができた．その上で，次の命題が成り立つ．

定理 9.11（ホモロジー長完全系列）　複体の短完全系列 (9.2) に対して，

$$O \to H_1(\mathcal{K}) \xrightarrow{\varphi_{1*}} H_1(\mathcal{L}) \xrightarrow{\psi_{1*}} H_1(\mathcal{M})$$
$$\xrightarrow{\Delta} H_0(\mathcal{K}) \xrightarrow{\varphi_{0*}} H_0(\mathcal{L}) \xrightarrow{\psi_{0*}} H_0(\mathcal{M}) \to O$$

は長完全系列である．

ただしここで，φ_{1*}, ψ_{1*} など写像にアステリスクがついたものは，ホモロジーの間の写像で，$\varphi_{1*}[t] = [\varphi_1(t)]$ により定義されるものとする．（定義 6.8，演習問

題 9.1 を参照のこと.)

ホモロジー長完全系列の証明

この証明は長大である. $\mathrm{Im}(f_i) = \mathrm{Ker}(f_{i+1})$ に相当する命題が都合 6 箇所あり, そのすべてを証明しなければならない. 示すべき命題は次の 10 個 (!!) である.

(0) φ_{1*} は単射である.

(1) $\mathrm{Im}(\varphi_{1*}) \subset \mathrm{Ker}(\psi_{1*})$

(2) $\mathrm{Im}(\varphi_{1*}) \supset \mathrm{Ker}(\psi_{1*})$

(3) $\mathrm{Im}(\psi_{1*}) \subset \mathrm{Ker}(\Delta)$

(4) $\mathrm{Im}(\psi_{1*}) \supset \mathrm{Ker}(\Delta)$

(5) $\mathrm{Im}(\Delta) \subset \mathrm{Ker}(\varphi_{0*})$

(6) $\mathrm{Im}(\Delta) \supset \mathrm{Ker}(\varphi_{0*})$

(7) $\mathrm{Im}(\varphi_{0*}) \subset \mathrm{Ker}(\psi_{0*})$

(8) $\mathrm{Im}(\varphi_{0*}) \supset \mathrm{Ker}(\psi_{0*})$

(9) ψ_{0*} は全射である.

いくつかは演習に残すことにするが, 証明をつけていこう.

(0) φ_{1*} は単射の証明：

$[t], [t'] \in H_1(\mathcal{K})$ が $\varphi_{1*}[t] = \varphi_{1*}[t']$ を満たすとしたとき, 単射であることと $[t] = [t']$ とは同値である.

$$\begin{aligned}
&\varphi_{1*}[t] = \varphi_{1*}[t'] \\
&\Leftrightarrow [\varphi_1(t)] = [\varphi_1(t')] \\
&\Leftrightarrow [\varphi_1(t) - \varphi_1(t')] = [0] \\
&\Leftrightarrow \varphi_1(t) - \varphi_1(t') \in B_1(\mathcal{M}) \\
&\Leftrightarrow \varphi_1(t) - \varphi_1(t') = 0 \qquad (B_1(\mathcal{M}) = O) \\
&\Leftrightarrow \varphi_1(t) = \varphi_1(t') \\
&\Leftrightarrow t = t' \Leftrightarrow [t] = [t'] \qquad (\varphi_1 \text{は単射})
\end{aligned}$$

以上より示された. ((0) の証明終)

演習問題 9.4 (1) は (7) を参考にすれば証明できる. 実際に証明してみよ.

(2) $\mathrm{Im}(\varphi_{1*}) \supset \mathrm{Ker}(\psi_{1*})$ の証明：

このことを示すには，任意の $[v] \in \mathrm{Ker}(\psi_{1*})$ に対して，$[v] \in \mathrm{Im}(\varphi_{1*})$ を示せばよい．実際に $[v] \in \mathrm{Ker}(\psi_{1*})$ であると仮定して考えてみよう．

(a) $\psi_{1*}[v] = [\psi_1(v)] = [0]$ より $\psi_1(v) \in B_1(\mathcal{M}) = O$ である．つまり $\psi_1(v) = 0$ である．

(b) $v \in \mathrm{Ker}(\psi_1) = \mathrm{Im}(\varphi_1)$ であることから，ある $t \in C_1(\mathcal{K})$ が存在して，$\varphi_1(t) = v$ である．（まだ $t \in Z_1(\mathcal{K})$ かどうかはわからない．）

(c) $[v] \in H_1(\mathcal{L})$ より $v \in Z_1(\mathcal{L})$ であって，$\partial_1^{\mathcal{L}}(v) = 0$ である．

(d)

$$0 = \partial_1^{\mathcal{L}}(v) = \partial_1^{\mathcal{L}}(\varphi_1(t)) = \varphi_0(\partial_1^{\mathcal{K}}(t))$$

である．

(e) φ_0 は単射なので，$\varphi_0(\partial_1^{\mathcal{K}}(t)) = 0$ ならば $\partial_1^{\mathcal{K}}(t) = 0$ である．つまり $t \in Z_1(\mathcal{K})$ である．

(f) このことから，$[t] \in H_1(\mathcal{K})$ であり，かつ $[v] = [\varphi_1(t)] = \varphi_{1*}[t]$ であることから $[v] \in \mathrm{Im}(\varphi_{1*})$ が示された．((2) の証明終)

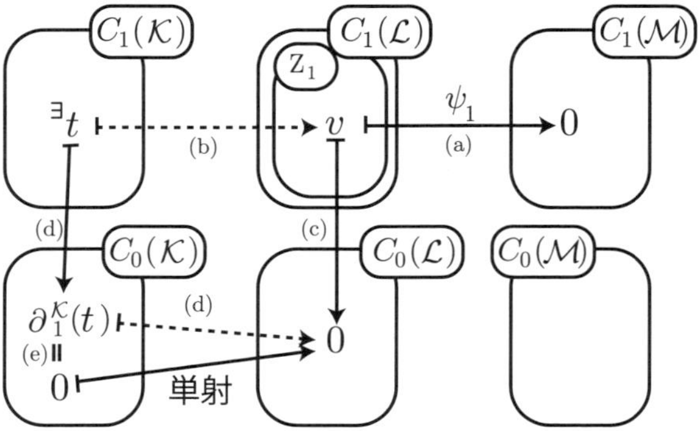

演習問題 9.5　ここでの計算は，複体 D が $O \to C_1(\mathcal{M}) \to C_0(\mathcal{M}) \to O$ であると仮定していたので，(a) の部分が簡単に済んだ．これが $O \to C_2(\mathcal{M}) \to C_1(\mathcal{M}) \to C_0(\mathcal{M}) \to O$ だと仮定（複体 $\mathcal{K}, \mathcal{L}$ にも対応する部分があると）してもやはり証明できるだろうか．

(3) $\mathrm{Im}(\psi_{1*}) \subset \mathrm{Ker}(\Delta)$ の証明：

このことを示すには任意の $[u] \in \mathrm{Im}(\psi_{1*})$ に対して，$[u] \in \mathrm{Ker}(\Delta) \Rightarrow \Delta[u] = [0]$ を示せればよい．$[u] \in \mathrm{Im}(\psi_{1*})$ を仮定して調べてみよう．

(a) $[u] \in \mathrm{Im}(\psi_{1*})$ より，ある $[v] \in H_1(\mathcal{L})$ が存在して，$\psi_{1*}[v] = [u]$ である．このとき

$$\psi_{1*}[v] = [u] \Leftrightarrow [\psi_1(v)] = [u] \Leftrightarrow [\psi_1(v) - u] = [0]$$
$$\Leftrightarrow \psi_1(v) - u \in B_1(\mathcal{M}) = O \Leftrightarrow \psi_1(v) = u$$

が言える．

(b) $[v] \in H_1(\mathcal{L})$ であることから，$v \in Z_1(\mathcal{L})$ であり，つまり $\partial_1^{\mathcal{L}}(v) = 0$ である．

(c) φ_0 は単射であることから，$\varphi_0(x) = 0$ となるような $x \in C_0(\mathcal{K})$ は 0 に限られる．

(d) $\Delta[u] = [x] = [0]$ であり，$[u] \in \mathrm{Ker}(\Delta)$ が示された．((3) の証明終)

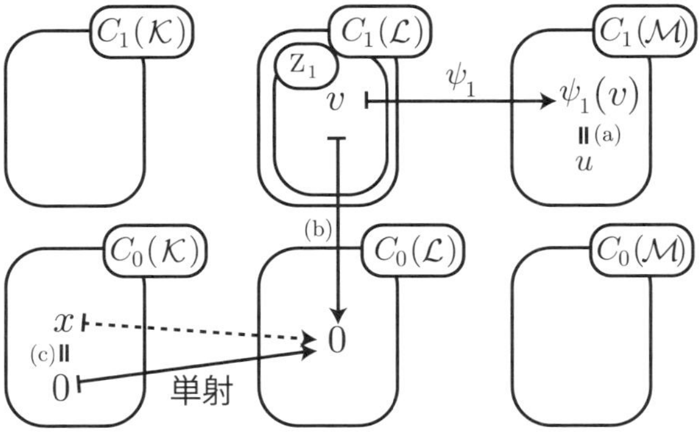

演習問題 9.6 今はグラフのホモロジーで考えているので，いつでも $B_1(\mathcal{M}) = O$ だった．より一般の場合で，$B_1(\mathcal{M})$ が O とは限らない場合に，(a) の部分の証明はどうなると思うか．

(4) $\mathrm{Im}(\psi_{1*}) \supset \mathrm{Ker}(\Delta)$ の証明：

このことを示すには任意の $[u] \in \mathrm{Ker}(\Delta)$ に対して，$[u] \in \mathrm{Im}(\psi_{1*})$ を示せればよい．$\Delta[u] = [0]$ を仮定して調べてみよう．

(a) $\Delta[u]=[x]$ として，$[x]$ を決定する手順を Δ の定義に従って決めておく．つまり，$\psi_1(v)=u, w=\partial_1^{\mathcal{L}}(v), \varphi_0(x)=w$ であるとする．

(b) $\Delta[u]=[0] \Leftrightarrow [x]=[0] \Leftrightarrow x \in B_0(\mathcal{K})$ より，ある $t \in C_1(\mathcal{K})$ が存在して，$\partial_1^{\mathcal{K}}(t)=x$ である．

(c) $\varphi_1(t)=v'$ とする．

(d) $\psi_1(v')=\psi_1(\varphi_1(t))=0$ である．

(e) $\partial_1^{\mathcal{L}}(v')=\partial_1^{\mathcal{L}}(\varphi_1(t))=\varphi_0(\partial_1^{\mathcal{K}}(t))=\varphi_0(x)=w$ である．

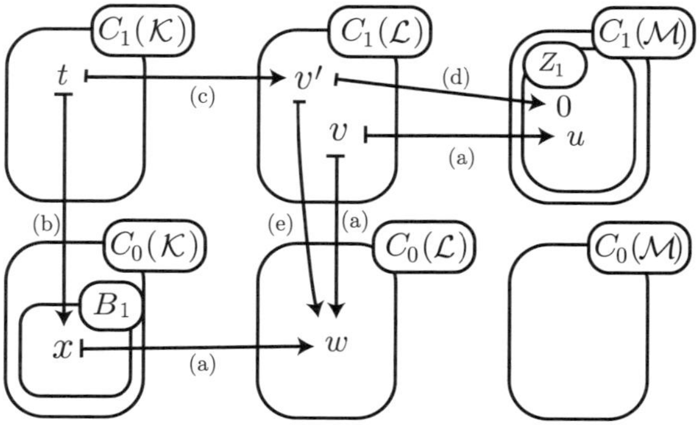

(f) ここで $v-v' \in C_1(\mathcal{L})$ を考える．

(g) $\partial_1^{\mathcal{L}}(v-v')=w-w=0$ である．すなわち $v-v' \in Z_1(\mathcal{L})$，つまり $[v-v'] \in H_1(\mathcal{L})$ である．

(h) $\psi_1(v-v')=u-0=u$ である．つまり $\psi_{1*}[v-v']=[\psi_1(v-v')]=[u]$ であり，$[u] \in \mathrm{Im}(\psi_{1*})$ が示された．((4) の証明終)

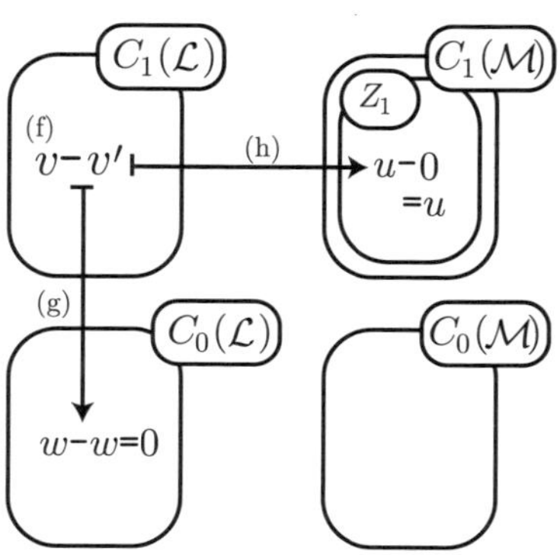

(5) $\mathrm{Im}(\Delta) \subset \mathrm{Ker}(\varphi_{0*})$ の証明：
任意の $[x] \in \mathrm{Im}(\Delta)$ に対して，$[x] \in \mathrm{Ker}(\varphi_{0*})$ を証明できればよい．そこで $[x] \in \mathrm{Im}(\Delta)$ を仮定して，ここから考えてみる．

(a) $[u] \in H_1(\mathcal{M})$ が存在して，$\Delta[u] = [x]$ である．つまりここで，$\psi_1(v) = u$ となる v が存在し，かつ $w = \partial_1^{\mathcal{L}}(v)$ と置くと，$\varphi_0(x) = w$ が成り立つとしてよい．

(b) つまりただちに $\varphi_{0*}[x] = [\varphi_0(x)] = [w]$ である．

(c) 一方で，$w = \partial_1^{\mathcal{L}}(v)$ だから，$w \in B_0(\mathcal{L})$ であり，つまり $[w] = [0]$ である．したがって $\varphi_{0*}[x] = [0]$ であって，$[x] \in \mathrm{Ker}(\varphi_{0*})$ が示された．((5) の証明終)

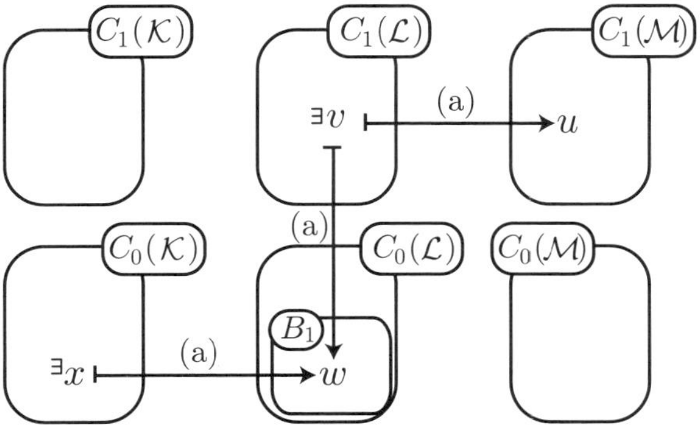

(6) $\mathrm{Im}(\Delta) \supset \mathrm{Ker}(\varphi_{0*})$ の証明：
任意の $[x] \in \mathrm{Ker}(\varphi_{0*})$ に対して，$[x] \in \mathrm{Im}(\Delta)$ であることを示せばよい．そこで，$[x] \in \mathrm{Ker}(\varphi_{0*})$ であると仮定して，ここから考えてみる．

(a) $[x] \in \mathrm{Ker}(\varphi_{0*})$ より $\varphi_{0*}[x] = [0] \Leftrightarrow [\varphi_0(x)] = [0]$ であり，$\varphi_0(x) = w$ とすれば，$w \in B_0(\mathcal{L})$ である．

(b) したがって，$v \in C_1(\mathcal{L})$ が存在して，$\partial_1^{\mathcal{L}}(v) = w$ である．

(c) ここで，$u = \psi_1(u)$ と置く．

(d) $\varphi_0(x) = w$ より，$\psi_0(w) = \psi_0(\varphi_0(x)) = 0$ である．

(e) $\partial_1^{\mathcal{M}}(u)$ を調べると，

$$\begin{aligned}\partial_1^{\mathcal{M}}(u) &= \partial_1^{\mathcal{M}}(\psi_1(v)) = \psi_0(\partial_1^{\mathcal{L}}(v)) \\ &= \psi_0(w) = 0\end{aligned}$$

である．このことから $u \in Z_1(\mathcal{M})$ である．したがって，$[u] \in H_1(\mathcal{M})$ であり，$\Delta[u] = [x]$ であることが示された．ゆえに $[x] \in \mathrm{Im}(\Delta)$ である．($\Delta[u] = [x]$ であることを示すには $[u] \in H_1(\mathcal{M})$ でなければならない，というところがこの証明のポイントである．)（(6) の証明終）

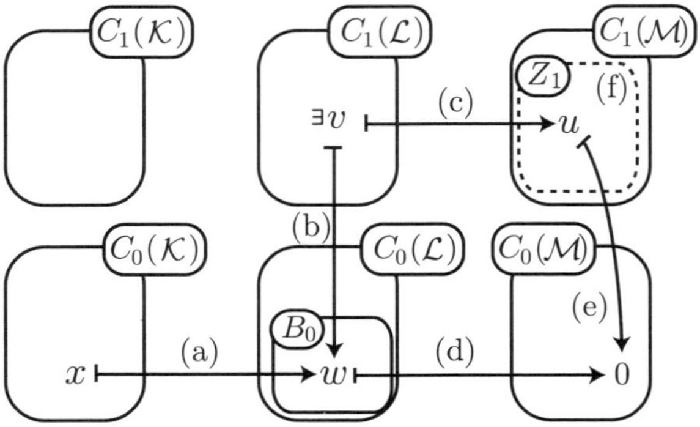

(7) $\mathrm{Im}(\varphi_{0*}) \subset \mathrm{Ker}(\psi_{0*})$ の証明：
このことを示すには任意の $[w] \in \mathrm{Im}(\varphi_{0*})$ に対して，$[w] \in \mathrm{Ker}(\psi_{0*})$ を示せばよい．いま，$[w] \in \mathrm{Im}(\varphi_{0*})$ を仮定して調べてみよう．

(a) $[w] \in \mathrm{Im}(\varphi_{0*})$ であることから，$[x] \in H_0(\mathcal{K})$ が存在して，$\varphi_{0*}[x] = [w]$ と表すことができる．

(b) このとき $[\varphi_0(x)] - [w] = [0] \Leftrightarrow [w - \varphi_0(x)] = [0]$ より $w - \varphi_0(x) \in B_1(\mathcal{L})$ である．このことから，ある $v \in C_1(\mathcal{L})$ が存在して，$\partial_1^{\mathcal{L}}(v) = w - \varphi_0(x)$ と表せる．

(c) 調べたいのは $\psi_0(w)$ である．このことから $\psi_0(\partial_1^{\mathcal{L}}(v))$ を計算すると，

$$\psi_0(\partial_1^{\mathcal{L}}(v)) = \psi_0(w - \varphi_0(x)) = \psi_0(w) - \psi_0(\varphi_0(x))$$

$$= \psi_0(w) - 0 = \psi_0(w)$$

$$\psi_0(\partial_1^{\mathcal{L}}(v)) = \partial_1^{\mathcal{M}}(\psi_1(v))$$

このことから $\psi_1(v) = u$ と置くと，$\psi_0(w) = \partial_1^{\mathcal{M}}(u)$ であり，$\psi_0(w) \in \mathrm{Im}(\partial_1^{\mathcal{M}}) = B_0(\mathcal{M})$ である．このことから $[\psi_0(w)] = [0] \Leftrightarrow \psi_{0*}[w] = [0]$ であり，$[w] \in \mathrm{Ker}(\psi_{0*})$ が示された．（(7) の証明終）

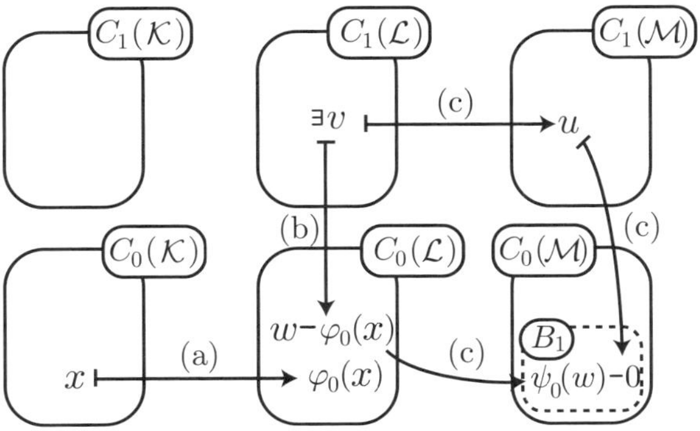

演習問題 9.7 (8) の証明は (2) の証明を参考にすればよい．証明してみよ．

演習問題 9.8 (9) の証明は，ψ_0 が全射であることからただちに導かれる．この証明をしてみよ．

9.6 辺の反転とホモロジー長完全系列

辺の反転を行ったときにホモロジー群が変わらない証明は定理 6.5 で行った．この証明が特別難しいわけではないので，別証明があってもそれほど嬉しくはないが，ホモロジー長完全系列の応用例としてこの別証明について紹介しておく．

グラフ G があったとして，その辺の 1 つ $\boldsymbol{e}_1$ の向きを逆にしたようなグラフを G' だとしよう．このことをホモロジー長完全系列の枠組みに当てはめてみよう．

まず，特殊な複体として，$C_0(\mathcal{K}) = C_1(\mathcal{K}) = O$ であるような複体，つまり，

$$O \xrightarrow{\partial_2^{\mathcal{K}}} O \xrightarrow{\partial_1^{\mathcal{K}}} O \xrightarrow{\partial_0^{\mathcal{K}}} O$$

を考え，

$$
\begin{array}{ccccccccc}
 & & O & & O & & O & & \\
 & & \downarrow & & \downarrow & & \downarrow & & \\
O & \longrightarrow & O & \xrightarrow{\varphi_1} & C_1(G) & \xrightarrow{\psi_1} & C_1(G') & \longrightarrow & O \\
 & & \partial_1^{\mathcal{K}}\downarrow & & \partial_1^{\mathcal{L}}\downarrow & & \partial_1^{\mathcal{M}}\downarrow & & \\
O & \longrightarrow & O & \xrightarrow{\varphi_0} & C_0(G) & \xrightarrow{\psi_0} & C_0(G') & \longrightarrow & O \\
 & & \downarrow & & \downarrow & & \downarrow & & \\
 & & O & & O & & O & &
\end{array}
\tag{9.3}
$$

という複体の短完全系列を考える．

ここで，G, G' に関する複体とその間の写像についてもう一度確認しておこう．

まず G の辺集合を $E = \{\boldsymbol{e}_1, \boldsymbol{e}_2, \ldots, \boldsymbol{e}_r\}$，頂点集合を $V = \{\boldsymbol{v}_1, \boldsymbol{v}_2, \ldots, \boldsymbol{v}_s\}$ であるとする．このとき，

$$C_1(G) = \mathbb{Z}\langle \boldsymbol{e}_1, \boldsymbol{e}_2, \ldots, \boldsymbol{e}_r \rangle$$

$$C_0(G) = \mathbb{Z}\langle \boldsymbol{v}_1, \boldsymbol{v}_2, \ldots, \boldsymbol{v}_s \rangle$$

である．$\partial_1^{\mathcal{L}}$ はグラフ G の境界準同型である．あとで辺の反転を具体的に記述する都合から，辺 $\boldsymbol{e}_1$ の両端が $\boldsymbol{v}_1, \boldsymbol{v}_2$ であると仮定する．(他の辺を反転するとしても，辺や頂点の名前を付け替えることにより，このように仮定して同じ議論に持ち込むことができる.）つまり

$$\partial_1^{\mathcal{L}}(\boldsymbol{e}_1) = \boldsymbol{v}_2 - \boldsymbol{v}_1 \tag{9.4}$$

であるとして，以下議論を進める．

このとき，$\boldsymbol{e}_1$ の向きをかえた辺を $\boldsymbol{e}_1^-$ と書くことにすると，G' の辺集合 E' は $E' = \{\boldsymbol{e}_1^-, \boldsymbol{e}_2, \ldots, \boldsymbol{e}_r\}$ と表される．一方で，頂点集合 V' は変わらないので，$V' = \{\boldsymbol{v}_1, \boldsymbol{v}_2, \ldots, \boldsymbol{v}_s\}$ となる．つまり，

$$C_1(G') = \mathbb{Z}\langle \boldsymbol{e}_1^-, \boldsymbol{e}_2, \ldots, \boldsymbol{e}_r \rangle$$

$$C_0(G') = \mathbb{Z}\langle \boldsymbol{v}_1, \boldsymbol{v}_2, \ldots, \boldsymbol{v}_s \rangle$$

である．ただし，境界準同型 $\partial_1^{\mathcal{M}}$ についてはすこし変わり，

$$\partial_1^{\mathcal{M}}(\boldsymbol{e}_1^-) = \boldsymbol{v}_1 - \boldsymbol{v}_2 \tag{9.5}$$

となる．このあたりの決め方については 6.4 節の図を見てほしい．ここでは，代

数的な計算に集中するためにあえて図は載せないことにする.

さて，横向きの写像を決めよう．φ_0 と φ_1 については，定義域が $O = \{0\}$ であることから，これは零写像に限られることがわかる.

次に ψ_0 であるが，これは $C_0(G)$ と $C_0(G')$ とが同じ集合であることから，恒等写像

$$\psi_0(\boldsymbol{v}_i) = \boldsymbol{v}_i \qquad (i = 1, 2, \ldots, s)$$

により定めれば十分である.

最後に ψ_1 であるが，ここは可換図式（ぐるぐる回し）のために少しの工夫が必要である．結論から言うと,

$$\psi_1(\boldsymbol{e}_1) = -\boldsymbol{e}_1^-$$

$$\psi_1(\boldsymbol{e}_i) = \boldsymbol{e}_i \quad (i = 2, \ldots, r)$$

と決めればよい．というのは，要するに

$$\partial_1^{\mathcal{M}}(\psi_1(\boldsymbol{e}_1)) = \psi_0(\partial_1^{\mathcal{L}}(\boldsymbol{e}_1)) = \psi_0(\boldsymbol{v}_2 - \boldsymbol{v}_1) = \boldsymbol{v}_2 - \boldsymbol{v}_1$$

であるが，$\partial_1^{\mathcal{M}}(\boldsymbol{e}_1^-) = \boldsymbol{v}_1 - \boldsymbol{v}_2$ とつじつまを合わせるためには $\psi_1(\boldsymbol{e}_1) = -\boldsymbol{e}_1^-$ であれば十分であるとの判断である.（もしかしたら他の置き方もあるかもしれないが，うまくいく方法が 1 つ見つかればそれで十分である.）結果的にだが，この ψ_1 は補題 6.6 の写像 φ と同じ写像になっている.

演習問題 9.9　あとは横方向の並びが短完全系列になっていることを,「自由加群の生成元が 1 対 1 に対応している」ことから示せ.

さて，ホモロジー長完全系列の定理に従えば,

$$O \to H_1(\mathcal{K}) \to H_1(G) \to H_1(G') \to H_0(\mathcal{K}) \to H_0(G) \to H_0(G') \to O$$

は長完全系列である．$H_1(\mathcal{K}) = H_0(\mathcal{K}) = O$ であることから,

$$O \to O \to H_1(G) \xrightarrow[\psi_{1*}]{} H_1(G') \to O \to H_0(G) \xrightarrow[\psi_{0*}]{} H_0(G') \to O$$

であり，補題 9.10 によれば，ψ_{1*} も ψ_{0*} も「単射かつ全射」であることが示される．つまり同型である.

これで $H_i(G) \cong H_i(G')$ が示されたわけだが，複体の短完全系列が構成できた段階でほぼ証明が終了しているということと，一度に両方が証明されてしまうと

いうことは特筆に価する．これが蛇の補題の威力である．つぎはレトラクションのほうもホモロジー長完全系列で仕留めよう．

9.7 辺の細分・レトラクションとホモロジー長完全系列

辺の細分やレトラクションを行う前と後ではホモロジー群に変わりはなかった．(同型であることを「変わりない」という感覚でとらえるのである．) このことをホモロジー完全系列から一度に示すことができる．

まず最初に,「辺の細分の逆」という操作について改めて思い出してみると，これはレトラクションの特別な場合であることがわかる．すなわち，辺 $\boldsymbol{e}_1''$ をレトラクションにより消す作業と，辺 $\boldsymbol{e}_1'$ と辺 $\boldsymbol{e}_1''$ を「細分の逆」により 1 つの辺 $\boldsymbol{e}_1$ にする作業は，その出来上がりを見ると同じことである．

そこで，レトラクションについてのみ考えることにするが，グラフ G に含まれる辺 $\boldsymbol{e}_1$ について，これをレトラクションして新しいグラフ G' が得られたとしよう．

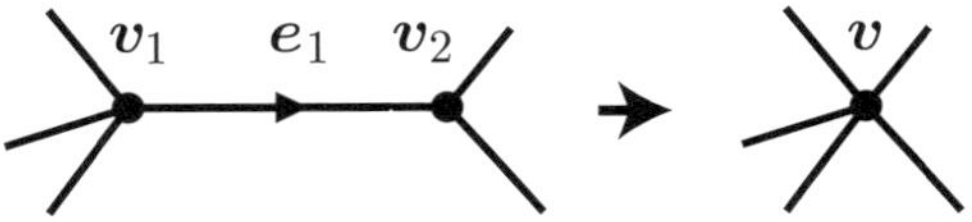

この場合には，$C_1(\mathcal{K}) = \mathbb{Z}\langle \boldsymbol{x} \rangle$，$C_0(\mathcal{K}) = \mathbb{Z}\langle \boldsymbol{y} \rangle$，$\partial_1^{\mathcal{K}}(\boldsymbol{x}) = \boldsymbol{y}$ という複体を考えて，

$$
\begin{array}{ccccccccc}
 & & O & & O & & O & & \\
 & & \downarrow & & \downarrow & & \downarrow & & \\
O & \longrightarrow & \mathbb{Z}\langle \boldsymbol{x} \rangle & \xrightarrow{\varphi_1} & C_1(G) & \xrightarrow{\psi_1} & C_1(G') & \longrightarrow & O \\
 & & \partial_1^{\mathcal{K}} \downarrow & & \partial_1^{\mathcal{L}} \downarrow & & \partial_1^{\mathcal{M}} \downarrow & & \\
O & \longrightarrow & \mathbb{Z}\langle \boldsymbol{y} \rangle & \xrightarrow{\varphi_0} & C_0(G) & \xrightarrow{\psi_0} & C_0(G') & \longrightarrow & O \\
 & & \downarrow & & \downarrow & & \downarrow & & \\
 & & O & & O & & O & &
\end{array}
\tag{9.6}
$$

という複体の短完全系列を考える．

まず，この図式が複体の短完全系列の条件を満たすように,（ここに現れる）他の写像を適切に定義することから始めよう．じつは，複体の短完全系列の例で紹

介したものをそのまま使うことができる．つまり，

$$\varphi_1(\boldsymbol{x}) = \boldsymbol{e}_1$$

$$\begin{cases} \psi_1(\boldsymbol{e}_1) &= 0 \\ \psi_1(\boldsymbol{e}_i) &= \boldsymbol{e}_i \quad (i = 2, 3, \ldots, r) \end{cases}$$

$$\varphi_0(\boldsymbol{y}) = \boldsymbol{v}_2 - \boldsymbol{v}_1$$

$$\begin{cases} \psi_0(\boldsymbol{v}_1) &= \boldsymbol{v} \\ \psi_0(\boldsymbol{v}_2) &= \boldsymbol{v} \\ \psi_0(\boldsymbol{v}_i) &= \boldsymbol{v}_i \quad (i = 3, 4, \ldots, s) \end{cases}$$

とするのである．

演習問題 9.10 ここで与えた図式が複体の短完全系列になっていることを示せ．

さてここで，$O \to \mathbb{Z}\langle \boldsymbol{x} \rangle \xrightarrow{\partial_1^{\mathcal{K}}} \mathbb{Z}\langle \boldsymbol{y} \rangle \to O$ という複体のホモロジーを求めよう．定義により，$H_1(\mathcal{K}) = Z_1(\mathcal{K})/B_1(\mathcal{K})$ であり，$Z_1(\mathcal{K}) = \{a\boldsymbol{x} \mid \partial_1^{\mathcal{K}}(a\boldsymbol{x}) = 0\}$ であるが，

$$\partial_1^{\mathcal{K}}(a\boldsymbol{x}) = a\boldsymbol{y} = 0 \Rightarrow a = 0 \text{ したがって } Z_1(\mathcal{K}) = O$$

より $H_1(\mathcal{K}) = O$ である．0 次元ホモロジーについても $H_0 = Z_0(\mathcal{K})/B_0(\mathcal{K})$ であるが，

$$Z_0(\mathcal{K}) = \{a\boldsymbol{y} \mid \partial_0^{\mathcal{K}}(a\boldsymbol{y}) = 0\} = \{a\boldsymbol{y} \mid a \in \mathbb{Z}\}$$

$$B_0(\mathcal{K}) = \{\partial_1^{\mathcal{K}}(a\boldsymbol{x}) \mid a \in \mathbb{Z}\} = \{a\boldsymbol{y} \mid a \in \mathbb{Z}\}$$

であることから，$H_0(\mathcal{K}) = Z_0(\mathcal{K})/B_0(\mathcal{K}) \cong O$ である．

以上の計算より，ホモロジー長完全系列は

$$O \to H_1(\mathcal{K}) \to H_1(G) \to H_1(G') \to H_0(\mathcal{K}) \to H_0(G) \to H_0(G') \to O$$

であり，ここで $H_1(\mathcal{K}) = H_0(\mathcal{K}) = O$ であることから，

$$O \to O \to H_1(G) \xrightarrow[\psi_{1*}]{} H_1(G') \to O \to H_0(G) \xrightarrow[\psi_{0*}]{} H_0(G') \to O$$

であり，補題 9.10 によって，ψ_{1*} も ψ_{0*} も「単射かつ全射」であり，つまり同型である．

これで「レトラクションによって得られるグラフのホモロジー群は同型である」

ことが示された．あまりにあっけなく示されてしまうことに筆者は感動を覚えるのだが，読者諸君はいかがだろうか．

第 II 部
曲面のホモロジー群と閉曲面の分類

第 II 部では，曲面の幾何学について取り扱う．最初に，グラフを拡張した概念である 2 次元単体複体を導入する．これはグラフの持つ「辺・頂点」に「面」を加えて，多面体（ただし面や辺は曲がっていてもよい）のような構造を考えたものである．ここにも境界準同型やホモロジー群を定めることができる．

また，2 次元単体複体についても同相の概念があり，ここから閉曲面（=境界のない曲面）についての分類定理が知られている．この定理の証明を学びながら曲面とホモロジーの関係について考えていく．

第 10 章

2 次元単体複体

本章では，2 次元的な図形を扱う．その方法として，2 次元単体複体という考え方を導入する．簡単に多面体を思い浮かべてもらえばよい．多面体にはいくつかの面があり，面のふちには辺があり，辺が集まったところが頂点をなしている．この考え方を一般化したものを 2 次元単体複体と呼ぶことにする．まずはその定義を見てみよう．

10.1　2 次元単体複体の定義

定義 10.1（**2 次元単体複体**）　$G=(F,E,V)$ が 2 次元単体複体であるとは，

- $F=\{\boldsymbol{f}_1,\boldsymbol{f}_2,\ldots,\boldsymbol{f}_q\}$：面 (face) の集合
- $E=\{\boldsymbol{e}_1,\boldsymbol{e}_2,\ldots,\boldsymbol{e}_r\}$：辺 (edge) の集合
- $V=\{\boldsymbol{v}_1,\boldsymbol{v}_2,\ldots,\boldsymbol{v}_s\}$：頂点 (vertex) の集合
- 面には向き（右回り，左回り）が定められていて，面の境界は辺で囲まれ閉じた道（定義 5.2）になっている．
- 辺には向き（矢印）が定められていて，辺の両端は頂点である．

例題 10.2　多面体は面・辺・頂点からなり，（面や辺に向きを設定する必要はあるものの）2 次元単体複体の例である．

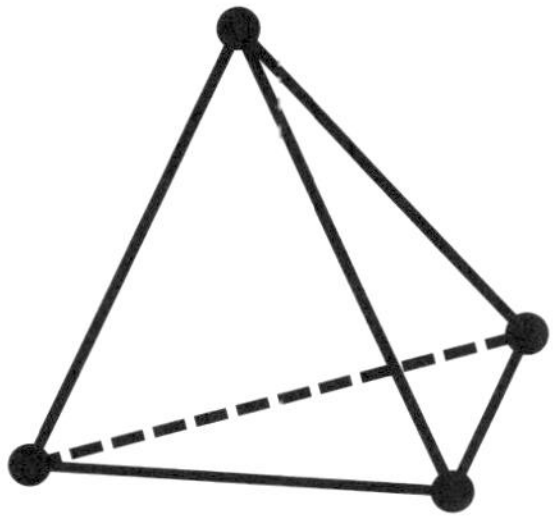

この例では面の向きや辺の向きについては書かれていないが，四面体は頂点 4 つ，辺 6 つ，面 4 つで構成される 2 次元単体複体である．

ここからいくつか大切な注意を挙げていこう．

(1) 「面の向き」は右回り，左回りの矢印で書き表すことにする．「時計回り」「反時計回り」の意味である．面は必ず辺で囲まれていなければいけないが，辺が面を囲っていなければいけないわけではない．下の例のように，面を伴わない辺（ここでは $\boldsymbol{e}_4$）があってもよい

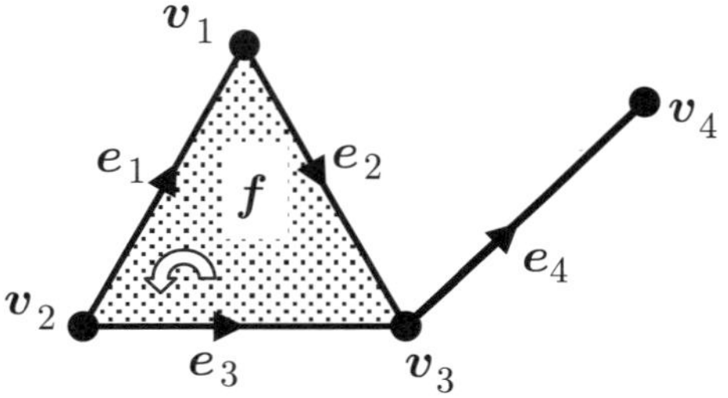

面を伴わない辺の例

(2) 面は，辺（閉じた道）で囲まれているが，「1 角形」「2 角形」でもよいこととする．下の例で左の面は 1 角形，右の面は 2 角形である．

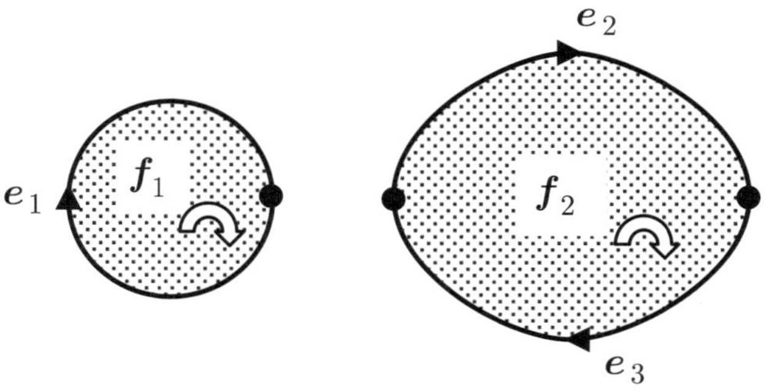

この例からもわかるとおり，辺は直線である必要はない．面も平面である必要はなく，曲がった面があってもよいものとする．極端に言えば，$\mathbb{R}^3$（3 次元空間）に絵が描けないようなものでもよい．(そういう例もあとで出てくる.)

(3) 上の絵に表れているように，面は多角形（円板状の領域）であるものとする．アニュラスやメビウスの帯（これらは次の節で紹介する）の形の面は考えない．ホモロジー群を考える（つまり代数計算をする）うえでは，面がどのような形をしているかよりも，面の境界がどのような辺であるか，ということを問題にするので，

「面の境界は辺であって，閉じた道となっている」ことが重要なのである．2 次元単体複体の絵を描くときには，面として多角形や円板状の領域を書くことにする．

(3) 2 次元単体複体においては,「枝分かれ」を持つ図形も許容する．ここでは枝分かれの例を 2 つ挙げよう．最初の例は 1 つの辺に 3 枚以上の面が集まっているような場合である．下の例で，3 つの面 $\boldsymbol{f}_1, \boldsymbol{f}_2, \boldsymbol{f}_3$ が辺 $\boldsymbol{e}_1$ を共有しているこのような「辺での枝分かれ」もよいことにする．

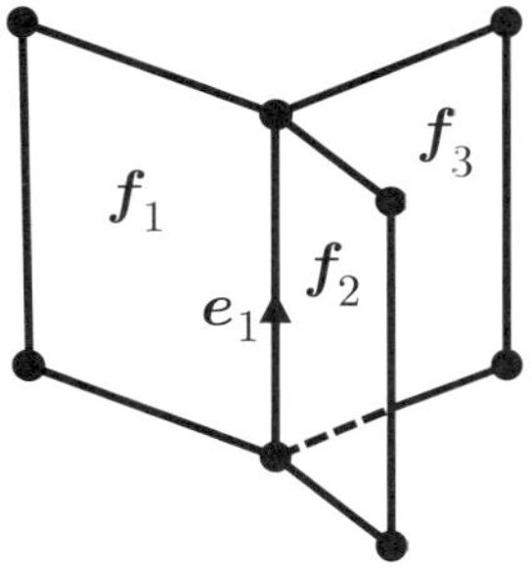

辺での枝分かれ

もう 1 つの例は「頂点での枝分かれ」とでも言うべき形で，2 つの多面体が 1 点で接しているような形である．

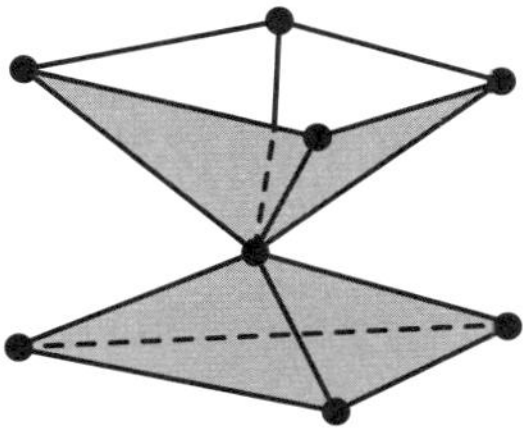
頂点での枝分かれ

2 次元単体複体としてはこれらの図形は許容されるが，以降の節では「曲面」といって，枝分かれのない 2 次元単体複体だけを考えていくことにする．それは単に 2 次元図形の入門として対象を曲面に限定したほうがわかりやすいと思うからである．

10.2 曲面

2 次元単体複体のうち，上で紹介したような枝分かれを持たないようなもののことを曲面と呼ぶことにする．

定義 10.3 (曲面) 2 次元単体複体のうち，次の 2 つの条件を満たすものを曲面という.

(1) それぞれの辺について，1 枚または 2 枚の面が隣接する.

(2) それぞれの頂点について，頂点の周りは面が円板状に配置されている.

それぞれの辺の周り・頂点の周りでの面の状況は次の絵のようになっている.

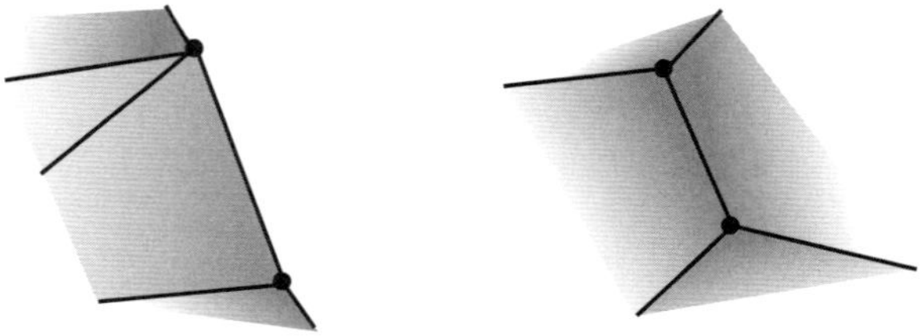

例題 10.4 下の図のような筒状の図形（これは一般にアニュラスと呼ばれる形である）も適切に面と辺と頂点に分ければ曲面であるということができる.

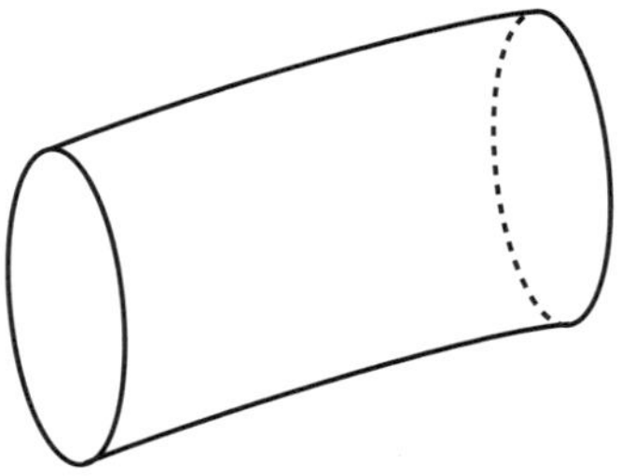

演習問題 10.1 このアニュラスを適切に面に分割し，曲面であることを示せ.

10.2.1 球面

例題 10.5 球面（ビーチボール，地球の表面）のことを S^2 と表記する．球面は曲面の例である．実際に球面を北半球と南半球に分割して，半球それぞれを 2 角形の面であるとし，赤道にあたるところを辺であると考えれば，これは 2 次元単体複体であり，かつ曲面でもある.

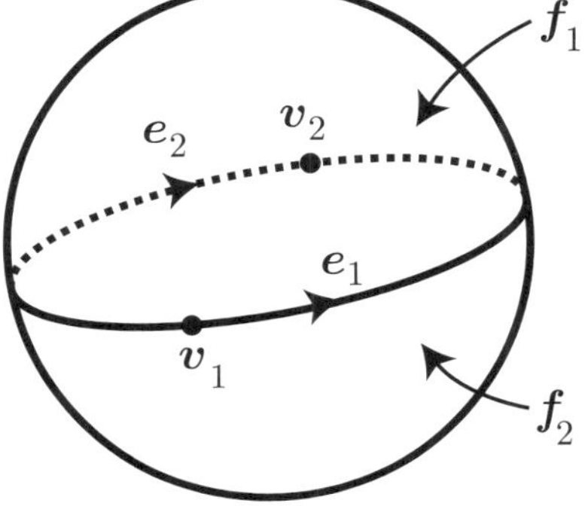

球面を 2 つに分割

例題 10.6 次の例では球面を 4 つに分割し，その境界線を辺とした．

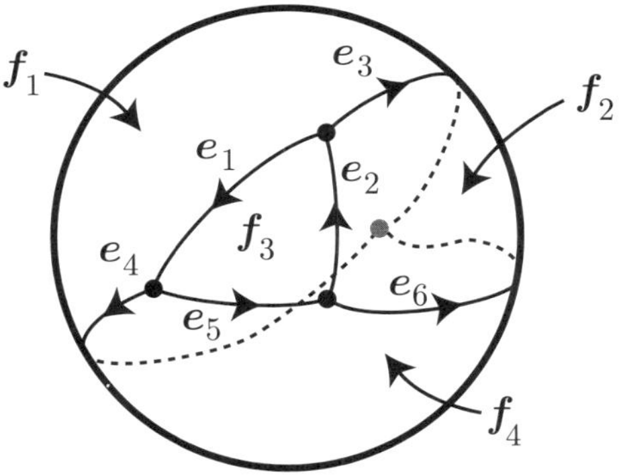

球面を 4 つに分割

ここまでは最初に「曲面」というものがあるとして，それを面に分割することを考えた．こうすることによって，自然に辺や頂点が定まることも見て取ることができる．

逆に，今度は最初から辺で囲まれた面がいくつか与えられているとして，その辺を張り合わせることによって曲面を構成することを考えよう．つまり，多面体で言えば，展開図から多面体を構成する要領である．展開図とは面がいくつか繋がって描かれた図であって，辺の張り合わせ方が指定されているものであるとする．

球面の展開図を作るにあたって，もっとも手軽な例は，すでにある球面の（面への）分割について，いくつかの辺で切り開くことだろう．例題 10.6 の場合が容易なので，まずこの例から見てみる．

例題 10.6 の図には 4 つの三角形の面がある．これら面は 6 つの辺で隣り合っているわけだが，辺のうち e_3, e_4, e_6 で面を切り開いて展開図を作ってみた．もとが同じ 1 つの辺だったところには同じ名前を付けて書いておく．こうすることによって，展開図からもとの球面を再現することもできる．そうすると，4 つの 3 角形の面は下の図のように配列していることがわかる．

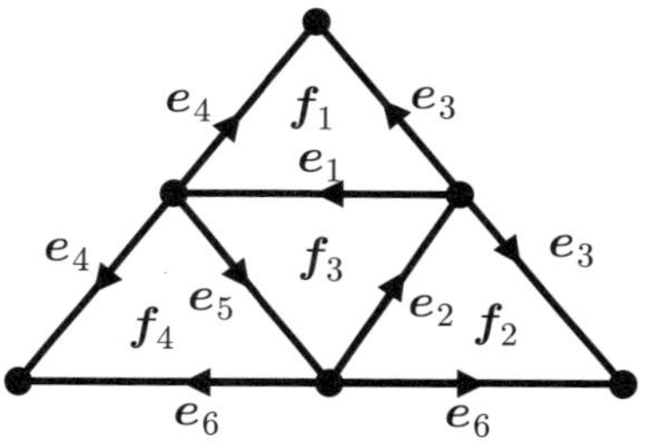

球面 4 分割の展開図

これは四面体の展開図とおなじことである．今考えている 2 次元単体複体や曲面においては，辺や面は曲がっていてもよいとした．このことから，この展開図がゴム膜のような柔らかい材質で作られており，辺を張り合わせた後も柔軟に面を丸めたり伸ばしたりすることを想像すればよい．

そうすると，実際の多面体では作りえないような展開図をあたえることも可能である．例題 10.5 の展開図は下の図のようになる．2 つの 2 角形からなる展開図から，辺 e_2 を張り合わせることによって球面を再現することができる．

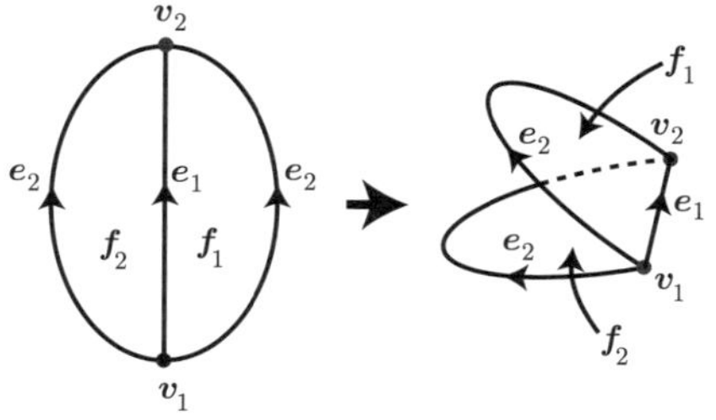

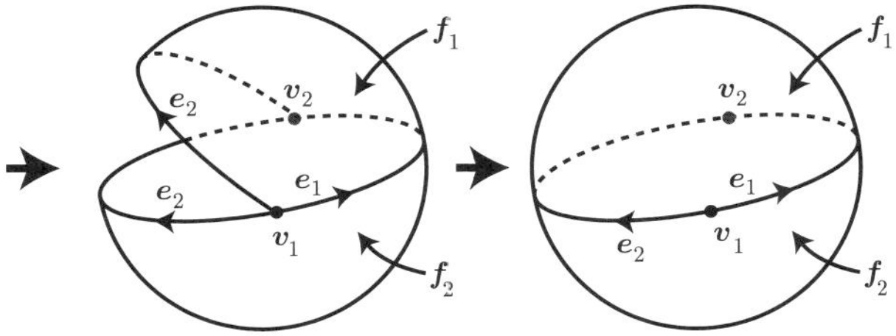

10.2.2 アニュラス

円筒形，または真中に穴のあいた円板のかたちを**アニュラス**と呼んで N^2 と表記する．アニュラスの見取り図と展開図は次のようなものである．

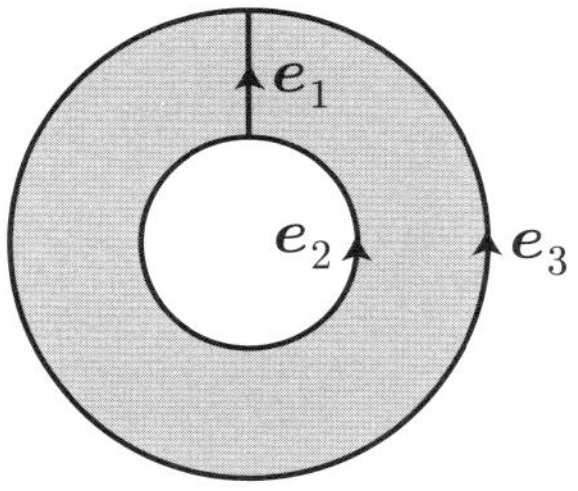

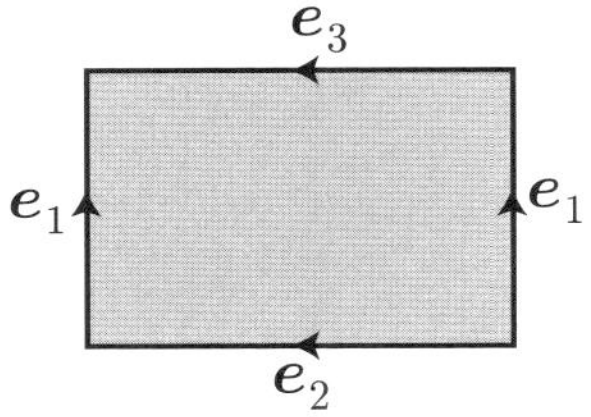

展開図から辺 e_1 を貼り合わせることによりアニュラスが得られる．

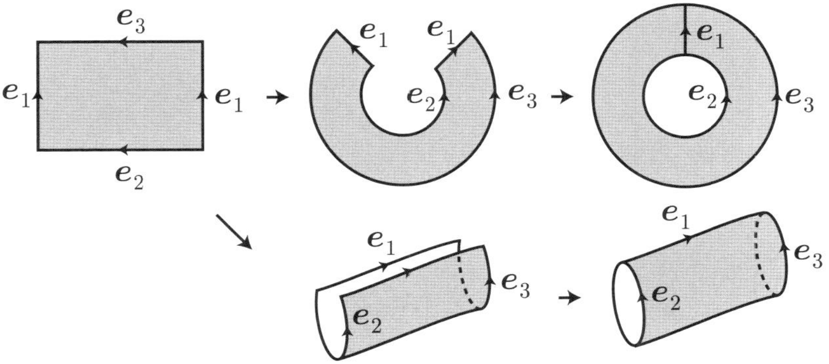

上の列は真中に穴のあいた円板の形を構成する過程を示したもので，下の列は円筒形を構成する過程を示したものである．同じ展開図から得られるということから穴のあいた円板も円筒形も同じ曲面であると見ることができる．

この 2 つの形態のどちらもアニュラスであるが，これは第 3 章において説明した,「同じグラフであっても，グラフの絵に描く方法は幾通りもありうる」という事柄と同じことである．

2 次元単体複体としてアニュラスを見たときに大切なことは，面・辺・頂点がどのようにつながったり隣接したりしているかということであり，面や辺が曲がっていてもそのことは重要ではない．このあたりはグラフの絵を描く要領と同じである．

10.2.3　トーラス

2 次元単体複体の第三の例を挙げよう．**トーラス**と呼ばれる形で，浮き袋の形である．T^2 と表記される．見取り図と展開図は

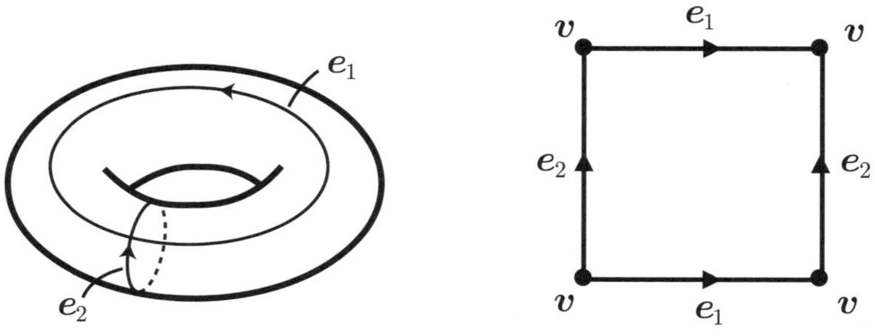

であり，展開図から組み立てると次のようになる．

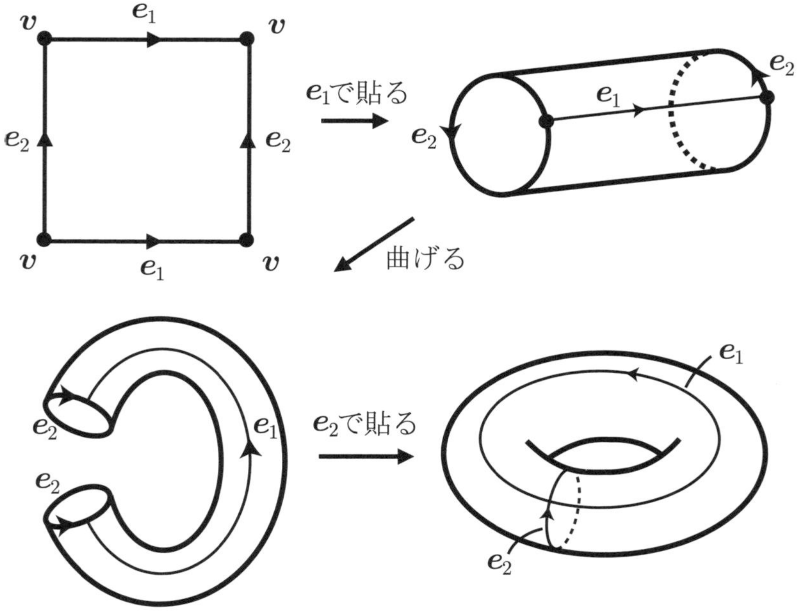

N^2 は円板から中央の円板を抜いた形であって，浮き袋の形である T^2 と異なる形である．絵で描くと似ているが，あくまでもアニュラスは平べったい図形であり，トーラスは浮き袋のように立体的な曲面である．

10.2.4 メビウスの帯

曲面の中には「表と裏の区別がないもの」もある．(そのようは曲面を「向き付け不可能な曲面」と呼ぶ．向き付け可能性については第 13 章において厳密に定義を行う．) その代表的な例は**メビウスの帯** M^2 である．展開図はアニュラスに似ているが，張り合わせる向きが異なる．

メビウスの帯とその展開図は次の通りである．

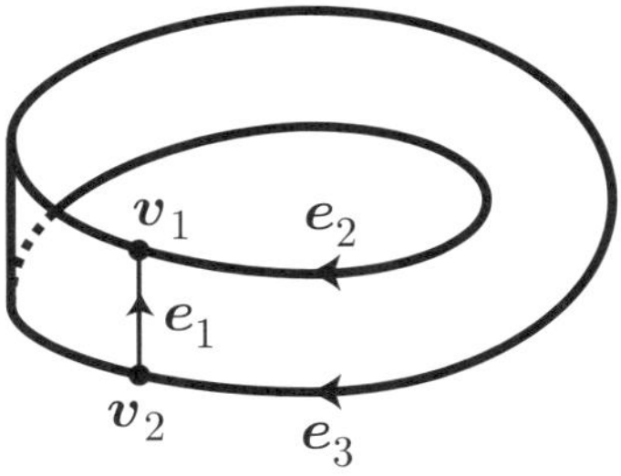

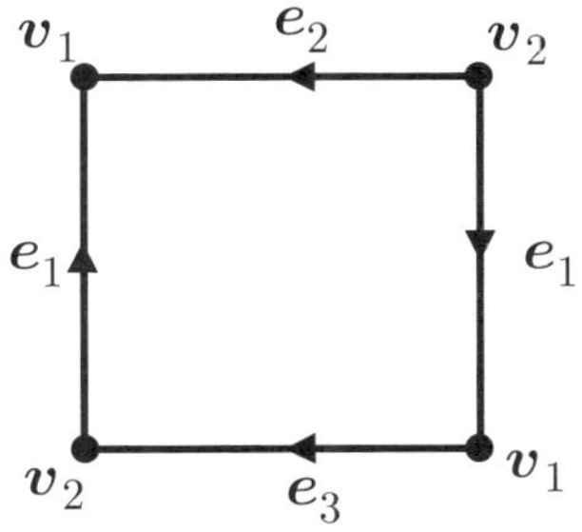

メビウスの帯を組み立てるには，最初の正方形状の面を半ひねりし，そうしたのちに辺を貼り合わせる必要がある．このことから，出来上がった曲面は輪状ではあるが，表面と裏面の区別がないような曲面になる．

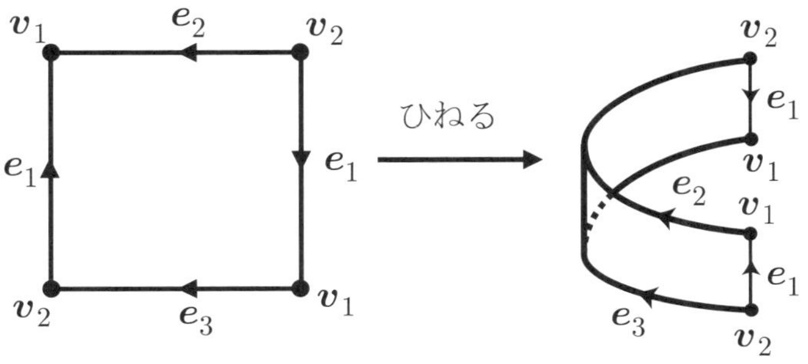

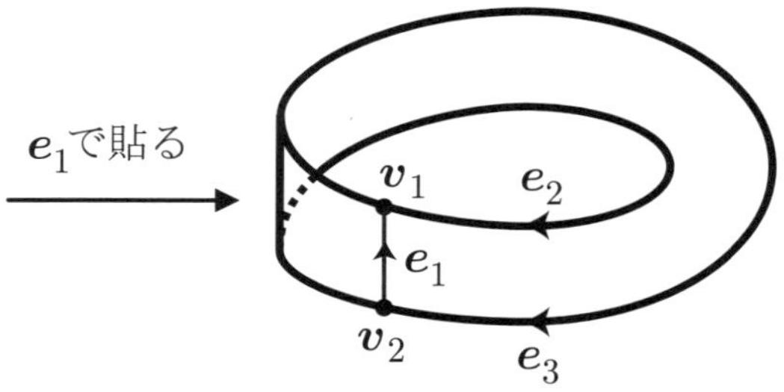

10.2.5　クラインの壺

トーラスのように正方形の対辺を張り合わせて作る曲面についても，その張り合わせ方を 1 つひねることにより，向き付け不可能な曲面を作ることができる．これを**クラインの壺**と呼んで，K^2 と表記する．

クラインの壺とその展開図は次の通りである．

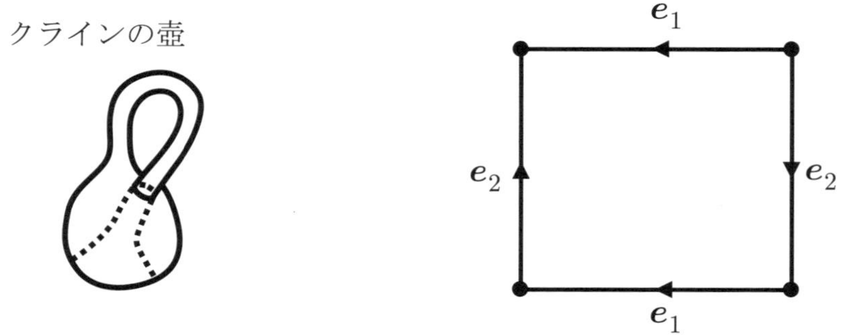

クラインの壺の組み立ては次の通りである．

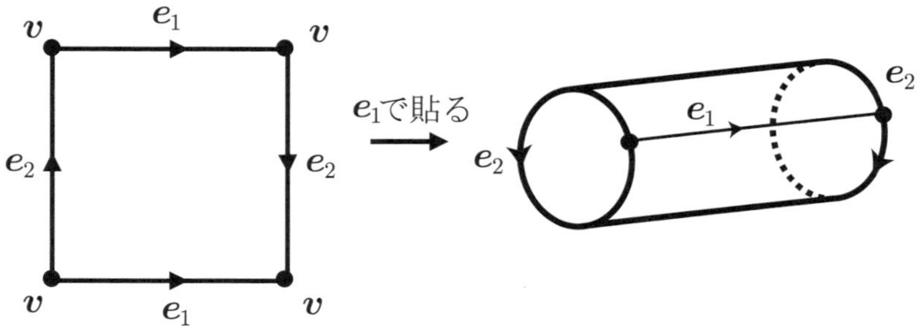

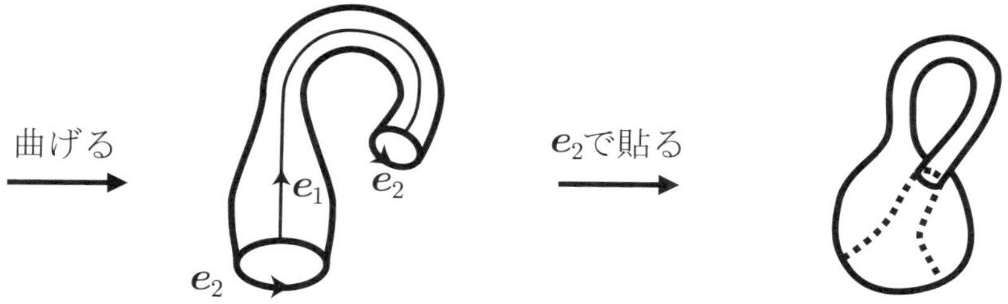

クラインの壺を組み立てる過程において，e_2 を貼らなければならないが，3 次元空間で（面が自己交叉しないように）貼ることはできない.（そのことには数学的な証明が必要であり，実際に証明をすることもできる．ただし，その内容は難しいのでここでは省略する.）しかたがないので，ここでは自己交叉したような絵を描いたが，もし自己交叉しないように e_2 を貼りたいと思ったならば「どこでもドア」（またはそれに類する空想力）が必要である.

演習問題 10.2 クラインの壺を自己交差が起きないように構成することが可能かどうかを検証せよ．そしてその理由を考えよ．たとえば，e_2 を先に張り合わせたとしたらどうだろうか．いろいろと考えてみよ.

10.3 曲面の境界

球面やトーラスの展開図を見ると，展開図に表れているどの辺についても，辺の両側に面があることがわかる.（1 つの辺の両側の面が同一の面であったとしても，両側にあることには違いない.）一方でアニュラスの展開図を改めて見てほしい.

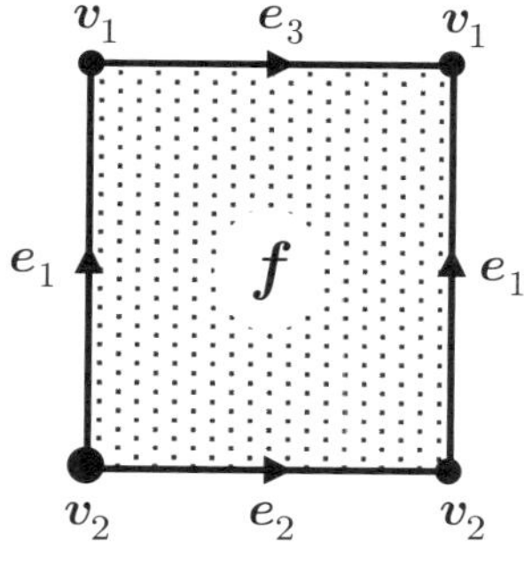

この図においては，辺 e_1 には両側に面がある（貼り合わせが起こっている）が，e_2, e_3 には張り合わせる面がない．したがって，辺 e_2, e_3 には片側にしか面がな

いわけである．このような辺のことを曲面の境界と呼ぶ．

これまで紹介した曲面のうち境界を持つものはどれかを考えてみよう．すべての辺が両側に面を持つか，または貼り合わせが行われていれば，そのような曲面は境界を持たないのである．

このように考えてみると，アニュラスとメビウスの帯には境界があることがわかる．球面，トーラス，クラインの壷には境界がないこともわかる．

境界を持たないような曲面のことを閉曲面 (closed surface) と呼ぶ．ここでの「閉」は閉集合の閉と紛らわしいと思うかもしれない．多様体論においての最初の多様体の定義では，多様体の境界を含まずに考えるので，それを曲面にあてはめた場合にも,「境界がない＝閉集合」のように考えるためである．(参考までに「境界付き多様体」という概念もあり，この場合にはその限りではないが，少なくとも本書ではそこまで細かく考える必要はない.）いずれにしろ言葉の問題だけである．次へ進もう．

10.4 境界準同型

第 3 章では，グラフにおいての境界準同型

$$\partial_1 \colon C_1(G) \to C_0(G)$$

を考えた．そのときの定義は ∂_1(辺)=(終点)−(始点) というものだった．これと同じ発想で，2 次元単体複体についても境界準同型というものを考えてみよう．$\partial_1 : C_1(G) \to C_0(G)$ はグラフのときと同じでよいものとする．これとは別に，∂_2 という,「面」→「辺」という準同型写像を定めることが本節の目標である．

まずは 2 次元単体複体に対してチェインを定義する．

定義 10.7（**チェイン**） V, E, F をそれぞれ 2 次元単体複体の頂点，辺，面の集合とするとき，

$$C_0(G) = \mathbb{Z}\langle V \rangle$$

$$C_1(G) = \mathbb{Z}\langle E \rangle$$

$$C_2(G) = \mathbb{Z}\langle F \rangle$$

をそれぞれ 0 チェイン，1 チェイン，2 チェインの集合と呼ぶ．

これはグラフの場合のチェインの定義に準ずるものである．いまは頂点・辺に加えて面もあるので，2 チェインとして，面によって生成される自由可群を 2 チェインの集合とするのである．

チェインの集合の間の境界準同型を次のように定義しよう．

定義 10.8（境界準同型） (1) $\partial_1\colon C_1(G) \to C_0(G)$ を $\partial_1(\boldsymbol{e}) = t(\boldsymbol{e}) - s(\boldsymbol{e})$ によって定義する．ただし $t(\boldsymbol{e})$ は辺 $\boldsymbol{e}$ の終点，$s(\boldsymbol{e})$ は辺 $\boldsymbol{e}$ の始点である．

(2) $\partial_2\colon C_2(G) \to C_1(G)$ を $\partial_2(\boldsymbol{f}) = \tilde{\gamma}$（ただし，$\gamma$ は $\boldsymbol{f}$ を（向きに沿って）囲む道，$\tilde{\gamma}$ は γ から決まる 1 チェイン）によって定義する．

例題 10.9 ∂_1 はグラフの場合と同様に (終点 − 始点) と考えればよい．図において，$\partial_1(\boldsymbol{e}) = t(\boldsymbol{e}) - s(\boldsymbol{e})$ である．

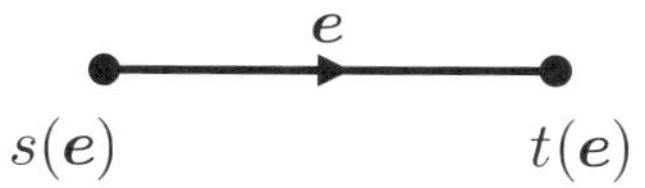

例題 10.10 ∂_2 は面の向きとその面を囲む辺の関係で定める．例題を見て理解していこう．面の向きと同じ向きの「囲む道」を考えて道 γ としその道から定まる 1 チェイン $\tilde{\gamma}$ ($=C_1(G)$ の元) を $\partial_2(\boldsymbol{f})$ と定める．つまり $\partial_2(\boldsymbol{f}) = \tilde{\gamma}$ である．(γ と $\tilde{\gamma}$ の使い分けについては第 5 章を復習しよう．)

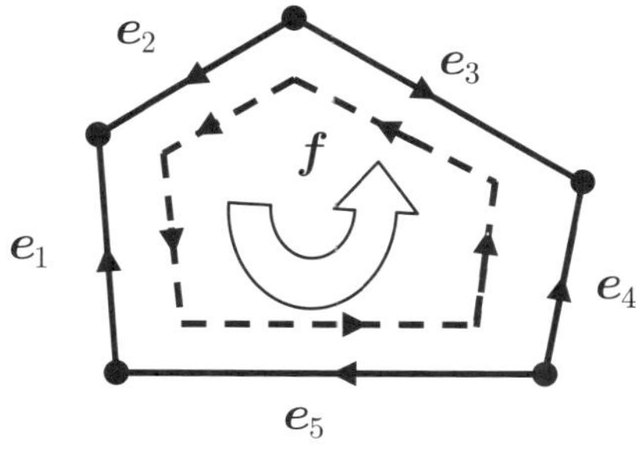

この例題においては，面の向きが左回りなので道 γ も左回りになる．よって $\tilde{\gamma} = -\boldsymbol{e}_1 - \boldsymbol{e}_5 + \boldsymbol{e}_4 - \boldsymbol{e}_3 + \boldsymbol{e}_2$ となる．$\tilde{\gamma}$ の中の符号の決まり方も復習しておこう．γ の向きと $\boldsymbol{e}_i$ の向きが同じならプラス，向きが反対ならマイナスだった．以上より，

$$\partial_2(\boldsymbol{f}) = -\boldsymbol{e}_1 - \boldsymbol{e}_5 + \boldsymbol{e}_4 - \boldsymbol{e}_3 + \boldsymbol{e}_2$$

と定まることがわかる．

演習問題 10.3　この場合の γ はどこを始点にとってもよい．結局 $\partial_2(\boldsymbol{f})$ は 1 つに決まることを確かめよ．

例題 10.11　次の 2 次元単体複体 G について，任意の $C_2(G)$ の元 α を書き出し，その ∂_2 による像 $\partial_2(\alpha)$ を求めよ．そののちに，さらに ∂_1 で写して，$\partial_1(\partial_2(\alpha))$ を求めよう．

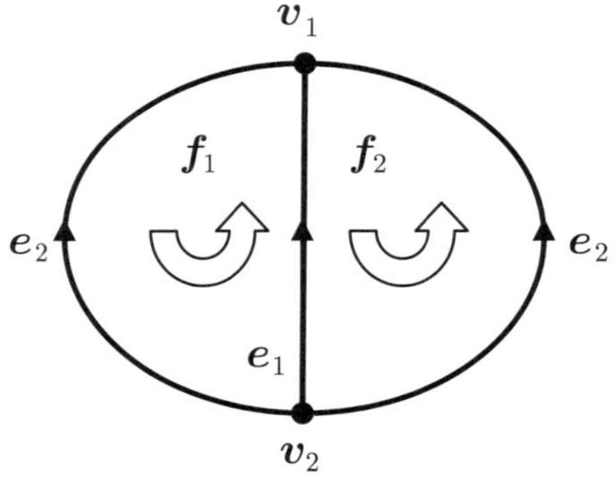

G：球面

面の集合は $F = \{\boldsymbol{f}_1, \boldsymbol{f}_2\}$ なので，$C_2(G) = \mathbb{Z}\langle F\rangle = \{a\boldsymbol{f}_1 + b\boldsymbol{f}_2 \mid a, b \in \mathbb{Z}\}$ である．そこで $\alpha = a\boldsymbol{f}_1 + b\boldsymbol{f}_2$ と置く．

$$\begin{aligned}\partial_2(\alpha) &= \partial_2(a\boldsymbol{f}_1 + b\boldsymbol{f}_2)\\ &= a\partial_2(\boldsymbol{f}_1) + b\partial_2(\boldsymbol{f}_2)\\ &= a(-\boldsymbol{e}_2 + \boldsymbol{e}_1) + b(-\boldsymbol{e}_1 + \boldsymbol{e}_2)\end{aligned}$$

となる．これをさらに ∂_1 で写すと

$$\begin{aligned}\partial_1(\partial_2(\alpha)) &= \partial_1(a(-\boldsymbol{e}_2 + \boldsymbol{e}_1) + b(-\boldsymbol{e}_1 + \boldsymbol{e}_2))\\ &= a(-(\boldsymbol{v}_1 - \boldsymbol{v}_2) + (\boldsymbol{v}_1 - \boldsymbol{v}_2)) + b(-(\boldsymbol{v}_1 - \boldsymbol{v}_2) + (\boldsymbol{v}_1 - \boldsymbol{v}_2)) = 0\end{aligned}$$

となる．

演習問題 10.4 下の図の 2 次元単体複体について,
(1) $\partial_2(\boldsymbol{f})$
(2) $\partial_1(\partial_2(\boldsymbol{f}))$
を計算せよ.

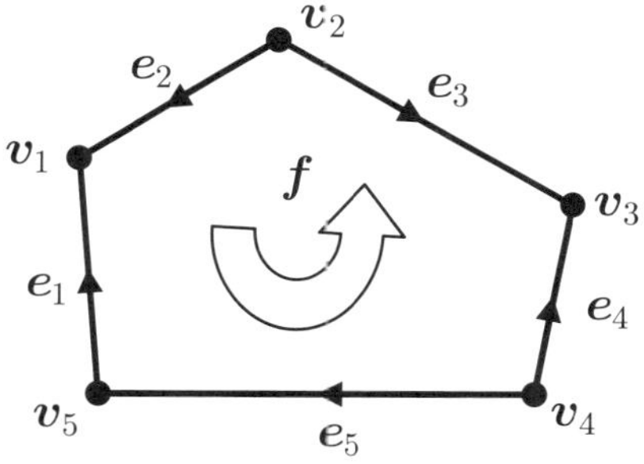

上の例題と演習問題において, どちらも $\partial_1 \circ \partial_2(\boldsymbol{f}) = \partial_1(\partial_2(\boldsymbol{f})) = 0$ になっている. これは偶然だろうか? 実は偶然ではなく, このことはいつでも成り立つ.

定理 10.12 任意の $\delta \in C_2(G)(= \mathbb{Z}\langle F \rangle)$ に対して,

$$\partial_1 \circ \partial_2(\delta) = 0$$

が成り立つ.

証明. 1 つの面 $\boldsymbol{f} \in F$ について $\partial_1 \circ \partial_2(\boldsymbol{f}) = 0$ を示そう. $\partial_2(\boldsymbol{f})$ を定めるときに $\boldsymbol{f}$ を囲む道 γ を考え,

$$\partial_2(\boldsymbol{f}) = \tilde{\gamma} \in C_1(G)$$

と定めた. 命題 5.6 より

$$\partial_1 \tilde{\gamma} = (\gamma\text{の終点}) - (\gamma\text{の始点})$$

である. 一方で, γ は輪状 (閉じた道) なので

$$\gamma\text{の始点} = \gamma\text{の終点}$$

である. 以上より, 任意の $\boldsymbol{f} \in F$ に対して,

$$\partial_1(\partial_2(\boldsymbol{f})) = \partial_1(\tilde{\gamma}) = (\gamma\text{の終点}) - (\gamma\text{の始点}) = 0$$

となる □

この定理からただちに次の系が従う.

系 10.13

$$C_2(G) \xrightarrow{\partial_2} C_1(G) \xrightarrow{\partial_1} C_0(G)$$

を考えたとき，$\mathrm{Ker}(\partial_1) \supset \mathrm{Im}(\partial_2)$ である.

証明.　任意の $\gamma \in \mathrm{Im}(\partial_2)$ を考える．像の定義により $\alpha \in C_2(G)$ が存在して $\partial_2(\alpha) = \gamma$ である．この両辺を ∂_1 で写すと $\partial_1(\gamma) = \partial_1(\partial_2(\alpha)) = 0$ であり，よって $\gamma \in \mathrm{Ker}(\partial_1)$ である．ゆえに $\mathrm{Ker}(\partial_1) \supset \mathrm{Im}(\partial_2)$ が示された.　□

$\mathrm{Ker}(\partial_1), \mathrm{Im}(\partial_2)$ はどちらも $C_1(G)$ の部分加群である．$\mathrm{Ker}(\partial_1) \supset \mathrm{Im}(\partial_2)$ であることより，$\mathrm{Im}(\partial_2)$ は $\mathrm{Ker}(\partial_1)$ の部分加群である.

10.5　2 次元単体複体から決まる複体

さて，このようにして得られた境界準同型を用いて複体を構成しよう．複体の定義は第 4 章の定義 4.2 で紹介済みである．ただし，グラフのときよりも並びの長さが 1 つ長くなっている.

定義 10.14 (2 次元単体複体から決まる複体)

$$O \xrightarrow{\partial_3} C_2(G) \xrightarrow{\partial_2} C_1(G) \xrightarrow{\partial_1} C_0(G) \xrightarrow{\partial_0} O$$

を 2 次元単体複体 G から決まる複体であるという．また，この複体のことを単に 2 次元単体複体と呼ぶこともある.

上の複体の定義においては，∂_3, ∂_0 については明示的に定義を与えなかったが，∂_3 は定義域が O であること，∂_0 は値域が O であることから，いずれも 0 写像であることがわかる．さらに，このことから，$i = 0, 1, 2$ について $\partial_i \circ \partial_{i+1} = 0$（複体であるための成立要件）が成り立つことが示される.

演習問題 10.5　念のため，複体の定義を書き出してみて，上の C_i たちと写像 ∂_i たちが複体であることを確認せよ.

複体が構成されれば，ホモロジー群は定義 4.4 の式により定まるものだった．したがって，2 次元単体複体のホモロジー群を定義することができる．そのことを確認しておこう.

定義 10.15 (2 次元単体複体のホモロジー)　$i = 0, 1, 2$ について,

$$Z_i = \mathrm{Ker}(\partial_i)$$

$$B_i = \mathrm{Im}(\partial_{i+1})$$

によって, Z_i, B_i を定義して, その商加群

$$H_i(G) = Z_i / B_i$$

を 2 次元単体複体 G の i 次元ホモロジー群 $(i = 0, 1, 2)$ という.

具体例の計算は次の章で行う.

第 11 章

曲面のホモロジー群

では，ホモロジー群の具体的な計算を，定義 10.15 を用いて行おう.

11.1　球面 S^2 のホモロジー群

この図に従って，S^2 のホモロジー群を計算してみよう.

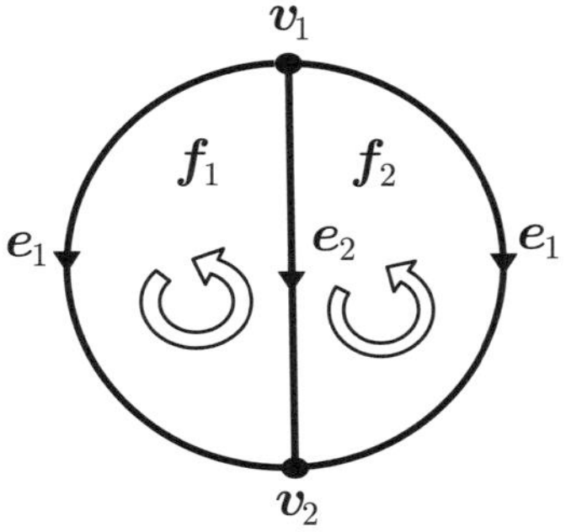

11.1.1　$H_0(S^2)$ の計算

$C_1(S^2) \xrightarrow{\partial_1} C_0(S^2) \xrightarrow{\partial_0} O$ から計算をしてみよう．定義に従って順番に求めていく.

$H_0(S^2) = Z_0(S^2)/B_0(S^2)$ より，$Z_0(S^2)$ と $B_0(S^2)$ を求める.

$$
\begin{aligned}
Z_0(S^2) &= \mathrm{Ker}(\partial_0) && (Z_0\text{の定義により}) \\
&= C_0(S^2) && (\partial_0 = 0 \text{ より}) \\
&= \mathbb{Z}\langle \boldsymbol{v}_1, \boldsymbol{v}_2 \rangle (= \{a\boldsymbol{v}_1 + b\boldsymbol{v}_2 \mid a, b \in \mathbb{Z}\}) \\
B_0(S^2) &= \mathrm{Im}(\partial_1) && (B_0\text{の定義}) \\
&= \mathbb{Z}\langle \partial_1(\boldsymbol{e}_1), \partial_1(\boldsymbol{e}_2) \rangle && (\text{補題 } 2.18)
\end{aligned}
$$

$$= \mathbb{Z}\langle \boldsymbol{v}_2 - \boldsymbol{v}_1, \boldsymbol{v}_2 - \boldsymbol{v}_1 \rangle \qquad (\partial_1(\boldsymbol{e}_1), \partial_1(\boldsymbol{e}_2) \text{ に代入})$$

$$= \mathbb{Z}\langle \boldsymbol{v}_2 - \boldsymbol{v}_1 \rangle$$

商加群のルールにより，$H_0(S^2)$ においては，

ルール (a)：$H_0(S^2)$ の元は $[\alpha]$ $(\alpha \in Z_0(S^2))$

ルール (c)：$\alpha \in B_0(S^2) \Leftrightarrow [\alpha] = [0]$

である．ルール (a) より，$H_0(S^2) = \mathbb{Z}\langle [\boldsymbol{v}_1], [\boldsymbol{v}_2] \rangle$ であって，ルール (c) より，$[\boldsymbol{v}_2 - \boldsymbol{v}_1] = [0]$ つまり $[\boldsymbol{v}_1] = [\boldsymbol{v}_2]$ であることが示される．このことから，

$$H_0(S^2) = \mathbb{Z}\langle [\boldsymbol{v}_1], [\boldsymbol{v}_2] \rangle = \mathbb{Z}\langle [\boldsymbol{v}_1], [\boldsymbol{v}_1] \rangle = \mathbb{Z}\langle [\boldsymbol{v}_1] \rangle$$

である．念のため，同じことを別の方法から導出しておこう．任意の $[\alpha] \in H_0(S^2)$ は

$$[\alpha] = [a\boldsymbol{v}_1 + b\boldsymbol{v}_2] \tag{11.1}$$

と表される．$\boldsymbol{v}_2 - \boldsymbol{v}_1 \in B_0(S^2)$ より，商加群のルール (c) に従って

$$[\boldsymbol{v}_2 - \boldsymbol{v}_1] = [0] \tag{11.2}$$

を得る．(11.1) に (11.2) を代入して，$[\alpha] = a[\boldsymbol{v}_1] + b[\boldsymbol{v}_2] = (a+b)[\boldsymbol{v}_1]$ を得る．$a + b = k$ と置くことにより，

$$H_0(S^2) = \{k[\boldsymbol{v}_1] \mid k \in \mathbb{Z}\} = \mathbb{Z}\langle [\boldsymbol{v}_1] \rangle$$

を得る．

11.1.2 $H_1(S^2)$ の計算

$C_2(S^2) \xrightarrow{\partial_2} C_1(S^2) \xrightarrow{\partial_1} C_0(S^2)$ の部分から H_1 を計算しよう．$H_1(S^2) = Z_1(S^2)/B_1(S^2)$ であるからまずは $Z_1(S^2) = \mathrm{Ker}(\partial_1) = \{\gamma \in C_1(S^2) \mid \partial_1(\gamma) = 0\}$ を求めよう．$\gamma = a\boldsymbol{e}_1 + b\boldsymbol{e}_2$ と置くと，

$$\begin{aligned}
\partial_1(\gamma) &= \partial_1(a\boldsymbol{e}_1 + b\boldsymbol{e}_2) \\
&= a\partial_1(\boldsymbol{e}_1) + b\partial_1(\boldsymbol{e}_2) \\
&= a(\boldsymbol{v}_2 - \boldsymbol{v}_1) + b(\boldsymbol{v}_2 - \boldsymbol{v}_1) \\
&= (-a-b)\boldsymbol{v}_1 + (a+b)\boldsymbol{v}_2
\end{aligned}$$

したがって，$\partial_1(\gamma) = 0 \Leftrightarrow a + b = 0 \Leftrightarrow b = -a \Leftrightarrow \gamma = a(\boldsymbol{e}_1 - \boldsymbol{e}_2)$ であることがわかり，

$$Z_1(S^2) = \{a(\boldsymbol{e}_1 - \boldsymbol{e}_2) \mid a \in \mathbb{Z}\} = \mathbb{Z}\langle \boldsymbol{e}_1 - \boldsymbol{e}_2 \rangle$$

と決まる．次に B_1 のほうを計算しよう．グラフのときとは違って，ここは正確な計算が必要である．

$$\begin{aligned} B_1(S^2) &= \mathrm{Im}(\partial_2) \\ &= \mathbb{Z}\langle \partial_2(\boldsymbol{f}_1), \partial_2(\boldsymbol{f}_2) \rangle \quad \text{（補題 2.18 により）} \\ &= \mathbb{Z}\langle \boldsymbol{e}_1 - \boldsymbol{e}_2, \boldsymbol{e}_2 - \boldsymbol{e}_1 \rangle \qquad (\partial_2(\boldsymbol{f}_1), \partial_2(\boldsymbol{f}_2) \text{ に代入}) \\ &= \mathbb{Z}\langle \boldsymbol{e}_1 - \boldsymbol{e}_2 \rangle \end{aligned}$$

以上を用いて $H_1(S^2)$ を求めよう．$[\gamma] \in H_1(S^2)$ を任意にとると，$\gamma \in Z_1(S^2)$ より $[\gamma] = a[\boldsymbol{e}_1 - \boldsymbol{e}_2]$ と書ける．一方で，$\boldsymbol{e}_1 - \boldsymbol{e}_2 \in B_1(S^2)$ より，$[\boldsymbol{e}_1 - \boldsymbol{e}_2] = [0]$ なので，$[\gamma] = 0$ が導かれる．任意の元が $[0]$ と等しいのであるから，$H_1(S^2) = O$ である．

演習問題 11.1 任意の加群 G に対して，$G/G \cong O$ を示すことができる．実際に証明してみよ．

11.1.3 $H_2(S^2)$ の計算

$O \xrightarrow{\partial_3} C_2(S^2) \xrightarrow{\partial_2} C_1(S^2)$ から $H_2(S^2) = Z_2(S^2)/B_2(S^2)$ を求めよう．まず $Z_2(S^2) = \mathrm{Ker}(\partial_2) = \{\gamma \in C_2(S^2) \mid \partial_2(\gamma) = 0\}$ を求めよう．$\gamma = a\boldsymbol{f}_1 + b\boldsymbol{f}_2 \in \mathrm{Ker}(\partial_2)$ と置くと，

$$\begin{aligned} \partial_2(\gamma) &= \partial_2(a\boldsymbol{f}_1 + b\boldsymbol{f}_2) \\ &= a\partial_2(\boldsymbol{f}_1) + b\partial_2(\boldsymbol{f}_2) \\ &= a(\boldsymbol{e}_1 - \boldsymbol{e}_2) + b(\boldsymbol{e}_2 - \boldsymbol{e}_1) \\ &= (a - b)\boldsymbol{e}_1 + (-a + b)\boldsymbol{e}_2 \end{aligned}$$

したがって，

$$\begin{aligned} \partial_2(\gamma) = 0 &\Leftrightarrow (a - b)\boldsymbol{e}_1 + (-a + b)\boldsymbol{e}_2 = 0 \\ &\Leftrightarrow a - b = 0 \end{aligned}$$

$$\Leftrightarrow \gamma = a(\boldsymbol{f}_1 + \boldsymbol{f}_2)$$

を得る．よって

$$Z_2(S^2) = \{a(\boldsymbol{f}_1 + \boldsymbol{f}_2) \mid a \in \mathbb{Z}\} = \mathbb{Z}\langle \boldsymbol{f}_1 + \boldsymbol{f}_2 \rangle$$

が得られた．一方で，$B_2(S^2) = \mathrm{Im}(\partial_3) = O$ である．($\partial_3 = 0$ なのでその像は O である.）以上を用いてホモロジー群 $H_2(S^2)$ を求めよう．$[\gamma] \in H_2(S^2)$ を任意に取ると，$\gamma \in Z_2(S^2)$ でなければならないので $\gamma = a(\boldsymbol{f}_1 + \boldsymbol{f}_2)$ と表せる．$B_2(S^2) = O$ より，

$$H_2(S^2) = \{a[\boldsymbol{f}_1 + \boldsymbol{f}_2] \mid a \in \mathbb{Z}\} = \mathbb{Z}\langle [\boldsymbol{f}_1 + \boldsymbol{f}_2] \rangle$$

であることがわかる（補題 4.7 を参照せよ）．以上より，

$$H_i(S^2) \cong \begin{cases} \mathbb{Z} & (i = 0) \\ O & (i = 1) \\ \mathbb{Z} & (i = 2) \end{cases}$$

と求まる．

演習問題 11.2　自力で同じ計算をすることによりホモロジー $H_i(S^2)$ の計算を検算せよ．

以下アニュラス，メビウスの帯，トーラス，クラインの壷も同様の手順で計算していけばよい．ここでは結果のみ載せておく．2 次元単体複体が与えられたときに自分で計算できることが大切である．後の章でホモロジー群の意味づけのために，結果を知っていることはいいことである．(丸暗記をすることがいいこととは思わないが.）

11.2　アニュラス N^2

$$H_i(N^2) \cong \begin{cases} \mathbb{Z} & (i = 0) \\ \mathbb{Z} & (i = 1) \\ O & (i = 2) \end{cases}$$

である．図のように辺と頂点に名前をあたえれば，

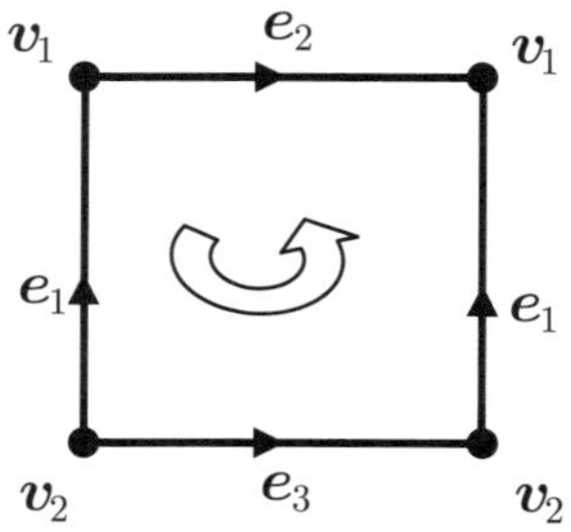

$$H_0(N^2) = \{a[\boldsymbol{v}_1] \mid a \in \mathbb{Z}\} = \mathbb{Z}\langle[\boldsymbol{v}_1]\rangle$$
$$H_1(N^2) = \{a[\boldsymbol{e}_2] \mid a \in \mathbb{Z}\} = \mathbb{Z}\langle[\boldsymbol{e}_2]\rangle$$
$$H_2(N^2) = O$$

と具体的に求めることができる．

演習問題 11.3　上の式を検算せよ．

ここで，$H_i(S^2)$ と $H_i(N^2)$ に注目してみると，$i = 1, 2$ において $H_i(S^2) \not\cong H_i(N^2)$ であることがわかる．このことは S^2 と N^2 とが異なる図形であることを示唆している．

演習問題 11.4　図のような 2 次元単体複体もアニュラスを表していると考えられる．このホモロジー群を求め，それが $H_i(N^2)$ と群の同型であることを確認せよ．

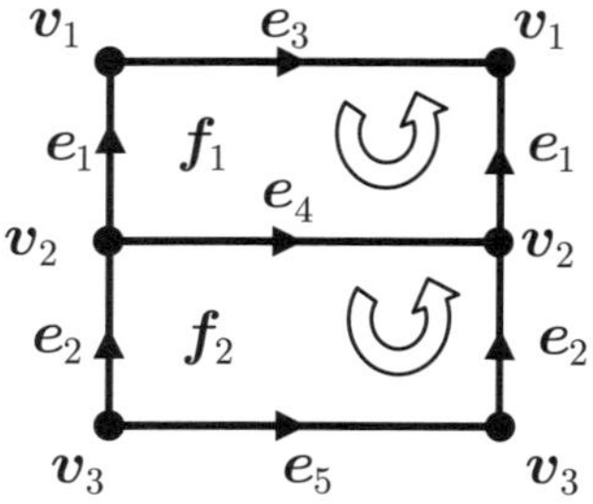

11.3 メビウスの帯 M^2

メビウスの帯 M^2 に対して,

$$H_i(M^2) \cong \begin{cases} \mathbb{Z} & (i=0) \\ \mathbb{Z} & (i=1) \\ O & (i=2) \end{cases}$$

である．アニュラスの 2 次元単体複体の図の $\boldsymbol{e}_1$ の張りあわせ方を逆にしたものがメビウスの帯と考えられる．(頂点の名前のつき方に注意せよ.)

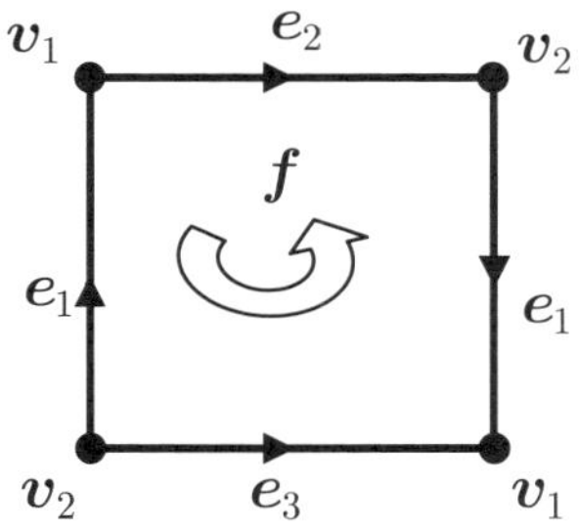

この図に従って実際に計算すると,

$$H_i(M^2) = \begin{cases} \mathbb{Z}\langle[\boldsymbol{v}_1]\rangle & (i=0) \\ \mathbb{Z}\langle[\boldsymbol{e}_1+\boldsymbol{e}_2]\rangle & (i=1) \\ O & (i=2) \end{cases}$$

が得られる．(別の表示のしかたも多数ありうるが，ものとしては同じものである.)

アニュラスの内容と比較すると，$H_i(N^2) \cong H_i(M^2)$ であることがわかるが，実際にアニュラス N^2 とメビウスの帯 M^2 とは同じ図形ではない．アニュラスは表と裏がある，いわゆる「向き付け可能な曲面」であるのに対して，メビウスの帯は表と裏のない，いわゆる「向き付け不可能な曲面」だからである．このことについては第 13 章で改めて取り扱う．

演習問題 11.5 図のような曲面もメビウスの帯と同じ曲面であると考えられる．ます目で空欄になっている頂点の名前を適切に埋めて，このホモロジー群を具体的に計算せよ．

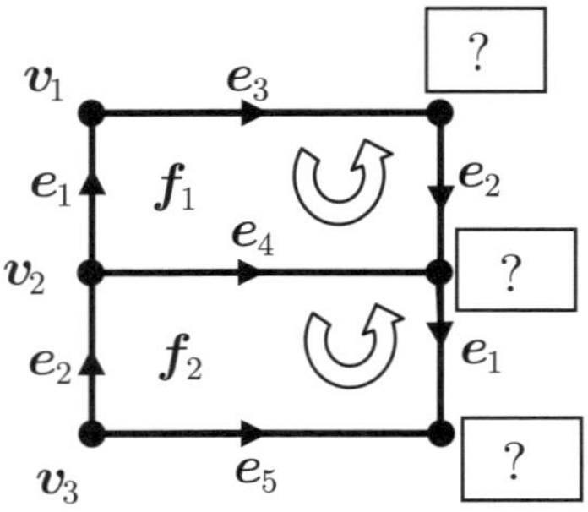

11.4 トーラス T^2

トーラスを T^2 で表すことにすると，

$$H_i(T^2) \cong \begin{cases} \mathbb{Z} & (i=0) \\ \mathbb{Z} \oplus \mathbb{Z} & (i=1) \\ \mathbb{Z} & (i=2) \end{cases}$$

である．正方形の対辺を同じ向きに張り合わせて得られる曲面がトーラスである．RPG（ロールプレイングゲーム）における地図を考えてみると，地図は長方形であって，右側の辺と左側の辺とはつながっている．これは，任意の地点から東へ進むと，右側の辺を突き抜けて左側の辺からでてきて，そしてもといた地点へ戻ることからわかる．地図の上側の辺と下側の辺ともつながっている．つまり，任意の地点から北へ進むと，上側の辺を突き抜けて下側の辺からでてくる．（つまり，このような地図には北極や南極はないわけである.）

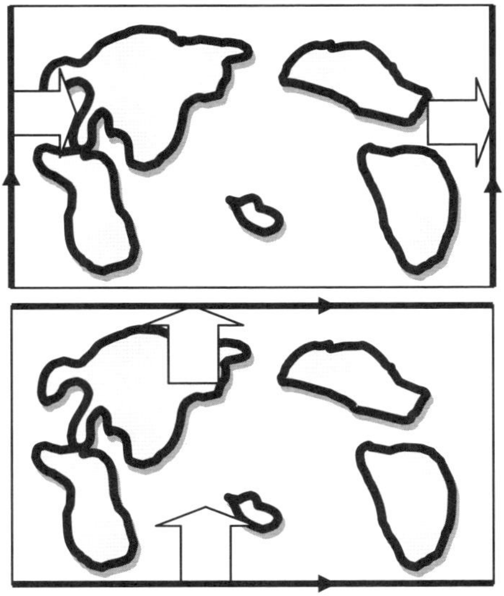

このことから，RPG における「世界」はトーラスであることを意味していることがわかるだろう．では,「トーラス世界」と「地球＝球面世界」とは異なる形だと証明することができるだろうか？

じつはその理由はたやすい．というのは，$H_1(S^2) = O$ であり，$H_1(T^2) = \mathbb{Z} \oplus \mathbb{Z}$ だからである．もし S^2 と T^2 とが同じ形であるならば，そのホモロジー群は同型でなければならない.（このことは第 12 章で証明する.）ホモロジー群が同型ではないならば異なる形でなければならない.

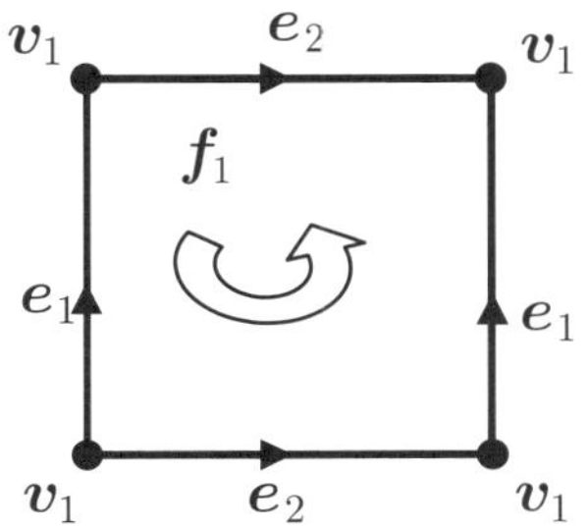

トーラスのホモロジー群を正確に求めるために図のように面と辺と頂点に名前をつけよう．そうすると，具体的に

$$
H_i(T^2) = \begin{cases} \mathbb{Z}\langle[\boldsymbol{v}_1]\rangle & (i=0) \\ \mathbb{Z}\langle[\boldsymbol{e}_1],[\boldsymbol{e}_2]\rangle & (i=1) \\ \mathbb{Z}\langle[\boldsymbol{f}_1]\rangle & (i=2) \end{cases}
$$

と求めることができる.

演習問題 11.6　図から $H_i(T^2)$ を正しく導け.

演習問題 11.7　(1) $\mathbb{Z}\langle[\boldsymbol{e}_1],[\boldsymbol{e}_2]\rangle \cong \mathbb{Z}\oplus\mathbb{Z}$ であることを正しく説明せよ.

(2) $\mathbb{Z}\langle[\boldsymbol{e}_1],[\boldsymbol{e}_2]\rangle$ と $\mathbb{Z}\langle[\boldsymbol{e}_1]+[\boldsymbol{e}_2]\rangle$ とは集合として同じものか？　異なるものか？　それぞれの集合に含まれる元を書き出してみて，比較してみよ.

演習問題 11.8

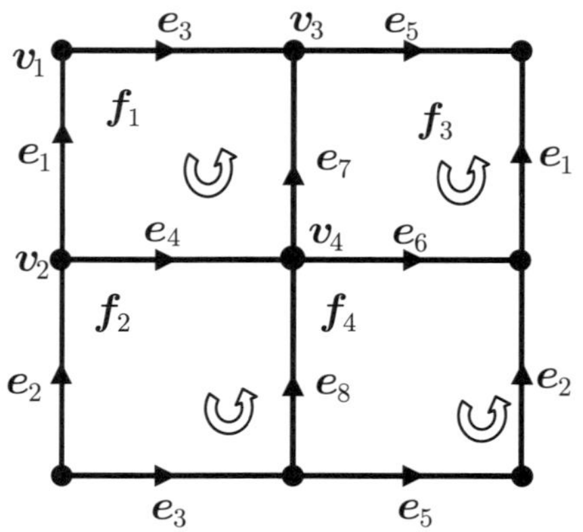

この図において，図の頂点に正しく名前をつけ，ホモロジー群を求めよ．この図形はトーラスと同じ図形であると考えられる．どのようなホモロジー群が得られるだろうか.

11.5　クラインの壺 K^2

クラインの壺 K^2 に対して，

$$H_i(K^2) \cong \begin{cases} \mathbb{Z} & (i=0) \\ \mathbb{Z} \oplus (\mathbb{Z}/2\mathbb{Z}) & (i=1) \\ O & (i=2) \end{cases}$$

である．長方形の対辺を 1 組は同じ向きに，もう 1 組は逆向きに張り合わせた形である．

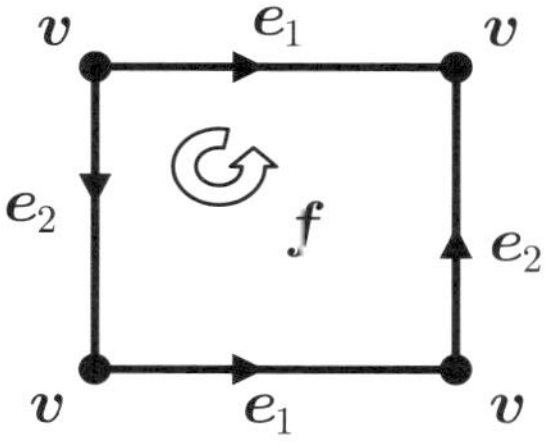

この曲面のホモロジー群には「ねじれ部分」が現れる．計算としても難しいので，このホモロジー群を求める課程を丁寧に調べてみることにする．$H_0(K^2)$ については，K^2 が連結な図形であることから $H_0(K^2) \cong \mathbb{Z}$ であることがただちにわかる（定理 5.9）のであるが，ここでは念のため計算してみよう．$H_0(K^2) = C_0(K^2)/\mathrm{Im}(\partial_1)$ であって，

$$C_0(K^2) = \mathbb{Z}\langle V \rangle = \mathbb{Z}\langle \boldsymbol{v} \rangle$$

$$\mathrm{Im}(\partial_1) = \mathbb{Z}\langle \partial_1 \boldsymbol{e}_1, \partial_1 \boldsymbol{e}_2 \rangle = \mathbb{Z}\langle v - v, v - v \rangle = O$$

よって $H_0(K^2) = C_0(K^2)/\mathrm{Im}(\partial_1) = \mathbb{Z}\langle \boldsymbol{v} \rangle / O = \mathbb{Z}\langle [\boldsymbol{v}] \rangle \cong \mathbb{Z}$ である．次は $H_1(K^2)$ を計算しよう．$H_1(K^2) = Z_1(K^2)/B_1(K^2)$ であって，

$$\begin{aligned} Z_1(K^2) &= \{a\boldsymbol{e}_1 + b\boldsymbol{e}_2 \mid \partial_1(a\boldsymbol{e}_1 + b\boldsymbol{e}_2) = 0\} \\ &= \{a\boldsymbol{e}_1 + b\boldsymbol{e}_2 \mid a(\boldsymbol{v} - \boldsymbol{v}) + b(\boldsymbol{v} - \boldsymbol{v}) = 0\} \\ &= \{a\boldsymbol{e}_1 + b\boldsymbol{e}_2 \mid a, b \in \mathbb{Z}\} = \mathbb{Z}\langle \boldsymbol{e}_1, \boldsymbol{e}_2 \rangle \\ B_1(K^2) &= \mathbb{Z}\langle \partial_1 \boldsymbol{f} \rangle \\ &= \mathbb{Z}\langle \boldsymbol{e}_1 + \boldsymbol{e}_2 - \boldsymbol{e}_1 + \boldsymbol{e}_2 \rangle \\ &= \mathbb{Z}\langle 2\boldsymbol{e}_2 \rangle \end{aligned}$$

よって

$$H_1(K^2) = Z_1(K^2)/B_1(K^2) = \mathbb{Z}\langle \boldsymbol{e}_1, \boldsymbol{e}_2 \rangle / \mathbb{Z}\langle 2\boldsymbol{e}_2 \rangle$$

である．この形は初めて見る形なので，戸惑うかもしれないが，商加群の基本に立ち戻ればわかることである．

ルール (a) $\mathbb{Z}\langle \boldsymbol{e}_1, \boldsymbol{e}_2 \rangle / \mathbb{Z}\langle 2\boldsymbol{e}_2 \rangle$ の元は $a[\boldsymbol{e}_1] + b[\boldsymbol{e}_2]$ と表される（$a, b \in \mathbb{Z}$）.

ルール (b) 足し算，定数倍ができる．

ルール (c) $[2\boldsymbol{e}_2] = [0]$ である．

このことから，

$$H_1(K^2) = \mathbb{Z}\langle \boldsymbol{e}_1, \boldsymbol{e}_2 \rangle / \mathbb{Z}\langle 2\boldsymbol{e}_2 \rangle = \{a[\boldsymbol{e}_1] + b[\boldsymbol{e}_2] \mid 2[\boldsymbol{e}_2] = [0]\}$$

であることがわかる．ここで，第 2 章の例題 2.21 を見てみよう.「$2[\boldsymbol{e}_2] = [0]$」のようなルールが現れるときには，$[\boldsymbol{e}_2]$ の係数は 0 または 1 であると考えることができる．すなわち，

$$H_1(K^2) = \{a[\boldsymbol{e}_1] + b[\boldsymbol{e}_2] \mid a \in \mathbb{Z}, b \in \{0, 1\}\}$$

と表現することができる．ここで例題 2.21 に従って，$\mathbb{Z}/2\mathbb{Z} = \{[0], [1]\}$ であることを認め，これと $\{0, 1\}$ とを同じものとみなすことによって，

$$H_1(K^2) = \{a[\boldsymbol{e}_1] + b[\boldsymbol{e}_2] \mid a \in \mathbb{Z}, b \in \mathbb{Z}/2\mathbb{Z}\}$$

と表現することができる．この意味で，$H_1(K^2) \cong \mathbb{Z} \oplus (\mathbb{Z}/2\mathbb{Z})$ であるとみなすことができるのである．$\mathbb{Z} \oplus (\mathbb{Z}/2\mathbb{Z})$ の $\mathbb{Z}/2\mathbb{Z}$ の部分を加群のねじれ部分 (torsion part) という．

演習問題 11.9　直和 $\oplus$ の定義を思い出し，$\{a[\boldsymbol{e}_1] + b[\boldsymbol{e}_2] \mid a \in \mathbb{Z}, b \in \mathbb{Z}/2\mathbb{Z}\}$ と $\mathbb{Z} \oplus (\mathbb{Z}/2\mathbb{Z})$ とを同一視できる理由について確認せよ．

演習問題 11.10　図の名前のついていない頂点に正しく名前をつけて，1 次元ホモロジー群を計算せよ．また，そのねじれ部分を指摘せよ．

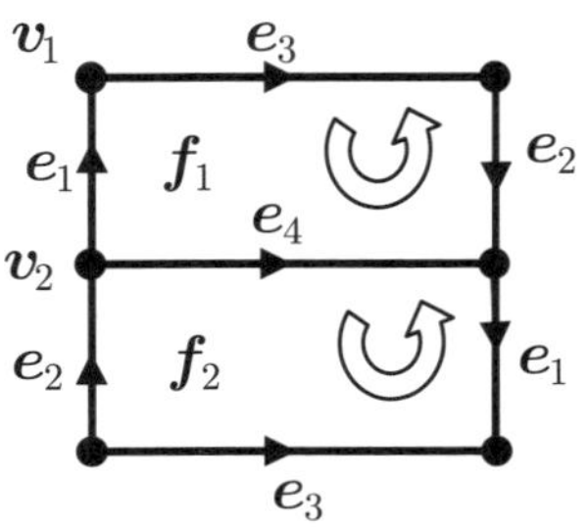

演習問題 11.11 (1) $\varphi : \mathbb{Z} \oplus (\mathbb{Z}/2\mathbb{Z}) \to \mathbb{Z}$ を $\varphi(a, b) = 2a + b$ と定めると，φ は全単射であることを示せ．その上で，φ は準同型写像ではないことを示せ．

(2) $\mathbb{Z} \oplus (\mathbb{Z}/2\mathbb{Z})$ と $\mathbb{Z}$ との間には同型写像が存在しないことを示せ．

(3) $\mathbb{Z} \oplus (\mathbb{Z}/2\mathbb{Z})$ と $\mathbb{Z} \oplus \mathbb{Z}$ との間には同型写像が存在しないことを示せ．

さて，最後に $H_2(K^2)$ を求めよう．

$$H_2(K^2) = Z_2(K^2)/B_2(K^2) = \mathrm{Ker}(\partial_2)/O$$

である．$\delta = a\boldsymbol{f} \in \mathrm{Ker}(\partial_2)$ として δ を求めてみよう．

$$\begin{aligned} a\boldsymbol{f} \in \mathrm{Ker}(\partial_2) &\Leftrightarrow \partial_2(a\boldsymbol{f}) = 0 \\ &\Leftrightarrow a(\boldsymbol{e}_1 + \boldsymbol{e}_2 - \boldsymbol{e}_1 + \boldsymbol{e}_2) = 0 \\ &\Leftrightarrow 2a\boldsymbol{e}_2 = 0 \;\Rightarrow a = 0 \;\Rightarrow \delta = 0 \end{aligned}$$

以上の計算から，$\mathrm{Ker}(\partial_2) = O$ なので，$H_2(K^2) = O$ が導かれる．

演習問題 11.12 $H_1(K^2)$ を求めるときには $[2\boldsymbol{e}_2] = [0]$ かつ $[\boldsymbol{e}_2] \neq [0]$ であって，$[\boldsymbol{e}_2]$ はねじれ部分を構成した．$H_2(K^2)$ を求めるときには $2a\boldsymbol{e}_2 = 0 \Rightarrow a = 0$ と解いた．この違いはなにか．

第 12 章

2 次元単体複体の同相

$G = (F, E, V)$ が 2 次元単体複体であるとは,

- 面の集合 F
- 辺の集合 E
- 頂点の集合 V
- 面には向きが定められており，辺で囲まれている
- 辺には向きが定められており，辺の両端は頂点である

ということだった．本章ではそのような 2 次元単体複体が「いつ同じ図形とみなせるのか」を決めるために同相という概念を導入する．グラフ（線からなる図形）にも同相という概念はあったが，ここでの同相はグラフの同相を発展させたものである．

12.1　2 次元単体複体の同相

これまでは直感的に「曲面が同じ」「曲面が異なる」という言い方をしていたが，ここで 2 次元単体複体という観点から正確な定義をしておこう．

定義 12.1 (2 次元単体複体の同相)　2 つの 2 次元単体複体 G_1, G_2 が以下の 2 つの操作（またはその逆の操作）を繰り返して互いに移り合うとき，G_1, G_2 は同相であるという．記号として $G_1 \sim G_2$ を用いる．

(1) 辺の反転，面の反転（辺や面の向きを逆にする操作）

(2) 辺の細分，面の細分（辺や面を分割する操作）

それぞれの操作を図で説明しよう．

(1) 辺の反転

面の反転

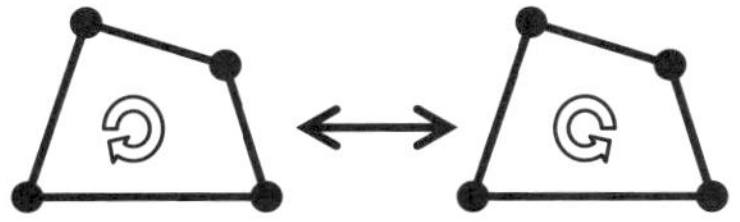

(2) 辺の細分

面の細分

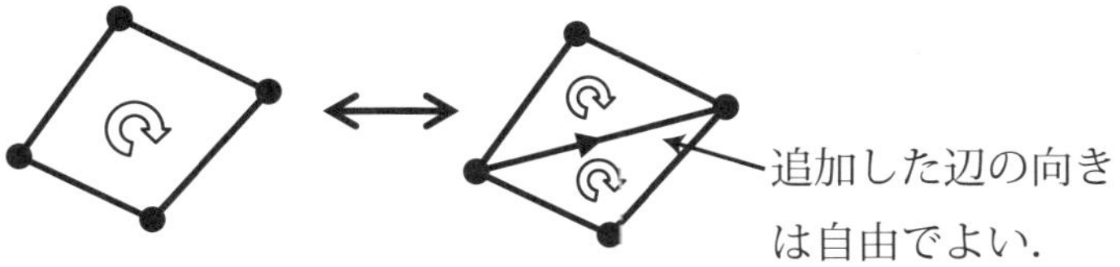

補題 12.2　面と辺の細分の繰り返しにより，次のような変形が可能である.

(1) 面の内部に含まれる辺の除去

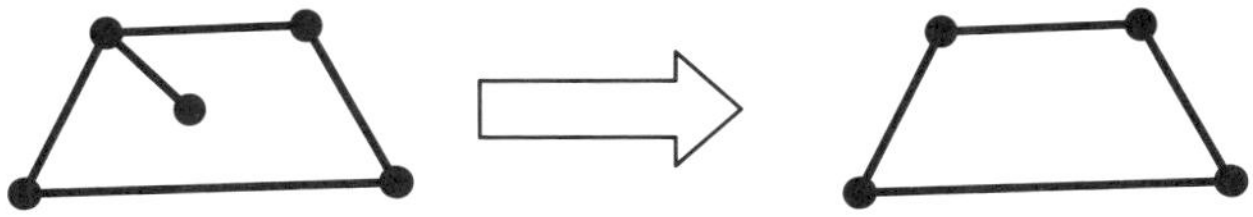

(2) 隣接する三叉路の合流

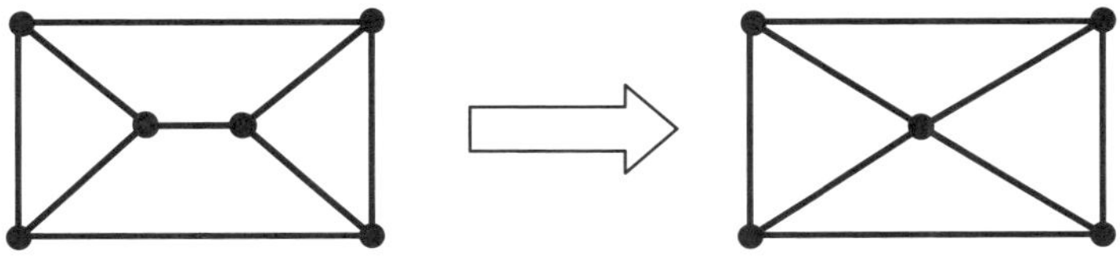

証明.　手順のみを示す.

(1)

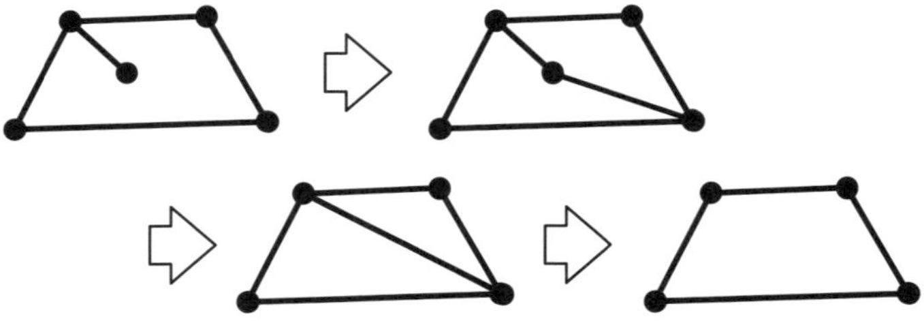

(2)

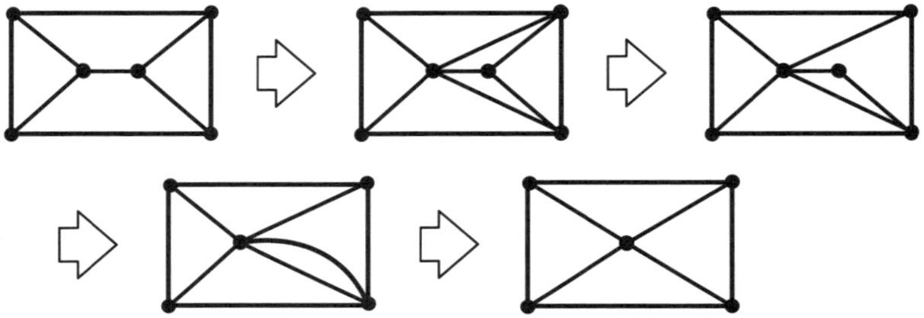

□

例題 12.3　以下の 2 つの図形が同相であることを示そう．ここでは，辺の名前を e_1 などと表さずに単に $1, 2, \ldots$ と簡略化することにする．

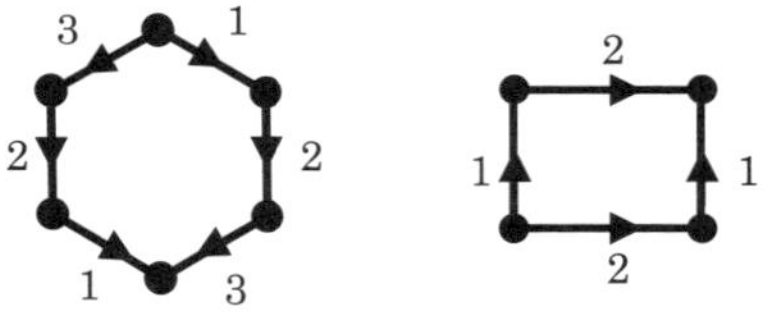

まずは自力で解決を目指してほしいが，解答を載せておく．

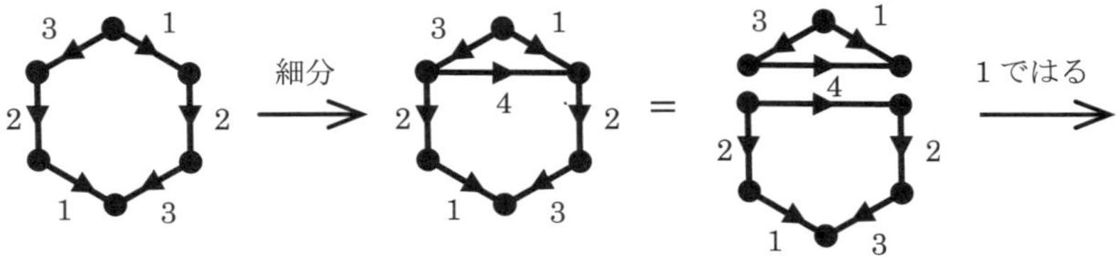

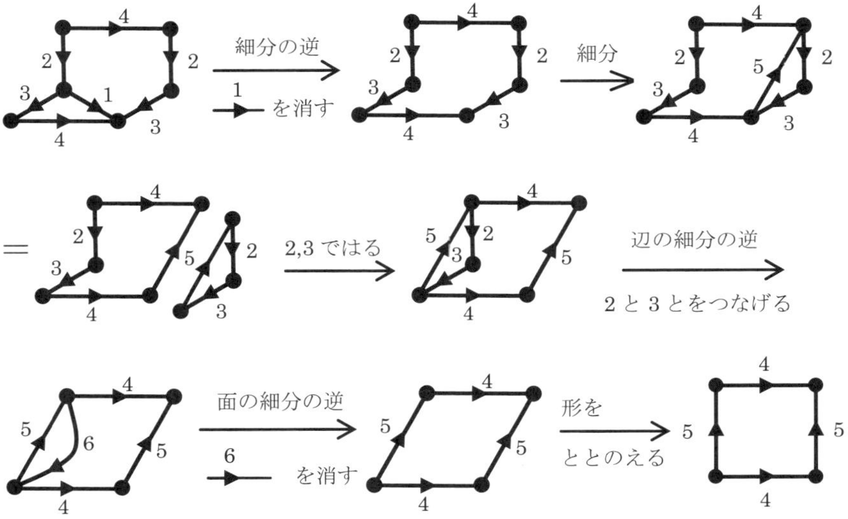

以上により，2 つは同相である．ここで注意を 2 つ述べておこう．最後のところで「形を整える」とあるが，ここでは面・辺・頂点の隣接の様子が変わらない範囲で形を整えることはもとより許されているのである．もう 1 つ，出来上がりでは辺の番号が 4, 5 となっているが，もともと辺の名前というのは便宜上のものであって「同じ名前の辺は張り合わさっている」という了解があるのであるから，辺の名前が 1, 2 であっても 4, 5 であっても構わないのである．(異なる辺に異なる名前がつけられていさえすればよいのである.)

参考までに述べておくが，(グラフの同相の単元でもすこし述べたように) 同相という考え方はもともとは位相空間で定義される概念である．その場合の定義は「位相空間 X, Y に対して，写像 $f : X \to Y$ が (1) f は全単射，(2) f , f^{-1} は連続，を満たすとき，X と Y は同相であるという.」というものである．2 次元単体複体の同相と，位相空間の同相が同値な定義であることには証明が必要であるが，その証明は難しいのでここでは述べない．ただし「位相空間の同相」という概念が (もともとどこかに) あり，ここでの細分や反転の操作はその概念に相当する定義だということを認識することは大切である．

12.2 2 次元単体複体の同相とホモロジー群

12.2.1 2 次元単体複体の短完全系列

グラフの同相のときと同じように,「同相ならばホモロジー群は同型」という定理はここでも成立する.

定理 12.4 (2 次元単体複体の同相とホモロジー群) 2 次元単体複体 G_1 と G_2 が同相ならば, $H_i(G_1) \cong H_i(G_2)$ $(i = 0, 1, 2)$

この定理の対偶命題を考えることにより,「$H_i(G_1)$ と $H_i(G_2)$ がどれか 1 つでも同型でない $\Rightarrow$ G_1 と G_2 は同相でない」ことが示される. 曲面のホモロジー群を求めた結果から,「球面 S^2, トーラス T^2, アニュラス N^2, クラインの壺 K^2 たちは互いに同相でない」ことが示されたことになる.

定理 12.4 を証明するには, 同相の定義に現れた (1) 辺・面の反転 (2) 辺・面の細分について, ホモロジー群 $H_i(G_1)$ が変わらないことを示せばよい. グラフの同相のときの議論を参考にしてこの 1 つ 1 つを解決することも可能であるが, 手数が非常に長くなるので, 手際よく証明するために第 9 章で紹介したホモロジー長完全系列を用いてここでは証明する. 以下にその証明を紹介するが, 興味がある読者のみが取り組んでみればよく, ここは飛ばして次の節へ進んでも構わない.

定義 12.5 (2 次元単体複体の短完全系列) 3 つの 2 次元単体複体

$$O \to C_2(\mathcal{K}) \to C_1(\mathcal{K}) \to C_0(\mathcal{K}) \to O$$

$$O \to C_2(\mathcal{L}) \to C_1(\mathcal{L}) \to C_0(\mathcal{L}) \to O$$

$$O \to C_2(\mathcal{M}) \to C_1(\mathcal{M}) \to C_0(\mathcal{M}) \to O$$

が複体の短完全系列を持つとは, 次の条件を満たすことである.

(1) $i = 0, 1, 2$ について

$$O \to C_i(\mathcal{K}) \underset{\varphi_i}{\longrightarrow} C_i(\mathcal{L}) \underset{\psi_i}{\longrightarrow} C_i(\mathcal{M}) \to O$$

は短完全系列である.

(2) 図式

$$
\begin{array}{ccccccccc}
 & & O & & O & & O & & \\
 & & \downarrow & & \downarrow & & \downarrow & & \\
O & \longrightarrow & C_2(\mathcal{K}) & \xrightarrow{\varphi_2} & C_2(\mathcal{L}) & \xrightarrow{\psi_2} & C_2(\mathcal{M}) & \longrightarrow & O \\
 & & \partial_2^{\mathcal{K}}\downarrow & & \partial_2^{\mathcal{L}}\downarrow & & \partial_2^{\mathcal{M}}\downarrow & & \\
O & \longrightarrow & C_1(\mathcal{K}) & \xrightarrow{\varphi_1} & C_1(\mathcal{L}) & \xrightarrow{\psi_1} & C_1(\mathcal{M}) & \longrightarrow & O \\
 & & \partial_1^{\mathcal{K}}\downarrow & & \partial_1^{\mathcal{L}}\downarrow & & \partial_1^{\mathcal{M}}\downarrow & & \\
O & \longrightarrow & C_0(\mathcal{K}) & \xrightarrow{\varphi_0} & C_0(\mathcal{L}) & \xrightarrow{\psi_0} & C_0(\mathcal{M}) & \longrightarrow & O \\
 & & \downarrow & & \downarrow & & \downarrow & & \\
 & & O & & O & & O & &
\end{array}
\tag{12.1}
$$

は可換図式（四角で囲まれたところがぐるぐる回し）である．

このとき，次の 2 つの定理が成り立つ．1 つは連結準同型の存在定理であり，もう 1 つはホモロジー長完全系列である．

定理 12.6（2 単体複体の連結準同型の存在）　補題 9.6 と同じ手順により，準同型

$$\Delta_2 : H_2(\mathcal{M}) \to H_1(\mathcal{K})$$

$$\Delta_1 : H_1(\mathcal{M}) \to H_0(\mathcal{K})$$

を定義することができる．

定理 12.7（2 単体複体のホモロジー長完全系列）

$$
\begin{aligned}
& O \to H_2(\mathcal{K}) \underset{\varphi_{2*}}{\longrightarrow} H_2(\mathcal{L}) \underset{\psi_{2*}}{\longrightarrow} H_2(\mathcal{M}) \\
& \underset{\Delta_2}{\longrightarrow} H_1(\mathcal{K}) \underset{\varphi_{1*}}{\longrightarrow} H_1(\mathcal{L}) \underset{\psi_{1*}}{\longrightarrow} H_1(\mathcal{M}) \\
& \underset{\Delta_1}{\longrightarrow} H_0(\mathcal{K}) \underset{\varphi_{0*}}{\longrightarrow} H_0(\mathcal{L}) \underset{\psi_{0*}}{\longrightarrow} H_0(\mathcal{M}) \to O
\end{aligned}
$$

は長完全系列である．

この 2 つの定理は，第 9 章で紹介した連結準同型にかかわる定理の証明と同じように証明できるのでここでは改めて書くことはしないで次へ進む．

12.2.2 辺の反転とホモロジー長完全系列

まず辺の反転について説明しよう．以下，グラフ G_1 は共通とし，面の集合 $F = \{\boldsymbol{f}_1, \boldsymbol{f}_2, \dots, \boldsymbol{f}_q\}$，辺の集合 $E = \{\boldsymbol{e}_1, \boldsymbol{e}_2, \dots, \boldsymbol{e}_r\}$，点の集合 $V = \{\boldsymbol{v}_1, \boldsymbol{v}_2, \dots, \boldsymbol{v}_s\}$ とする．

グラフ G_2 はグラフ G_1 とほとんど同じであるが，辺 $\boldsymbol{e}_1$ の代わりに $\boldsymbol{e}_1^-$ があり，辺の集合 $E' = \{\boldsymbol{e}_1^-, \boldsymbol{e}_2, \dots, \boldsymbol{e}_r\}$ であるとする．F と V は共通である．

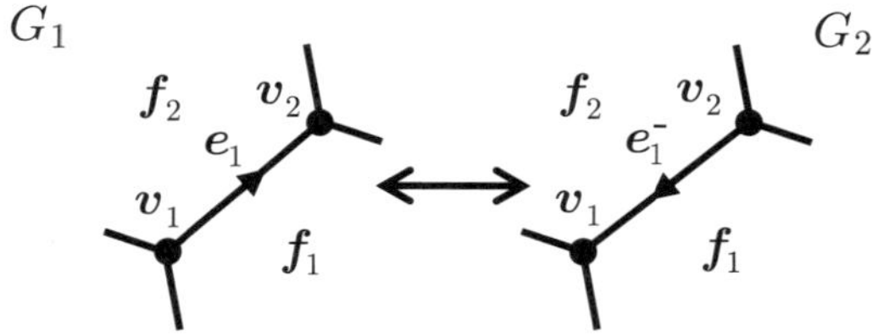

以下では G_1 の境界準同型を $\partial_i^{(1)}$, G_2 の境界準同型を $\partial_i^{(2)}$ と書くことにする．$\psi_1 : C_1(G_1) \to C_1(G_2)$ は $\psi_1 : \mathbb{Z}\langle E\rangle \to \mathbb{Z}\langle E'\rangle$ を定めればよいわけだが，これは

$$\psi_1 : \begin{cases} \boldsymbol{e}_1 & \mapsto -\boldsymbol{e}_1^- \\ \boldsymbol{e}_i & \mapsto \boldsymbol{e}_i \quad (i = 2, 3, \dots, r) \end{cases}$$

によって定める.（この決め方は必ずこのようにしなければいけないということではなくて，このように置くとうまく複体の短完全系列が構成できてホモロジーについての説明ができる，というニュアンスでとらえてほしい.）

あとは $\psi_2 : C_2(G_1) \to C_2(G_2) : \mathbb{Z}\langle F\rangle \to \mathbb{Z}\langle F\rangle$ と $\psi_0 : C_0(G_1) \to C_0(G_2) : \mathbb{Z}\langle V\rangle \to \mathbb{Z}\langle V\rangle$ を恒等写像であると定義する．つまり $\psi_2 = \mathrm{id}$，$\psi_0 = \mathrm{id}$ である．

ここまで定めて，図式 (12.1) の右側の 2 つの四角の可換図式のぐるぐる回しを証明しよう．右下のぐるぐる回し，すなわち $\partial_1^{(2)} \circ \psi_1 = \psi_0 \circ \partial_1^{(1)}$ をまず証明しよう．これは実際に $\boldsymbol{e}_1$ に関してと $\boldsymbol{e}_i$ $(i = 2, 3, \dots, r)$ に関して具体的に計算すれば示すことができる．$\boldsymbol{e}_1$ に関しては

$$\partial_1^{(2)} \circ \psi_1(\boldsymbol{e}_1) = \partial_1^{(2)}(-\boldsymbol{e}_1^-) = -(\boldsymbol{v}_1 - \boldsymbol{v}_2)$$

$$\psi_0 \circ \partial_1^{(1)}(\boldsymbol{e}_1) = \psi_0(\boldsymbol{v}_2 - \boldsymbol{v}_1) = \boldsymbol{v}_2 - \boldsymbol{v}_1$$

であり，この 2 式は等しい．$\boldsymbol{e}_i$ $(i = 2, 3, \dots, r)$ に対しては，

$$\partial_1^{(2)} \circ \psi_1(\boldsymbol{e}_i) = \partial_1^{(2)}(\boldsymbol{e}_i)$$

$$\psi_0 \circ \partial_1^{(1)}(\boldsymbol{e}_i) = \psi_0(\partial_1^{(1)}(\boldsymbol{e}_i)) = \partial_1^{(1)}(\boldsymbol{e}_i) = \partial_1^{(2)}(\boldsymbol{e}_i)$$

と計算できて，やはりこの 2 つは等しい．$\boldsymbol{e}_i$ $(i=2,3,\dots,r)$ に対して $\partial_1^{(1)}(\boldsymbol{e}_i) = \partial_1^{(2)}(\boldsymbol{e}_i)$ であることが見逃しやすいポイントの 1 つである．

演習問題 12.1　右上のぐるぐる回し $\partial_2^{(2)} \circ \psi_2 = \psi_1 \circ \partial_2^{(1)}$ を証明せよ．

左側のもう 1 つの複体としては $O \to O \to O \to O \to O$ という複体を考える．すなわち $C_2(\mathcal{K}) = C_1(\mathcal{K}) = C_0(\mathcal{K}) = O$ であるような複体である．

以上をまとめて次のような複体の短完全系列を考える．

$$
\begin{array}{ccccccccc}
 & & O & & O & & O & & \\
 & & \downarrow & & \downarrow & & \downarrow & & \\
O & \longrightarrow & O & \xrightarrow{\varphi_2} & \mathbb{Z}\langle F\rangle & \xrightarrow{\psi_2} & \mathbb{Z}\langle F\rangle & \longrightarrow & O \\
 & & \partial_2^{\mathcal{K}}\downarrow & & \partial_2^{(1)}\downarrow & & \partial_2^{(2)}\downarrow & & \\
O & \longrightarrow & O & \xrightarrow{\varphi_1} & \mathbb{Z}\langle E\rangle & \xrightarrow{\psi_1} & \mathbb{Z}\langle E'\rangle & \longrightarrow & O \\
 & & \partial_1^{\mathcal{K}}\downarrow & & \partial_1^{(1)}\downarrow & & \partial_1^{(2)}\downarrow & & \\
O & \longrightarrow & O & \xrightarrow{\varphi_0} & \mathbb{Z}\langle V\rangle & \xrightarrow{\psi_0} & \mathbb{Z}\langle V\rangle & \longrightarrow & O \\
 & & \downarrow & & \downarrow & & \downarrow & & \\
 & & O & & O & & O & &
\end{array}
$$

演習問題 12.2　横方向に 3 つがそれぞれ短完全系列であることを証明せよ．

この複体の短完全系列から作られるホモロジー長完全系列は

$$
\begin{aligned}
O \to O \xrightarrow[\varphi_{2*}]{} H_2(G_1) \xrightarrow[\psi_{2*}]{} H_2(G_2) \\
\xrightarrow[\Delta_2]{} O \xrightarrow[\varphi_{1*}]{} H_1(G_1) \xrightarrow[\psi_{1*}]{} H_1(G_2) \\
\xrightarrow[\Delta_1]{} O \xrightarrow[\varphi_{0*}]{} H_0(G_1) \xrightarrow[\psi_{0*}]{} H_0(G_2) \to O
\end{aligned}
$$

であり，補題 9.10 によれば，ψ_{2*} も ψ_{1*} も ψ_{0*} も「単射かつ全射」であることが示される．つまり同型である．

演習問題 12.3　面の向きを変える「面の反転」で同じように 2 次元単体複体の短完全系列を作ってみよ．(右上のぐるぐる回しを正確に証明すること．) この場合も $C_2(\mathcal{K}) = C_1(\mathcal{K}) = C_0(\mathcal{K}) = O$ でよいということをヒントとして出しておく．

12.2.3 辺の細分とホモロジー長完全系列

次は「辺の細分」による 2 次元単体複体の短完全系列を作ろう．次の図のような状況を考える．

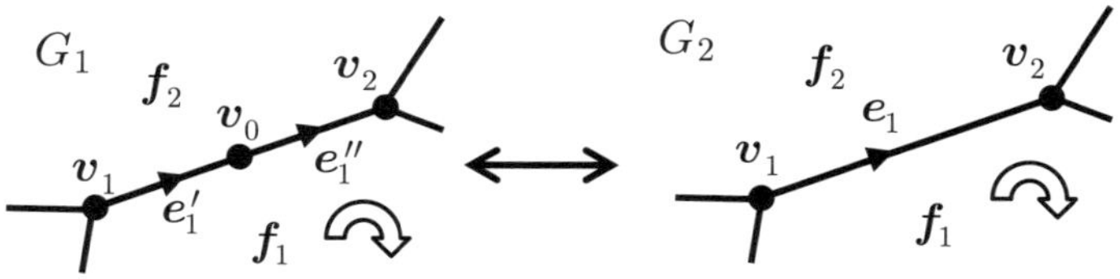

この置き方だと，右の図から左の図を得る操作が辺の細分ということになるが，最終的に示したいことはこれらの曲面のホモロジーが同型であることであるので，これでよい．

グラフ $G_1 = \{F, E, V\}$ は

$$F = \{\boldsymbol{f}_1, \boldsymbol{f}_2, \ldots, \boldsymbol{f}_q\}$$

$$E = \{\boldsymbol{e}_1', \boldsymbol{e}_1'', \boldsymbol{e}_2, \ldots, \boldsymbol{e}_r\}$$

$$V = \{\boldsymbol{v}_0, \boldsymbol{v}_1, \boldsymbol{v}_2, \ldots, \boldsymbol{v}_s\}$$

グラフ $G_2 = \{F', E', V'\}$ は

$$F' = \{\boldsymbol{f}_1, \boldsymbol{f}_2, \ldots, \boldsymbol{f}_q\}$$

$$E' = \{\boldsymbol{e}_1, \boldsymbol{e}_2, \ldots, \boldsymbol{e}_r\}$$

$$V' = \{\boldsymbol{v}_1, \boldsymbol{v}_2, \ldots, \boldsymbol{v}_s\}$$

と定める．見てわかるとおり $F = F'$ である．

以下では G_1 の境界準同型を $\partial_i^{(1)}$, G_2 の境界準同型を $\partial_i^{(2)}$ と書くことにする．

ここに，ψ_2, ψ_1, ψ_0 を次のように定める．

$$\psi_2 : \boldsymbol{f}_i \mapsto \boldsymbol{f}_i \quad (i = 1, 2, \ldots, q)$$

$$\psi_1 : \begin{cases} \boldsymbol{e}_1' & \mapsto 0 \\ \boldsymbol{e}_1'' & \mapsto \boldsymbol{e}_1 \\ \boldsymbol{e}_i & \mapsto \boldsymbol{e}_i \quad (i = 2, 3, \ldots, r) \end{cases}$$

$$\psi_0 : \begin{cases} \boldsymbol{v}_0 & \mapsto \boldsymbol{v}_1 \\ \boldsymbol{v}_i & \mapsto \boldsymbol{v}_i \quad (i = 1, 2, \ldots, s) \end{cases}$$

この式の決め方はかなりナイーブ（微妙な感性を要する）であるが，これでともかくうまく行くことをこれから確認する．

左側縦方向の複体 $\mathcal{K}$ として，$O \to O \to \mathbb{Z}\langle \boldsymbol{x} \rangle \xrightarrow{\partial_1^{\mathcal{K}}} \mathbb{Z}\langle \boldsymbol{y} \rangle \to O$ というものを考える．つまり $C_2(\mathcal{K}) = O$, $C_1(\mathcal{K}) = \mathbb{Z}\langle \boldsymbol{x} \rangle$, $C_0(\mathcal{K}) = \mathbb{Z}\langle \boldsymbol{y} \rangle$，$\partial_1^{\mathcal{K}}(\boldsymbol{x}) = \boldsymbol{y}$ であるとするのである．

そして，$\varphi_2, \varphi_1, \varphi_0$ を次で定義する．

$$\varphi_2 : 0 \mapsto 0$$

$$\varphi_1 : \boldsymbol{x} \mapsto \boldsymbol{e}'_1$$

$$\varphi_0 : \boldsymbol{y} \mapsto \boldsymbol{v}_0 - \boldsymbol{v}_1$$

なんとも不思議な置き方だが，これですべてうまくいくことを確認しよう．

$$\begin{array}{ccccccccc}
 & & O & & O & & O & & \\
 & & \downarrow & & \downarrow & & \downarrow & & \\
O & \longrightarrow & O & \xrightarrow{\varphi_2} & C_2(G_1) & \xrightarrow{\psi_2} & C_2(G_2) & \longrightarrow & O \\
 & & \downarrow \partial_2^{\mathcal{K}} & & \downarrow \partial_2^{(1)} & & \downarrow \partial_2^{(2)} & & \\
O & \longrightarrow & \mathbb{Z}\langle \boldsymbol{x} \rangle & \xrightarrow{\varphi_1} & C_1(G_1) & \xrightarrow{\psi_1} & C_1(G_2) & \longrightarrow & O \\
 & & \downarrow \partial_1^{\mathcal{K}} & & \downarrow \partial_1^{(1)} & & \downarrow \partial_1^{(2)} & & \\
O & \longrightarrow & \mathbb{Z}\langle \boldsymbol{y} \rangle & \xrightarrow{\varphi_0} & C_0(G_1) & \xrightarrow{\psi_0} & C_0(G_2) & \longrightarrow & O \\
 & & \downarrow & & \downarrow & & \downarrow & & \\
 & & O & & O & & O & &
\end{array}$$

命題 12.8 (1) $\partial_2^{(1)} \circ \varphi_2 = \varphi_1 \circ \partial_2^{\mathcal{K}}$ つまり左上の図式は可換である．

(2) $\partial_1^{(1)} \circ \varphi_1 = \varphi_0 \circ \partial_1^{\mathcal{K}}$ つまり左下の図式は可換である．

(3) $\partial_2^{(2)} \circ \psi_2 = \psi_1 \circ \partial_2^{(1)}$ つまり右上の図式は可換である．

(4) $\partial_1^{(2)} \circ \psi_1 = \psi_0 \circ \partial_1^{(1)}$ つまり右下の図式は可換である．

(5) $\mathrm{Ker}(\psi_2) = \mathrm{Im}(\varphi_2)$ である．

(6) $\mathrm{Ker}(\psi_1) = \mathrm{Im}(\varphi_1)$ である．

(7) $\mathrm{Ker}(\psi_0) = \mathrm{Im}(\varphi_0)$ である．

(8) φ_0, φ_1 は単射，ψ_0, ψ_1, ψ_2 は全射である．

証明. (1) φ_2 と $\partial_2^{\mathcal{K}}$ とがともに零写像なので与式は成立する.

(2) $\boldsymbol{x}$ の像を調べてみて一致すればよい. 実際に,

$$\begin{aligned}\partial_1^{(1)} \circ \varphi_1(\boldsymbol{x}) &= \partial_1^{(1)}(\boldsymbol{e}_1') \\ &= \boldsymbol{v}_0 - \boldsymbol{v}_1 \\ \varphi_0 \circ \partial_1^{\mathcal{K}}(\boldsymbol{x}) &= \varphi_0(\boldsymbol{y}) \\ &= \boldsymbol{v}_0 - \boldsymbol{v}_1\end{aligned}$$

($\varphi_0(\boldsymbol{y}) = \boldsymbol{v}_0 - \boldsymbol{v}_1$ という変な置き方をしたのは, この式を成立させるためである.)

(3) $\boldsymbol{f}_i$ の像を調べてみて一致すればよい. まず $\boldsymbol{f}_1$ について調べてみる. ここで, ある $\boldsymbol{p} \in C_1(G_1)$ が存在して,

$$\partial_2^{(1)}(\boldsymbol{f}_1) = \boldsymbol{e}_1' + \boldsymbol{e}_1'' + \boldsymbol{p}, \quad \partial_2^{(2)}(\boldsymbol{f}_1) = \boldsymbol{e}_1 + \psi_1(\boldsymbol{p})$$

であることに注意する. (ここで $\boldsymbol{p}$ の部分に $\boldsymbol{e}_1', \boldsymbol{e}_1''$ が含まれないことに注意しよう.)

$$\begin{aligned}&\partial_2^{(2)} \circ \psi_2(\boldsymbol{f}_1) = \partial_2^{(2)}(\boldsymbol{f}_1) = \boldsymbol{e}_1 + \psi_1(\boldsymbol{p}) \\ &\psi_1 \circ \partial_2^{(1)}(\boldsymbol{f}_1) = \psi_1(\boldsymbol{e}_1' + \boldsymbol{e}_1'' + \boldsymbol{p}) = 0 + \boldsymbol{e}_1 + \psi_1(\boldsymbol{p})\end{aligned}$$

よってこの 2 式は一致する. $\boldsymbol{f}_2$ についても同じように計算できる. $\boldsymbol{f}_i$ $(i = 3, 4, \ldots, q)$ については $\boldsymbol{e}_1', \boldsymbol{e}_1'', \boldsymbol{e}_1$ にかかわらない計算なので,

$$\begin{aligned}&\partial_2^{(2)} \circ \psi_2(\boldsymbol{f}_i) = \partial_2^{(2)}(\boldsymbol{f}_i) \\ &\psi_1 \circ \partial_2^{(1)}(\boldsymbol{f}_i) = \psi_1(\partial_2^{(1)}(\boldsymbol{f}_i)) = \partial_2^{(1)}(\boldsymbol{f}_i) = \partial_2^{(2)}(\boldsymbol{f}_i)\end{aligned}$$

が成り立つ.

(4) $\boldsymbol{e}_1', \boldsymbol{e}_1'', \boldsymbol{e}_i$ $(i = 2, 3, \ldots, r)$ のそれぞれについて与式が正しいことを示せばよい. あとは計算である.

$$\begin{aligned}&\partial_1^{(2)} \circ \psi_1(\boldsymbol{e}_1') = \partial_1^{(2)}(0) = 0 \\ &\psi_0 \circ \partial_1^{(1)}(\boldsymbol{e}_1') = \psi_0(\boldsymbol{v}_0 - \boldsymbol{v}_1) = \boldsymbol{v}_1 - \boldsymbol{v}_1 = 0\end{aligned}$$

$$\begin{aligned}&\partial_1^{(2)} \circ \psi_1(\boldsymbol{e}_1'') = \partial_1^{(2)}(\boldsymbol{e}_1) = \boldsymbol{v}_2 - \boldsymbol{v}_1 \\ &\psi_0 \circ \partial_1^{(1)}(\boldsymbol{e}_1'') = \psi_0(\boldsymbol{v}_2 - \boldsymbol{v}_0) = \boldsymbol{v}_2 - \boldsymbol{v}_1\end{aligned}$$

$\boldsymbol{e}_i$ については, 点 $\boldsymbol{v}_0$ に関わらないことから等式を証明できる.

$$\partial_1^{(2)} \circ \psi_1(\boldsymbol{e}_i) = \partial_1^{(2)}(\boldsymbol{e}_i)$$

$$\psi_0 \circ \partial_1^{(1)}(\boldsymbol{e}_i) = \psi_0(\partial_1^{(1)}(\boldsymbol{e}_i)) = \partial_1^{(1)}(\boldsymbol{e}_i) = \partial_1^{(2)}(\boldsymbol{e}_i)$$

(5)(6)(7) については，この両辺がどのような集合と等しいかを紹介するにとどめ，残りの証明は読者にゆだねよう．

$$\mathrm{Ker}(\psi_2) = \mathrm{Im}(\varphi_2) = O$$

$$\mathrm{Ker}(\psi_1) = \mathrm{Im}(\varphi_1) = \mathbb{Z}\langle \boldsymbol{e}_1' \rangle$$

$$\mathrm{Ker}(\psi_0) = \mathrm{Im}(\varphi_0) = \mathbb{Z}\langle \boldsymbol{v}_0 - \boldsymbol{v}_1 \rangle$$

(8) については $\varphi_0, \varphi_1, \psi_0, \psi_1, \psi_2$ の定義よりただちにわかる．　□

第 9 章で調べたように，$O \to O \to \mathbb{Z}\langle \boldsymbol{x} \rangle \xrightarrow{\partial_1^{\mathcal{K}}} \mathbb{Z}\langle \boldsymbol{y} \rangle \to O$ のホモロジー群は $H_2(\mathcal{K}) = H_1(\mathcal{K}) = H_0(\mathcal{K}) = O$ であることが示される．このことから，ホモロジー長完全系列は

$$O \to O \xrightarrow[\varphi_{2*}]{} H_2(G_1) \xrightarrow[\psi_{2*}]{} H_2(G_2)$$

$$\xrightarrow[\Delta_2]{} O \xrightarrow[\varphi_{1*}]{} H_1(G_1) \xrightarrow[\psi_{1*}]{} H_1(G_2)$$

$$\xrightarrow[\Delta_1]{} O \xrightarrow[\varphi_{0*}]{} H_0(G_1) \xrightarrow[\psi_{0*}]{} H_0(G_2) \to O$$

であり，補題 9.10 によれば，ψ_{2*} も ψ_{1*} も ψ_{0*} も「単射かつ全射」であることが示される．つまり同型である．

演習問題 12.4　さて！ これで読者は「ホモロジー長完全系列マスター」になれただろうか？ これまで培った経験を活かして「面の細分」についてのホモロジー群の同型を示せ．ただし，次の図を使うとよい．

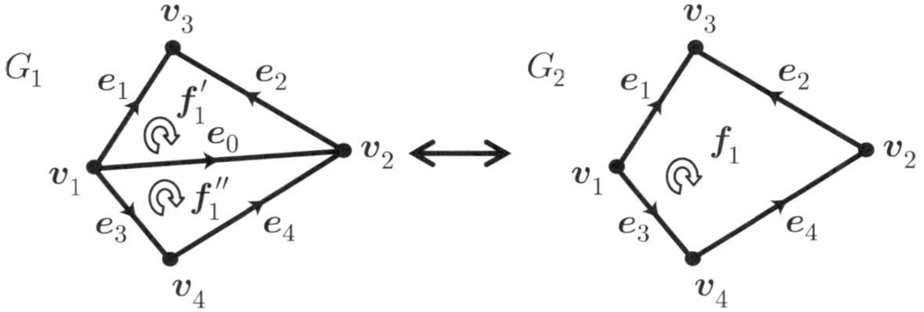

12.3　連結和

本節では，すでに知っている曲面から，新しい曲面を生成する方法について学ぶ．ここで学ぶのは連結和という考え方である．

12.3.1　曲面一般についての連結和の定義

定義 12.9　2 つの曲面 M, N について，その**連結和**は次のように構成される曲面である．まず最初に，M, N の両方の上にそれぞれ円板領域を置く．そして，その円板領域を取り去る．円板領域を取り去ったあとには，M, N には円周状の境界線が残るので，その境界線に沿って 2 つを張り合わせる．こうしてできた新しい曲面を M, N の連結和といい，$M\#N$ と書く．

例題 12.10

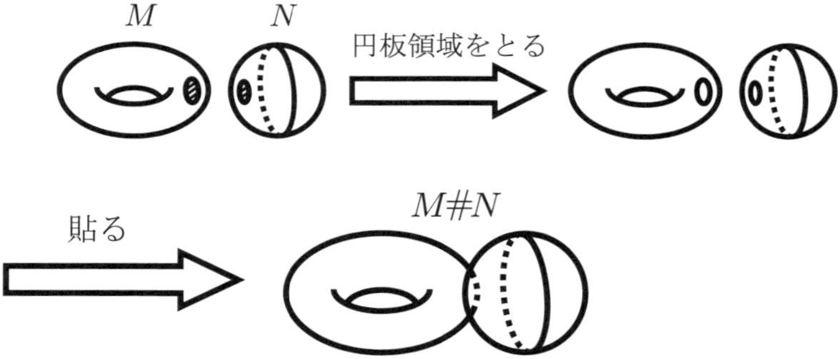

連結和を作るときに，それぞれの曲面から円板と同相な領域を取り去るが，この領域の選び方（場所や大きさ）によらず，$M\#N$ は同じもの（同相なもの）が構成できることが定理によって知られている．上の図では曲面 M と曲面 N とが並んでいるように描いたが，たとえば N が M の内側にあって，N を張るときに M の裏側から貼り付けることも考えられる．そのような張り方をしてもやはり $M\#N$ は同じもの（同相なもの）が構成されているのである．

12.3.2　2 次元単体複体における連結和の構成

曲面が 2 次元単体複体として与えられているときに，その連結和も 2 次元単体複体と考えることができる．その方法を説明しよう．構成手順は同じことであるが，多面体の構造を崩さないように構成するところがミソである．まず 2 つの 2 次元単体複体 M, N を用意する．

それぞれについて，円板領域を面のうちのそれぞれ 1 つ（ここでは $\boldsymbol{f}_1$ と $\boldsymbol{f}_2$ の）上に置く．このとき，円板領域が頂点の 1 つと接するように置くのがコツである．この円板領域をそれぞれ f_1' ,f_2' であるとする．

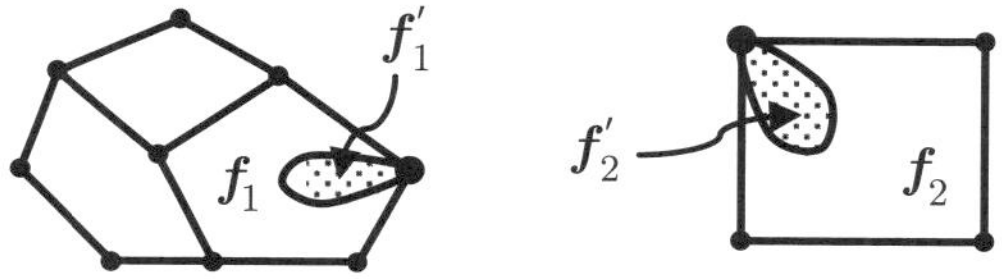

それぞれから f_1', f_2' を取り去る．

境界線を広げてまっすぐにする．

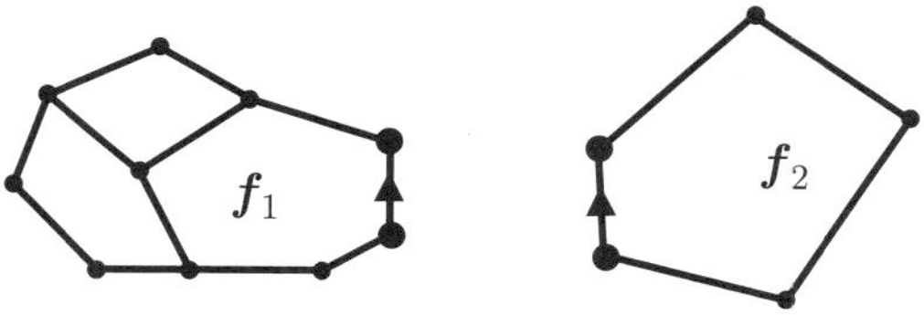

2 つの新しくできた境界線で貼りあわせる

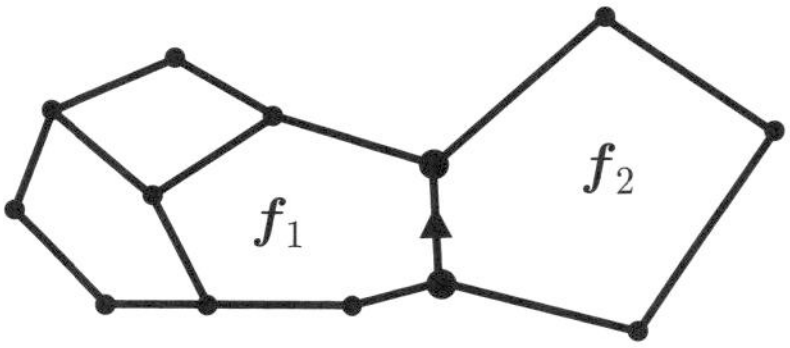

こうして得られたものが $M\#N$ である．

12.3.3 種数 2 の閉曲面とその展開図

連結和の例として，$T^2 \# T^2$ を考えてみよう．

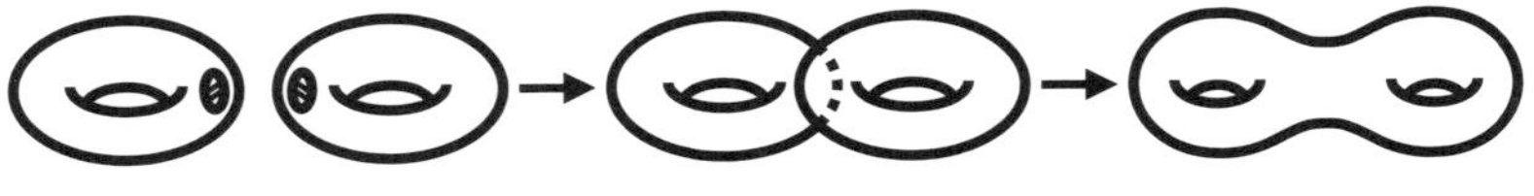

この図の曲面は，正式名称では「種数 2 の閉曲面」といい，Σ_2 で表わす．Σ_2 を展開図で考えるとどうなるかを考えてみよう．

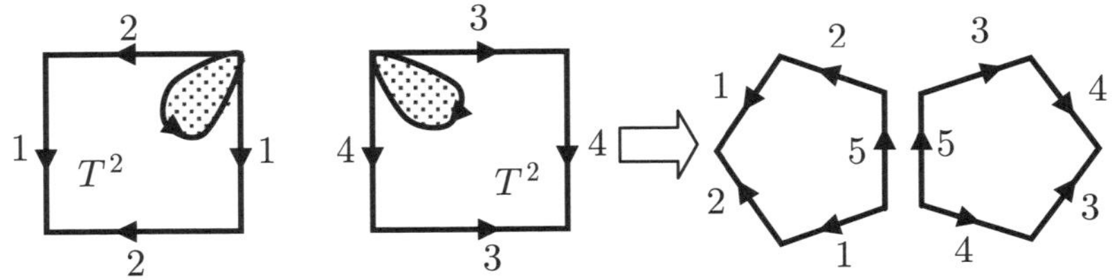

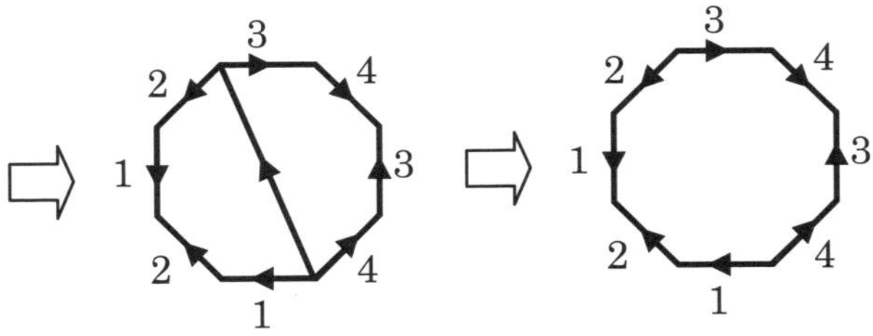

（頂点は 1 つ　辺は 4 つ　面は 1 つ）

このように，$\Sigma_2 = T^2 \# T^2$ は 8 角形の辺を張り合わせることによって得られることがわかる．

この Σ_2 について，ホモロジー群 $H_i(\Sigma_2)$ は次のようになる．

$$H_i(\Sigma_2) \cong \begin{cases} \mathbb{Z} & (i=0) \\ \mathbb{Z} \oplus \mathbb{Z} \oplus \mathbb{Z} \oplus \mathbb{Z} & (i=1) \\ \mathbb{Z} & (i=2) \end{cases}$$

このことの証明は後の章で行う．

2 つのトーラス T^2 から Σ_2 を作ったように，もっと多くの T^2 を連結和でつなげることにより，新しい閉曲面を作ることができる．g 個の T^2 の連結和をとったもの，$T^2 \# T^2 \# \cdots \# T^2$ を種数 g の閉曲面といい，Σ_g と書き表す．Σ_g は一般

に $(4g)$ 角形の辺を張り合わせたものになっている．(Σ_2 については上に示したとおり．Σ_3 については下に紹介した.)

ここまで，T^2 の連結和についてまとめてみよう．

T^2，トーラス

$\Sigma_2 = T^2 \# T^2$，種数 2 の閉曲面

$\Sigma_3 = T^2 \# T^2 \# T^2$，種数 3 の閉曲面.

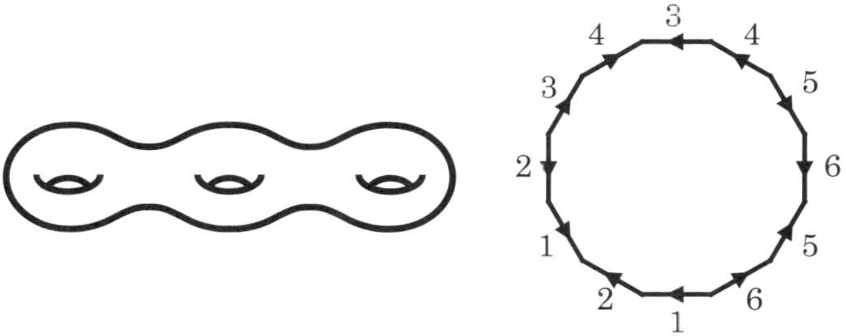

$\Sigma_g = T^2 \# T^2 \# \cdots \# T^2$（$g$ 個の連結和），種数 g の閉曲面

種数 g の閉曲面 Σ_g は $(4g)$ 角形の辺を貼り合わせたもの（ただし，辺につけるラベルは，順に $\xrightarrow{1}\xrightarrow{2}\xleftarrow{1}\xleftarrow{2}\xrightarrow{3}\xrightarrow{4}\xleftarrow{3}\xleftarrow{4}\ \cdots$）である.

第 13 章

曲面の向きと向き付け可能性

13.1　向き付け可能性

前の章で，2 つの曲面が同相であるならばそのホモロジー群が同型になることを示した．一方で，この定理の逆は成り立たない．つまり $H_i(G_1) \cong H_i(G_2)$（ただし $i = 0, 1, 2$）であっても，G_1 と G_2 が同相でないこともあり得る．これまで出てきた例では，アニュラスとメビウスの帯はどちらも同型なホモロジー群をもっているが，アニュラスとメビウスの帯とは明らかに違う形である．アニュラスは面に表と裏があり，メビウスの帯にはそれがないことは見てすぐわかるが，このことを 2 次元単体複体の観点から説明してみよう．

定義 13.1（**向き付け可能，向き付け不可能**） (1) 曲面 G の辺に対して，その辺の両側の面の向きがいずれも

のどちらかであるとき，この辺について面の向きが適合しているという．

(2) 適切に面の反転を行うことを許して，すべての辺について同時に面の向きが適合しているようにできるとき，曲面 G は**向き付け可能**であるという．

(3) また，どのように面の反転を行っても，たえず面の向きが適合していないような辺が 1 つでも存在するとき，G は**向き付け不可能**であるという．

例題 13.2　球面 S^2 は向き付け可能である．

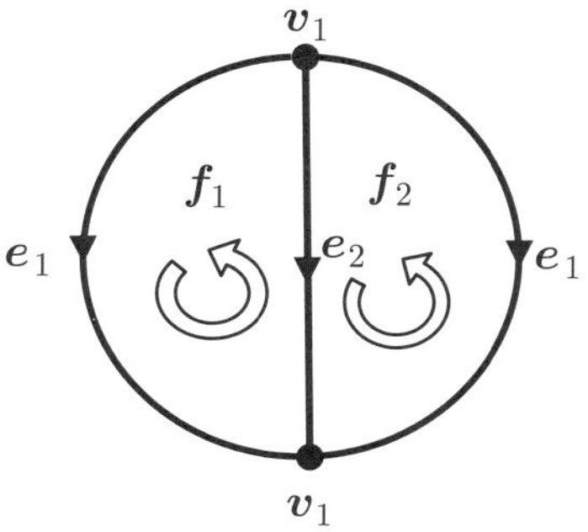

辺 e_2 の両側の面の向きが適合していることは図よりすぐにわかる．辺 e_1 の両側の面の向きについてはどうだろうか．辺 e_1 が上から下に行く向きで考えたとき，辺 e_1 の右側に隣接するのは面 f_1 であって，これは左回り．辺 e_1 の左側に隣接するのは面 f_2 であってこれも左回りである．したがって，辺 e_1 の両側の面では向きが一致していることになり，すべての辺について辺の両側で面の向きが一致していることから向き付け可能であると結論できる．

例題 13.3 一方，メビウスの帯は向き付け不可能である．次の図を見てほしい

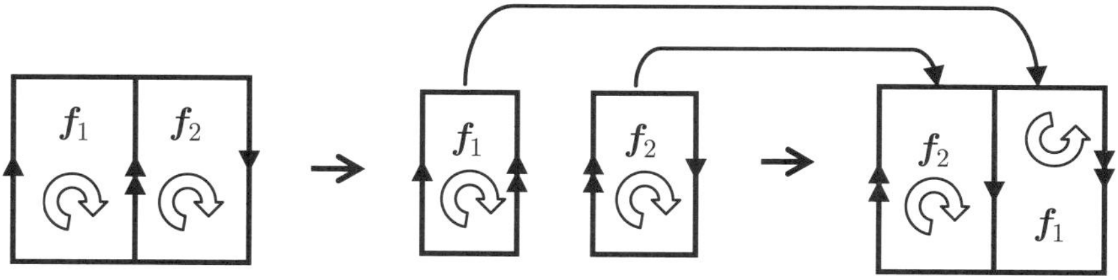

わかりやすくするため，メビウスの帯に 2 重矢印の辺を追加して，面を 2 つに細分した．2 つの面に右回りに向きを入れれば，2 重矢印の辺の両側での面の向きは適合している．この面の向きをそのままにして，2 重矢印の辺で一度図形を切り分け，1 重矢印の辺で貼り付けてみると，（面 f_1 を裏返して貼り付けなければいけない都合から）辺の両側の面の向きが適合しなくなっている．この考察により，メビウスの帯は向き付け不可能であることがわかる．

ここで，（これまでは直感的に正しいとしてきた）重要な定理を証明しよう．

定理 13.4 曲面 G_1 が向き付け可能であって，曲面 G_2 が向き付け不可能ならば，G_1 と G_2 は同相ではない．

証明.　曲面 G_1 が向き付け可能だと仮定して，面・辺の反転・細分のそれぞれの操作を行っても，やはり向き付け可能であることを証明すれば十分である.

演習問題 13.1　それはなぜか.

「面の向きを適切に交換することにより，辺の両側の向きを同じにすることができる」ことが条件であるので，辺の向きには依存しない条件であることから，辺の反転は向き付け可能性とは無関係である．面の向きを必要に応じて適切に交換してよいので，面の反転も向き付け可能性と無関係であることがわかる．辺の細分についてはやや考察が必要である.

上図のように，辺 e の両側の面の向きが両方とも右回りであって，向き付け可能であるような場合を想定しよう．この辺 e を細分することにより，2 つの辺に分かれたとしよう．このとき，辺 e 以外の辺には変更がないのであるから，面の向きについての条件には変更はない．新しく作られた 2 つの辺について考えると，その両側の面の向きは作り方から当然一致することになる．このことから辺の細分を行っても向き付け可能であることがわかる.

逆向きの操作についても同じ図から考察することができる．もし上の図の右側のようになっていて，これが全体で向き付け可能であるとするならば，辺の細分の逆操作の後にも，上の図の左側のように向きをつけることができるので，全体で向き付け可能である.

面の細分についても図を書いて考えてみよう.

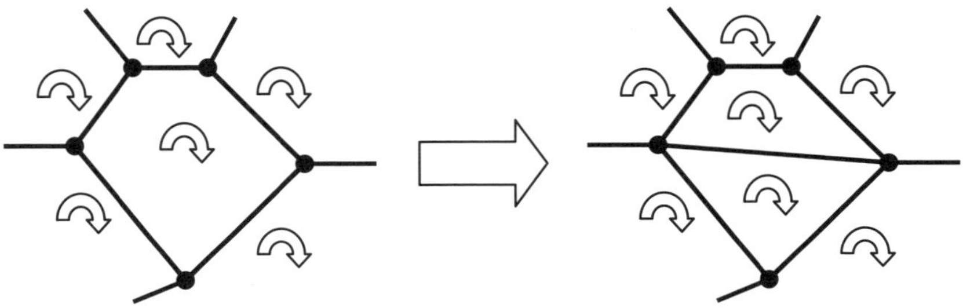

この図のように，ある面について，その周辺の（隣接する）面の向きが適合していているとする．このようにできることが「向き付け可能」の条件である．この状態から，面を 2 つに細分して新しくできた 2 つの面には同じ向きを入れることになっているので，上右図のようになる．この状態であっても，ここに表れているすべての辺について両側の面の向きが適合しているという条件は成り立っている．すなわち向き付け可能である．

面の細分の逆操作についても，同じ図から考察することができる．すべての辺について面の向きが適合するようになっていたとすると，面の細分の逆操作を行う 2 つの面も適合する向きを入れることができる．これが上図の右側のような状態である．ここに面の細分の逆操作を行ったとしたとき，上図の左側のように向きをつけることができるので，全体で向き付け可能である．

以上より，向き付け可能な曲面に辺や面の反転や細分を行っても，やはり向き付け可能であることが示された． □

定理により，アニュラスとメビウスの帯とが同相でないことが正式に証明されたことになる．なお，これまでに現れた曲面をすべて向き付け可能性で分類してみよう．

向き付け可能	向き付け不可能
S^2：球面 N^2：アニュラス T^2：トーラス Σ_g：種数 g の閉曲面	M^2：メビウスの帯 K^2：クラインの壺

13.2 射影平面 P^2

向き付け不可能な閉曲面の代表的なもう 1 つの例をあげよう．

$P^2 =$ 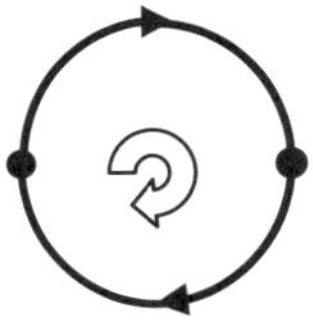

この曲面を**射影平面**という．2 角形の辺を張り合わせているので，辺は 1 つだけであるが，その辺の両側に面があるので閉曲面である．辺について，その両側の向きを考えると，向き付け不可能であることがわかる．

射影平面の構成の仕方はこのほかにもいくつか知られている．正方形領域を考え，その対辺を張り合わせるときに，すべてを同じ向きにはり合わせればトーラス，1 つを反対向きにはり合わせればクラインの壷であった．両方を反対向きにはり合わせると射影空間になる．

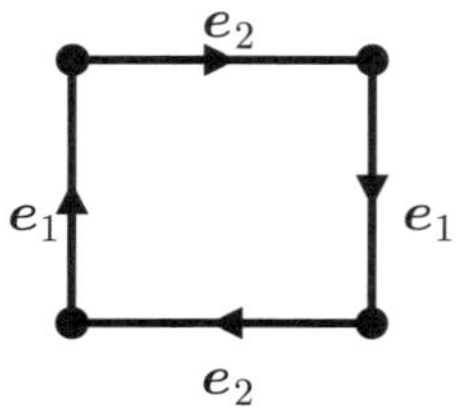

そのことを理解するのはたやすい．実際に，$\boldsymbol{e}_1$ と $\boldsymbol{e}_2$ とをつなげて 1 つの辺とすれば（つまり「辺の細分の逆」を行えば）これは前の図と同じになる．

もう 1 つの射影空間の構成方法は，メビウスの帯に円板を張り付けるというものである．メビウスの帯と円盤を次のように準備しよう．

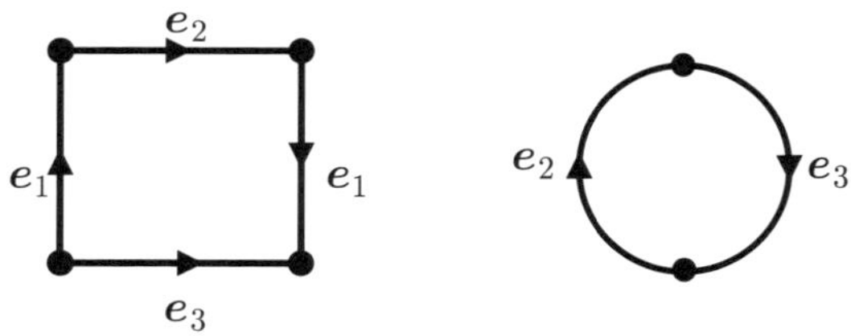

これを $\boldsymbol{e}_3$ で張り付けてみよう．

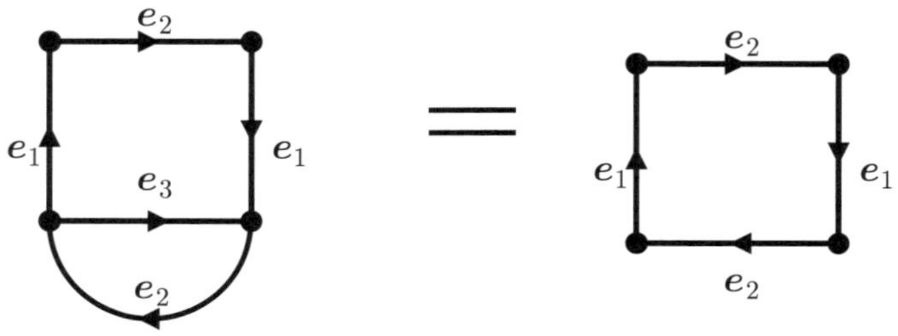

このことから，メビウスの帯と円板とを張り合わせることにより射影平面が得られることがわかった．

演習問題 13.2 逆に，射影平面の展開図から円板を取り去ったような下図の形がメビウスの帯になっていることを示せ．

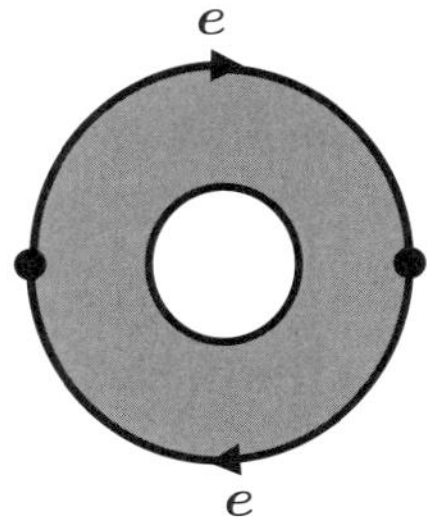

演習問題 13.3 $\mathbb{R}$ を実数の集合，$\mathbb{R}^3$ を座標空間とするとき，

$$P^2(\mathbb{R}) = \{(x, y, z) \in \mathbb{R}^3 | (x, y, z) \neq (0, 0, 0)\}/(x, y, z) = (ax, ay, az)$$

という集合を考える．つまり，(x, y, z) という 3 つの実数の組（ただし $(0, 0, 0)$ は除く）の集合を考え，ただし $(x, y, z) = (ax, ay, az)$ のように，3 つの数の比が等しいものは同じ要素をみなすとする．「x, y, z の 3 つの実数の比の全体の集合」も射影平面と呼ばれる．実際にこの集合と上の P^2 とは同相であることが知られている．そのことを証明せよ．

「$/(x, y, z) = (ax, ay, az)$」という記号は，第 2 章で出てきた商加群と似た考え方である．こちらは加群ではなく一般的な集合なので「商集合」と呼ばれる．集合の要素のいくつかを特定のルールに従って同じものとみなして考えているのである．

この問題は難しい．「$z \neq 0$ であるような 3 つの数の比全体の集合」が平面上の点とだいたい全単射の対応がつくことをまず見つける．そのあとに「$z \neq 0$ であるような 3 つの数の比全体の集合」がだいたい円板と全単射の対応がつくことを見つける．そのときに，円板の境界がどのようにつながっているかを見つけるのである．

13.3 射影平面の連結和

射影平面 P^2 の連結和について考えよう．まずは $P^2 \# P^2$ を作ってみよう．

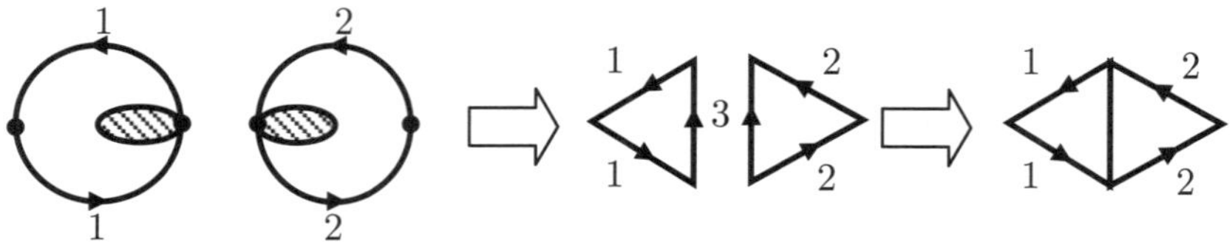

これで展開図は完成しているわけであるが，もう少し変形してみると，これまでに取り扱った形が現れる．

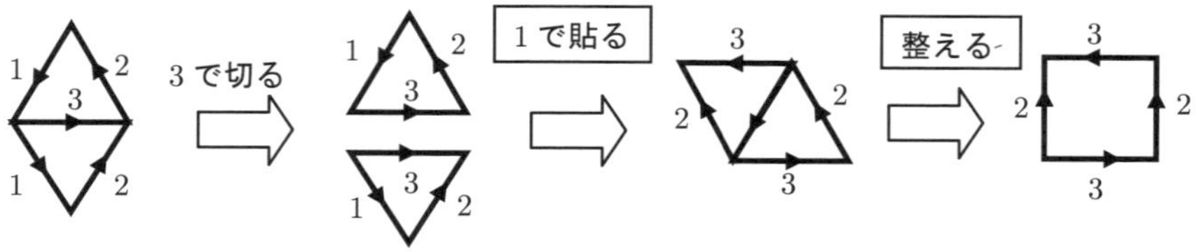

この最後の形はクラインの壺である．このことから，次の命題が成り立つ．

命題 13.5　$P^2 \# P^2 \sim K^2$

射影平面をいくつか連結和したものも閉曲面である．$P^2 \# P^2 \# P^2$ や $P^2 \# \cdots \# P^2$ を考えることができる．このことを表す一般的な記号はないようであるが，本書では

$$P_g = P^2 \# \cdots \# P^2 \quad (g \text{ 個の連結和})$$

と書くことにする．(教科書によっては，P^2 を g 個連結和した P_g を「種数 g の向き付け不可能閉曲面」と呼ぶこともあることを付記しておこう.)

演習問題 13.4　メビウスの帯を 2 つ用意し，その境界をたがいに貼り合わせると，そこにできる曲面は実はクラインの壺になる．このことを次の 2 通りの方法で示せ．

(1) メビウスの帯の展開図を 2 つ用意して，これを実際に辺で張り合わせる方法．

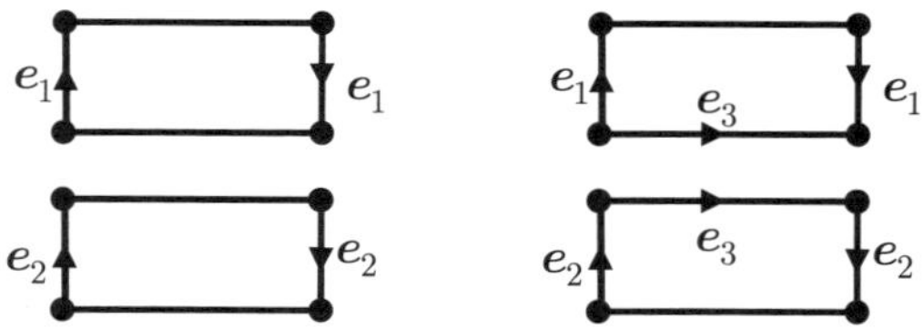

(まず左図のように考え，辺の一部を右図のように貼ったとき，残りの辺をど

のように張ればよいかを考え，そこから閉曲面を構成する.)

(2) $P^2\#P^2 \cong K^2$ という公式について，左辺を連結和の定義にさかのぼって再解釈する.

13.4　$P^2\#T^2$

前の章で T^2 をいくつか連結和したもの，本章で P^2 をいくつか連結和したものを考えた．次は，$P^2\#T^2$ について考えてみよう．ここでまた新しい曲面の例が得られるように想像されるが，実はそうではない．次の定理が成立する.

定理 13.6　$P^2\#T^2$ と $P^2\#K^2$ と $P^2\#P^2\#P^2 = P_3$ は同相である.

証明.　まず $P^2\#K^2$ と $P^2\#P^2\#P^2$ が同相であることを示す．上の命題により，K^2 と $P^2\#P^2$ とは同相であり，それに P^2 を連結和したものであるから，$P^2\#K^2$ と $P^2\#P^2\#P^2$ は同相である.

次に $P^2\#T^2$ が $P^2\#K^2$ と同相であることを証明する．これは実際に面の細分の操作（およびその逆操作）により示す.

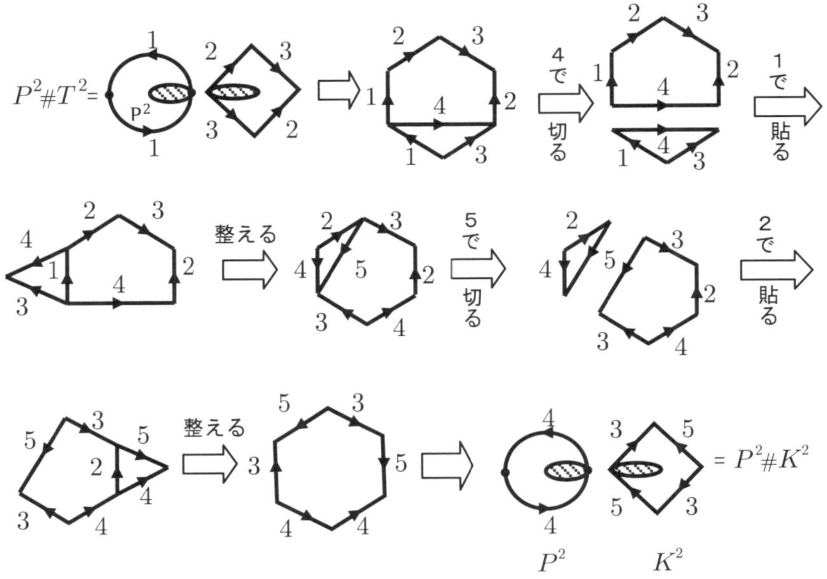

以上により示された.　□

演習問題 13.5　$P^2\#P^2\#P^2$ からスタートして，切ったり貼ったりの操作を繰り返し，$P^2\#T^2$ を得る証明を試してみよ．

この定理により，次の系がただちに従う．

系 13.7　$m, n \geq 1$ であるとする．$P^2\#P^2\#\cdots\#P^2 = P_m$（$m$ 個の連結和）と $T^2\#T^2\#\cdots\#T^2 = \Sigma_n$（$n$ 個の連結和）とを連結和で 1 つの閉曲面にすると，$P^2\#P^2\#\cdots\#P^2 = P_{m+2n}$（$(m+2n)$ 個の連結和）と同相である．

演習問題 13.6　系 13.7 を証明せよ．

第 14 章

閉曲面の分類定理

（これまでのあらすじ）

閉曲面 G に対しては，面や辺や頂点から構成され，面から辺へ，辺から頂点へは境界準同型が定義されている.（このようなものを 2 次元単体複体と呼んだ.）そのうえで，閉曲面であるという条件より，すべての辺には両側に面が隣接している.

2 つの曲面 G_1, G_2 が同相であるとは

(1) 面・辺の反転（向きを逆にする操作）

(2) 面・辺の細分（1 つのものを 2 つに分割する操作）

またはこれらの逆操作を繰り返して G_1 から G_2 を得られることをいうものとする. 本章では，本書のメインのテーマである「閉曲面の分類定理」を解説するとともに，その証明のために辺の列という概念を紹介する.

14.1　閉曲面の分類定理

まず，閉曲面の分類定理を紹介しよう.

定義 14.1（閉曲面の分類定理）　連結な閉曲面は

$$S^2, T^2, T^2\#T^2, T^2\#T^2\#T^2, \ldots, P^2, P^2\#P^2, P^2\#P^2\#P^2, \ldots$$

のいずれかに限る. かつこれらの曲面は互いに同相ではない.

同相なものは反転・細分の操作を繰り返して得られることから，閉曲面の分類定理の意味するところは，任意に与えられた閉曲面が，反転・細分の操作を繰り返すことにより，第 12 章，第 13 章で紹介した閉曲面のいずれかと同相であるということである.

閉曲面の分類定理の証明について考えていこう. この定理は次の 4 つのステップを通して証明していく. 非常に長い証明になるが，根気よく追跡してほしい.

ステップ A：面の細分の逆操作を用いて面を 1 つにする．

ステップ B：辺の列の概念を導入し，辺の列に許されるルールを考える．

ステップ C：任意の辺の列が，ある特定の辺の列へと変形可能であることを証明する．

ステップ D：ホモロジー群を計算することにより，S^2，T^2，$T^2\#T^2$，$T^2\#T^2\#T^2$，…，P^2，$P^2\#P^2$，$P^2\#P^2\#P^2$，… が互いに同相でないことを証明する．

14.2　面数が 1 の場合への帰着

ステップ A について解説しよう．与えられた任意の閉曲面に対して，その面が 2 つ以上あるならば，閉曲面が連結であることから，必ず辺で隣接する 2 つの面が存在する．隣接する面を 1 つにまとめるような「面の細分の逆操作」により面数を減らすことができる．このことを何回か繰り返すことにより，面数が 1 つの場合に帰着できる．

例題 14.2　4 面体の展開図からはじめて，面の数を 1 にせよ．このことは実際に次のようにできる．

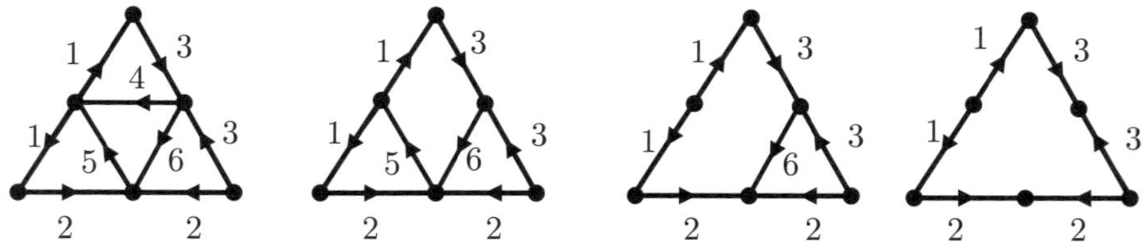

大切なことなので重ねて説明するが，この定理においては曲面が連結であることを最初から仮定している．このことから，もし面が 2 つ以上あるならば，異なる面に挟まれるような辺が必ず存在していることがわかり，面の細分の逆操作を行うことができることがわかる．これでステップ A は終了である．

14.3　辺の列

ステップ A で面数を 1 つにした後，辺の列という概念を導入する．

定義 14.3（**辺の列**） 1つの面の境界に表れる辺の名前を時計回り（右回り）に並べたものを辺の列ということにする．ただし，辺の向きが時計回りのときはそのまま辺の名前を，そうでないときは辺の名前の上にバーをつけることにする．

例題 14.4 上の4面体から始めた曲面の例の場合には

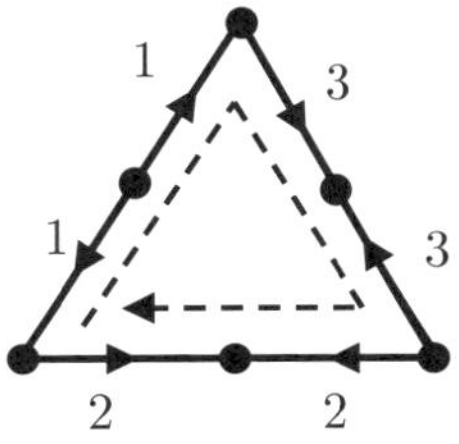

$\overline{1}13\overline{3}2\overline{2}$

となる．

演習問題 14.1 辺の列には各辺がちょうど2回ずつ現れる．(たとえば，上の例を見よ.）その理由を考えよ．

辺の列についていくつか注意を述べておこう．辺の列は円環状にならんだ辺の名前を並べたものなので，円環順列とみなすのでスタートはどこでもよい．したがって，$\overline{1}13\overline{3}2\overline{2}$ と $2\overline{2}\overline{1}13\overline{3}$ とは同じ意味である．

これまでは辺の名前として $\boldsymbol{e}_1, \boldsymbol{e}_2, \boldsymbol{e}_3, \ldots$ をよく使っていたが，辺の区別がつくものであれば○，△，×，…でも $1, 2, 3, \ldots$ でもかまわない．したがって，$\overline{1}13\overline{3}2\overline{2}$ と $\overline{\bigcirc}\bigcirc\triangle\overline{\triangle}\times\overline{\times}$ は同じ意味である．

また，辺の列について数学的な考察を進める上で，辺の列の部分列（列の一部分）を考えることも重要である．たとえば，$\overline{1}13\overline{3}2\overline{2}$ には $13\overline{3}$ という部分が含まれるが，これを $A = 13\overline{3}$ とするならば，$\overline{1}13\overline{3}2\overline{2} = \overline{1}A2\overline{2}$ である．

辺の列は逆順列を考えることができる．つまり，図を裏返したときの配列を考えることができる．この考え方から，$\overline{1}13\overline{3}2\overline{2}$ の逆順列は $2\overline{2}3\overline{3}\overline{1}1$ である．記号として

$$\overline{\overline{1}13\overline{3}2\overline{2}} = 2\overline{2}3\overline{3}\overline{1}1$$

と表す．つまり，辺の並び 113322 を逆にして 223311 とし，a と $\overline{a}$ とを交換する．逆順列は部分列についても考えることができる．また，もし $A = 13\overline{3}$ とするならば，$\overline{A} = 3\overline{3}\overline{1}$ である．

演習問題 14.2　図のような曲面について，これを辺の列で表せ．スタートする辺を変えることによって，2 通り（以上）の方法で表してみよ．また，それぞれの逆順列を書け．

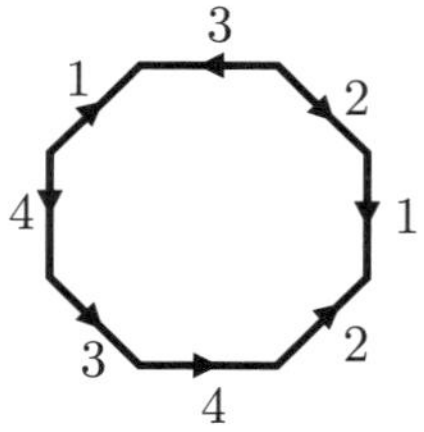

このようにして，面が 1 つであるような閉曲面（2 次元単体複体）から辺の列を構成することができたが，閉曲面を変えず（お互いに同相であるように）に辺の列を書き換える方法がいくつかある．ここではステップ B として，書き換えルールを 6 つ紹介する．

（ルール 1）異なる辺に異なる番号がついていれば，辺の番号を変更・交換してもよい．

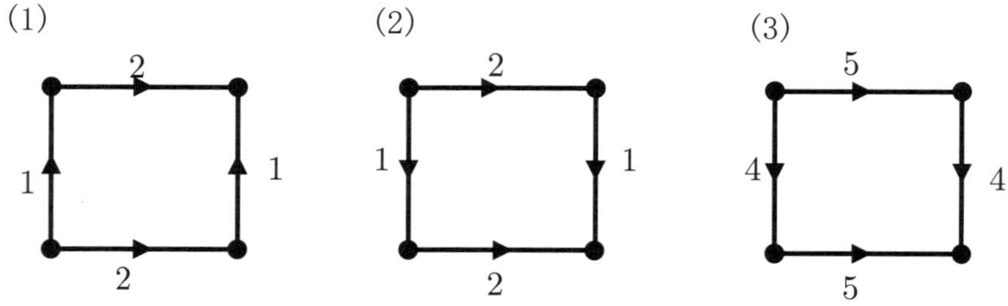

(1) $\overline{1}21\overline{2}$

(2) $12\overline{1}\overline{2}$（1 を $\overline{1}$ に変更した.）

(3) $45\overline{4}\overline{5}$（1 を 4 へ，2 を 5 へと変更した.）

以上 3 つはどれも同じ閉曲面を表していることから，辺の列としても同じであると考える．

（ルール 2）辺の列の途中に $\cdots ab\cdots ab\cdots$ か $\cdots ab\cdots\overline{b}\overline{a}\cdots$ が現れたとすると $ab=c$ として辺を 1 つにすることができる．

$\cdots ab\cdots ab\cdots$ は $\cdots c\cdots c\cdots$ へ，

$\cdots a\,b \cdots \overline{b}\,\overline{a} \cdots$ は $\cdots c \cdots \overline{c} \cdots$ へと
書き換えることができる.

演習問題 14.3 図を表すような辺の列を 1 つ書き，それをルール 2 によって簡略化せよ．簡略化された辺の列に対応するような曲面の展開図を書け.

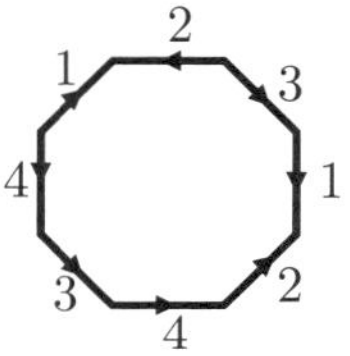

（ルール 3）辺の列の一部に $\cdots a\,\overline{a} \cdots$，$\cdots \overline{a}\,a \cdots$ が現れたときはこれを消すことができる.

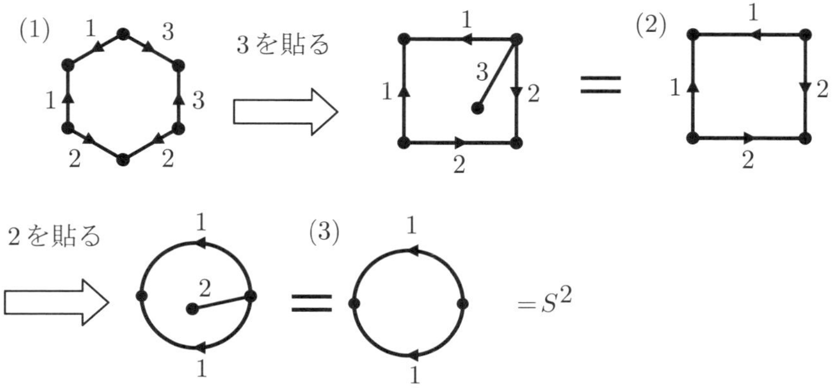

(1) $1\,\overline{1}\,2\,\overline{2}\,3\,\overline{3}$ から $3\,\overline{3}$ を消去する.
(2) $1\,\overline{1}\,2\,\overline{2}$ から $2\,\overline{2}$ を消去する.
(3) $1\,\overline{1}$ は S^2 を表す辺の列である.

（ルール 4）辺の列は円環順列なので辺の列の全体を A，B と 2 つに分けたとき AB を BA へと書き換えることができる.

例題 14.5

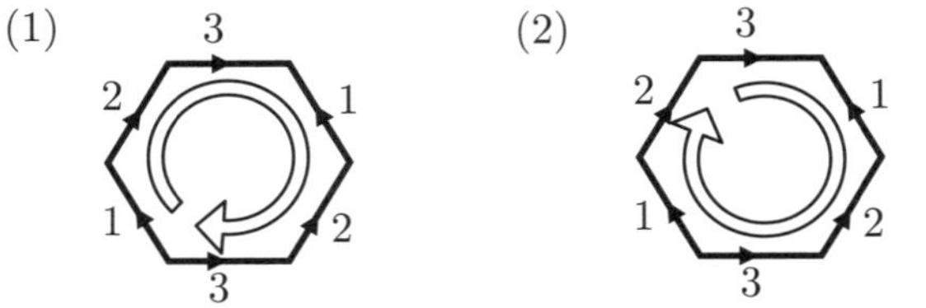

(1) $1\,2\,3\,\overline{1}\,\overline{2}\,\overline{3}$ を (2) $3\,\overline{1}\,\overline{2}\,\overline{3}\,1\,2$ へと書き換えることができる．ただしここで $A = 1\,2$，$B = 3\,\overline{1}\,\overline{2}\,\overline{3}$ とみなしている．

（ルール 5）x を辺，A, B：辺の並びとしたとき，次の書き換えが可能である

補題 14.6　$\cdots x\,A\,B\,\overline{x} \cdots \Rightarrow \cdots x\,B\,A\,\overline{x} \cdots$

$\cdots \overline{x}\,A\,B\,x \cdots \Rightarrow \cdots \overline{x}\,B\,A\,x \cdots$

証明.

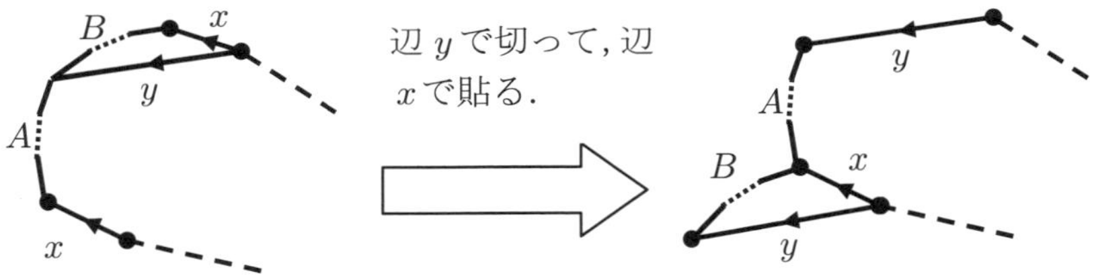

図において，$\cdots x\,A\,B\,\overline{x} \cdots \Rightarrow \cdots y\,B\,A\,\overline{y} \cdots = \cdots x\,B\,A\,\overline{x} \cdots$ である．　□

演習問題 14.4　辺 x の向きを逆にしたような絵から始めれば，$\cdots \overline{x}\,A\,B\,x \cdots \Rightarrow \cdots \overline{x}\,B\,A\,x \cdots$ も証明できる．このことを確認せよ．

例題 14.7

$$\begin{aligned} & 1\,2\,3\,4\,\overline{1}\,\overline{2}\,\overline{3}\,\overline{4} \quad (x = 2, A = 3\,4, B = \overline{1} \text{ と置く.}) \\ \Rightarrow & 1\,2\,\overline{1}\,3\,4\,\overline{2}\,\overline{3}\,\overline{4} \quad (x = \overline{1}, A = 3\,4, B = \overline{2}\,\overline{3}\,\overline{4} \text{ と置く.}) \\ \Rightarrow & 1\,2\,\overline{1}\,\overline{2}\,\overline{3}\,\overline{4}\,3\,4 \end{aligned}$$

2 回めの変形では辺の列が円環行列であることを用いて，A, B は $\overline{1}$ と 1 に挟まれていると考えているのである．

演習問題 14.5 $1\,2\,3\,4\,5\,\overline{1}\,3\,\overline{2}\,5\,\overline{4}$ から始めてルール 5 を用いて，$1\,2\,\overline{1}\,\overline{2}\cdots$ から始まるようにせよ．

（ルール 6）次の書き換えが可能である

補題 14.8 $\cdots xAx\cdots \Leftrightarrow \cdots\overline{A}xx\cdots \Leftrightarrow \cdots xx\overline{A}\cdots$

証明.

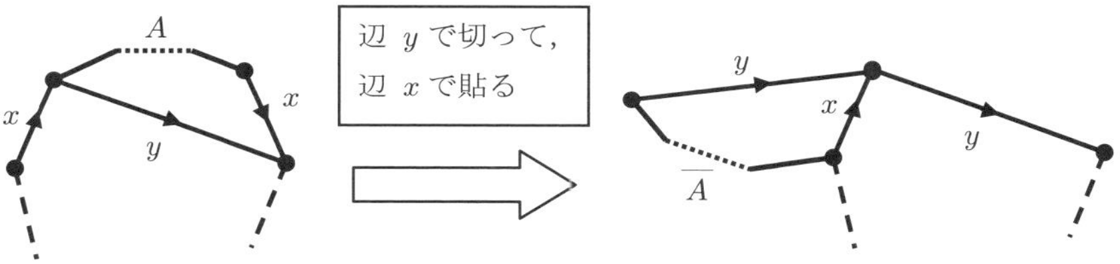

$\cdots x\,A\,x\cdots \Rightarrow \cdots\overline{A}\,y\,y\cdots = \cdots\overline{A}\,x\,x\cdots$ □

演習問題 14.6 上の証明図で y の取り方を変えることにより，$\cdots x\,A\,x\cdots \Leftrightarrow \cdots x\,x\,\overline{A}\cdots$ を証明せよ．

例題 14.9 $1\,2\,3\,\overline{4}\,1\,4\,2\,3$ において，$x=1, A=2\,3\,\overline{4}$ とおいてルール 6 を適用すると $1\,1\,4\,\overline{3}\,\overline{2}\,4\,2\,3$ になる．さらにここから，$x=4, A=\overline{3}\,\overline{2}$ としてルール 6 を適用すると $1\,1\,4\,4\,2\,3\,2\,3$ になる．$\overline{A}$ を作るときには，並び方は逆にすることと，バーのバーは元に戻ることに注意する．たとえば $A=2\,3\,\overline{4}$ の例でいうと，並びは $4,3,2$ の順になるが，バーのつき方から $\overline{A}=4\,\overline{3}\,\overline{2}$ になる．

演習問題 14.7 $1\,\overline{2}\,\overline{3}\,1\,2\,3$ からはじめてルール 6 を使って $1\,1\,2\,2\,3\,3$ にせよ．

演習問題 14.8 これまで解いてみた問題を辺の列を使って解決してみよう．
(1) $1\,2\,3\,\overline{1}\,\overline{2}\,\overline{3} \Rightarrow 1\,2\,\overline{1}\,\overline{2}$（6 角形の対辺を貼ったものはトーラスと同相である）
(2) $1\,1\,2\,2 \Rightarrow 1\,2\,1\,\overline{2}$（$P^2\#P^2$ と K^2 が同相である）
(3) $1\,1\,2\,3\,\overline{2}\,\overline{3} \Rightarrow 1\,1\,2\,2\,3\,3$（$P^2\#T^2$ と $P^2\#P^2\#P^2$ が同相である）

14.4 連結な閉曲面の辺の列による分類

本節ではステップ C にあたる部分，すなわち辺の列を使って連結な閉曲面を分類する作業を行う．具体的には次の定理を証明する．

定理 14.10　任意の連結な閉曲面の辺の列は前節のルールを用いて，以下の (1)(2)(3) のいずれかへと書き換えることができる．

(1) $1\,\overline{1}\ (= S^2)$

(2) $1\,2\,\overline{1}\,\overline{2}\,3\,4\,\overline{3}\,\overline{4}\cdots(2g-1)\,(2g)\,\overline{(2g-1)}\,\overline{(2g)}\ (= T^2\#T^2\#\cdots\#T^2 = \Sigma_g)$

(3) $1\,1\,2\,2\,\cdots\,g\,g (= P^2\#P^2\#\cdots\#P^2 = P_g)$

(1) の，$1\,\overline{1}$ という辺の列は

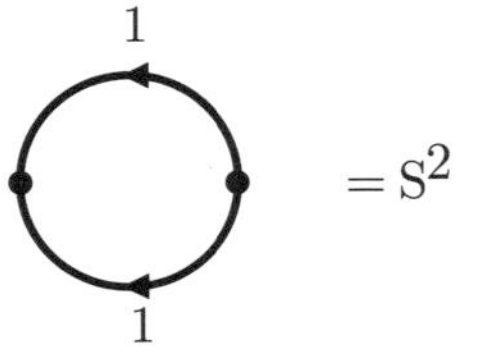

であるから S^2 に対応することがただちにわかる．

(2) の辺の列については 12.3.3 項で $g = 1, 2, 3$ の場合を示した．つまり

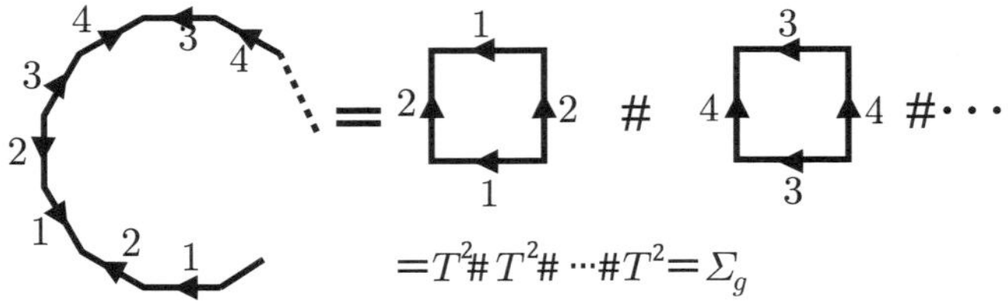

ということである．(3) の辺の列については

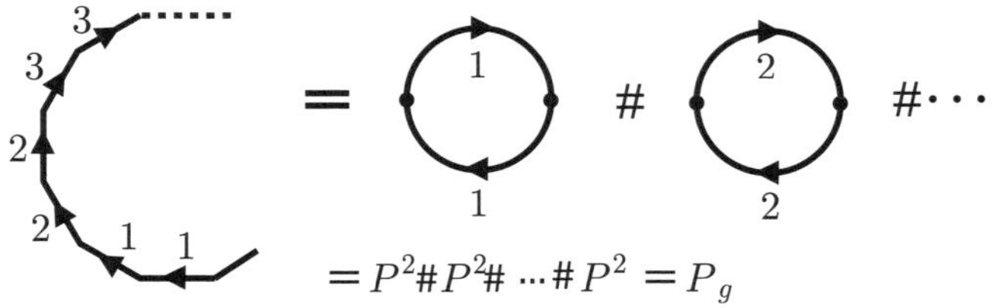

ということである．

以下は定理 14.10 の証明である．辺の列の中に現れる辺の名前の組み合わせの場合分けによって証明を行う．

証明. 辺の列の中に現れる辺のうち a と $\overline{a}$ が現れるような辺を第 1 種の辺とよび，a と a または $\overline{a}$ と $\overline{a}$ が現れるような辺を第 2 種の辺と呼ぶことにする．ここで場合分けを行う．すべての辺が第 1 種であるような場合（場合 (a)）と第 2 種の辺を 1 つ以上含むような場合（場合 (b)）の 2 つを考える．

場合 (a) すべての辺が第 1 種の場合

a と $\overline{a}$ が並んでいるような場合には，ルール 3 によりこれらを消すことができるので，まずそのような辺は前もって消しておくことにする．この段階で，$1\overline{1}$ が得られたとすると，それは S^2 であって，1 つの答えが得られたといえる．

以下では a と $\overline{a}$ があらゆる箇所で並んでいないと仮定して話を進める．このとき，次の補題が成り立つ．

補題 14.11 すべての辺が第 1 種であり，かつ a と $\overline{a}$ が並んでいないと仮定すると，任意の辺 a に対してある辺 b が存在して，$\cdots a \cdots b \cdots \overline{a} \cdots \overline{b} \cdots$ の配置が現れる．

補題 14.11 の証明. 背理法によって証明する．任意の辺 a に対して $\cdots a \cdots b \cdots \overline{a}$ $\cdots \overline{b} \cdots$ の形のような辺の配置が全く現れないと仮定する．そうすると，任意の辺 a を固定して考えたときに，a と $\overline{a}$ の間から辺 b を 1 つ選べば，b と $\overline{b}$ の両方が a と $\overline{a}$ の間にあることになり，$\cdots a \cdots b \cdots \overline{b} \cdots \overline{a} \cdots$，もしくは $\cdots a \cdots \overline{b} \cdots b \cdots \overline{a} \cdots$ という配置が得られる．しかし，b と $\overline{b}$ は並んでいないと最初から仮定しているので，b と $\overline{b}$ の間には別の辺が存在しなければならない．それを c とする．しかし $\cdots a \cdots b \cdots \overline{a} \cdots \overline{b} \cdots$ のような辺の配置が現れないという仮定は辺 c についても言えるので $\overline{c}$ も同じ間になければならない．つまり

$$\cdots a \cdots b \cdots c \cdots \overline{c} \cdots \overline{b} \cdots \overline{a} \cdots$$

のようになる．さらに，これもルール 3 を適用済みなので，c と $\overline{c}$ の間には別の辺が存在する．この議論はいくらでも続けることができ，a と $\overline{a}$ の間に無限本の辺があることになってしまう．このことは辺が有限本であることに矛盾する． □

この補題 14.11 により，$\cdots$ にあたる辺の列の部分列を X, Y, Z, W で表すことにすると，与えられた辺の列は（a が先頭になるように円環順列を調整したとすると）

$$a\,X\,b\,Y\,\overline{a}\,Z\,\overline{b}\,W$$

と表すことができる．これをルール 5 で変形しよう．

$$\begin{aligned} a\,X\,b\,Y\,\overline{a}\,Z\,\overline{b}\,W &\xrightarrow{\text{ルール 5}} a\,b\,Y\,X\,\overline{a}\,Z\,\overline{b}\,W && (X \text{ と } bY \text{ を交換}) \\ &\xrightarrow{\text{ルール 5}} a\,b\,\overline{a}\,Z\,Y\,X\,\overline{b}\,W && (Y\,X \text{ と } \overline{a}\,Z \text{ を交換}) \\ &\xrightarrow{\text{ルール 5}} a\,b\,\overline{a}\,\overline{b}\,W\,Z\,Y\,X && (Z\,Y\,X \text{ と } \overline{b}W \text{ を交換}) \end{aligned}$$

$W\,Z\,Y\,X$ には，やはり第 1 種の辺しか現れないことに注意しよう．このことから，補題 14.11 を $W\,Z\,Y\,X$ という部分列に適用することにより，同様の作業を行うことができる．この作業を繰り返すことによりそして $1\,2\,\overline{1}\,\overline{2}\,3\,4\,\overline{3}\,\overline{4}\cdots(2g-1)\,(2g)\,\overline{(2g-1)}\,\overline{(2g)}$ の形を得る．

演習問題 14.9　以下の辺の列には第 1 種しか現れない．このことから上で説明した手順により Σ_g が得られる．実際に辺の列の変形によりそのことを示してみよ．

(1) $1\,2\,3\,\overline{1}\,4\,\overline{3}\,\overline{2}\,\overline{4}$

(2) $1\,2\,3\,\overline{2}\,4\,\overline{3}\,5\,\overline{1}\,\overline{5}\,\overline{4}$

(3) $1\,2\,3\,\overline{1}\,\overline{2}\,6\,4\,5\,\overline{3}\,\overline{4}\,\overline{5}\,\overline{6}$

場合 (b) 第 2 種の辺が 1 つ以上存在する場合

この場合には，第 2 種の辺 a に対して，$a\,X\,a\,Y$ という形に表すことができる．ただしここで X, Y は辺の列の部分列である．

$$a\,X\,a\,Y \xrightarrow{\text{ルール 6}} a\,a\,\overline{X}\,Y$$

という変形の後，さらに 2 つに場合分けを行う．$\overline{X}\,Y$ の辺がすべて第 1 種の辺のみからなるとき（場合 b-1）と，$\overline{X}\,Y$ に第 2 種の辺が 1 つ以上あるとき（場合 b-2）である．

場合 (b) **の** 1　$\overline{X}\,Y$ の辺が第 1 種のみからなるとき，補題 14.11 と同じ議論により，これを改めて $\overline{X}\,Y = b\,Q\,c\,R\,\overline{b}\,S\,\overline{c}\,T$ と置くことができる．

$$\begin{aligned} a\,a\,\overline{X}\,Y &= a\,a\,b\,Q\,c\,R\,\overline{b}\,S\,\overline{c}\,T \\ &\xrightarrow{\text{ルール 4}} b\,Q\,c\,R\,\overline{b}\,S\,\overline{c}\,T\,a\,a \\ &\xrightarrow{\text{場合 1}} b\,c\,\overline{b}\,\overline{c}\,T\,a\,a\,S\,R\,Q \end{aligned}$$

$$\xrightarrow{\text{ルール }6} b\,c\,\overline{b}\,\overline{c}\,T\,S\,R\,Q\,a\,a$$

ここで $T\,S\,R\,Q = P$ と置く.

$$\begin{aligned} b\,c\,\overline{b}\,\overline{c}\,P\,a\,a &\xrightarrow{\text{ルール }4} a\,a\,b\,c\,\overline{b}\,\overline{c}P \\ &\xrightarrow{\text{ルール }6} a\,\overline{c}\,\overline{b}\,a\,\overline{b}\,\overline{c}\,P \\ &\xrightarrow{\text{ルール }6} a\,\overline{c}\,\overline{a}\,\overline{b}\,\overline{b}\,\overline{c}\,P \\ &\xrightarrow{\text{ルール }6} a\,b\,b\,a\,\overline{c}\,\overline{c}\,P \\ &\xrightarrow{\text{ルール }6} a\,b\,\overline{a}\,b\,\overline{c}\,\overline{c}\,P \\ &\xrightarrow{\text{ルール }6} a\,a\,b\,b\,\overline{c}\,\overline{c}\,P \end{aligned}$$

この作業を続けることにより, $1\,1\,2\,2 \cdots g\,g$ の形へと変形できる.

場合 (b) **の** 2 $\overline{X}\,Y$ に第 2 種の辺が 1 つ以上あるとするとき, $\overline{X}\,Y = P\,b\,Q\,b\,R$ という形を仮定できる. (b が第 2 種の辺.) このとき,

$$a\,a\,\overline{X}\,Y = aaP\,b\,Q\,b\,R \xrightarrow{\text{ルール }6} a\,a\,P\,b\,b\,\overline{Q}\,R \xrightarrow{\text{ルール }6} a\,a\,b\,b\,P\,\overline{Q}\,R$$

という式変形をすることができる. 以上の作業を続けることにより, 第 2 種の辺を含むような任意の辺の列は $1\,1\,2\,2 \cdots g\,g$ の形へと変形できる. □

演習問題 14.10 以下の辺の列には第 2 種が現れる. このことから上の手順により P_g と同相であることが示されるはずである. 実際に辺の列の変形によりそのことを示してみよ.

(1) $1\,2\,3\,1\,2\,3$

(2) $1\,2\,\overline{3}\,4\,\overline{1}\,2\,3\,4$

(3) $1\,2\,3\,\overline{2}\,\overline{3}\,1\,4\,\overline{5}\,\overline{4}\,5$

演習問題 14.11 次の辺の列を $1\,2\,\overline{1}\,\overline{2}\,3\,4\,\overline{3}\,\overline{4} \cdots (2g-1)\,(2g)\,\overline{(2g-1)}\,\overline{(2g)}$ の形, または $1\,1\,2\,2 \cdots g\,g$ の形へと変形せよ. (どちらになるかはあえて記さない.)

(1) $1\,2\,\overline{6}\,\overline{1}\,\overline{2}\,3\,4\,5\,6\,\overline{3}\,\overline{4}\,\overline{5}$

(2) $1\,3\,2\,\overline{3}\,\overline{2}\,1\,4\,5\,4\,5$

第 15 章

閉曲面のホモロジー群

15.1　閉曲面の分類定理に現れる曲面のホモロジー群

本節では定理 14.1 の証明のステップ D にあたる部分，すなわち，閉曲面の分類定理に現れる曲面たちが互いに同相ではないことを証明する．そのためにはそれぞれのホモロジーを求めてみて，それらが互いに異なることを示せば十分である．

実際に，S^2, Σ_g, P_g のホモロジー群について，以下の定理が成り立つ．

定理 15.1（**球面のホモロジー（11.1 節の再掲）**）

$$H_i(S^2) \cong \begin{cases} \mathbb{Z} & (i=0) \\ O & (i=1) \\ \mathbb{Z} & (i=2) \end{cases}$$

定理 15.2（**向き付け可能種数 g 閉曲面のホモロジー**）

$$H_i(\Sigma_g) \cong \begin{cases} \mathbb{Z} & (i=0) \\ \mathbb{Z} \oplus \cdots \oplus \mathbb{Z} \ \ (2g \text{ 個の直和}) & (i=1) \\ \mathbb{Z} & (i=2) \end{cases}$$

定理 15.3（**向き付け不可能種数 g 閉曲面のホモロジー**）

$$H_i(P_g) \cong \begin{cases} \mathbb{Z} & (i=0) \\ \mathbb{Z} \oplus \cdots \oplus \mathbb{Z} \oplus (\mathbb{Z}/2\mathbb{Z}) \ \ (g-1 \text{ 個の } \mathbb{Z} \text{ の直和と } \mathbb{Z}/2\mathbb{Z}) & (i=1) \\ O & (i=2) \end{cases}$$

ただしここで $\mathbb{Z}/2\mathbb{Z} = \{[0], [1]\}$ は例題 2.21 で紹介した加群である．

定理 15.1 は 11.1 節で証明済みなので，定理 15.2，定理 15.3 を証明しよう．これらが証明できれば，閉曲面の分類定理に現れた S^2, Σ_g, P_g は互いに同相でないことが示される．

まず定理 15.1 から証明する．辺の名前は，混同のないように $\boldsymbol{e}_1, \boldsymbol{e}_2, \ldots$ を用いることにする．Σ_g は 12.3.3 項で紹介したように，$(4g)$ 角形の辺を $\xrightarrow{\boldsymbol{e}_1}\xrightarrow{\boldsymbol{e}_2}\xleftarrow{\boldsymbol{e}_1}\xleftarrow{\boldsymbol{e}_2}\xrightarrow{\boldsymbol{e}_3}\xrightarrow{\boldsymbol{e}_4}\xleftarrow{\boldsymbol{e}_3}\xleftarrow{\boldsymbol{e}_4}$ ... というルールで張り合わせたものである．このことからホモロジー群を具体的に計算することができる．

まず面であるが，これは $(4g)$ 角形が 1 つあるだけなので，これを $\boldsymbol{f}$ と名づける． 辺は $(4g)$ 角形の辺のそれぞれに $\boldsymbol{e}_1$ から $\boldsymbol{e}_{2g}$ の名前をつけることになる．頂点は丁寧に調べないといけないが，結論から言うと，辺を張り合わせることによって，すべての頂点は一箇所 $\boldsymbol{v}$ にあつまることが示される．これらの考察により，

$$C_0(\Sigma_g) = \mathbb{Z}\langle \boldsymbol{v} \rangle$$

$$C_1(\Sigma_g) = \mathbb{Z}\langle \boldsymbol{e}_1, \boldsymbol{e}_2, \boldsymbol{e}_3, \ldots, \boldsymbol{e}_{2g-1}, \boldsymbol{e}_{2g} \rangle$$

$$C_2(\Sigma_g) = \mathbb{Z}\langle \boldsymbol{f} \rangle$$

を得る．

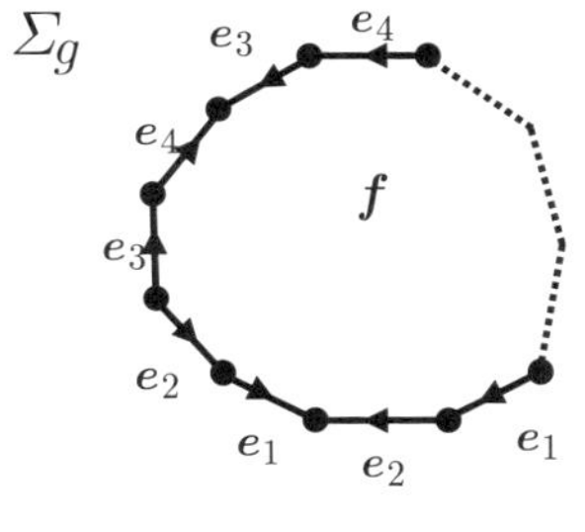

演習問題 15.1 上の図で，頂点の個数が 1 個であることを確認せよ．(できれば一般の g について調べてほしい.)

15.1.1 $H_0(\Sigma_g)$ の計算

ホモロジー群の定義により $H_0(\Sigma_g) = Z_0(\Sigma_g) \,/\, B_0(\Sigma_g)$ である．ただしここで，Z_0, B_0 は

$$Z_0(\Sigma_g) = \mathrm{Ker}(\partial_0)$$

$$B_0(\Sigma_g) = \mathrm{Im}(\partial_1)$$

である．ホモロジー群の計算の章（第 12 章）での計算を踏まえると，

$$
\begin{aligned}
Z_0(\Sigma_g) &\cong C_0(\Sigma_g) = \mathbb{Z}\langle \boldsymbol{v} \rangle \\
B_0(\Sigma_g) &= \mathrm{Im}(\partial_1) \\
&= \mathbb{Z}\langle \partial_1(\boldsymbol{e}_1), \partial_1(\boldsymbol{e}_2), \ldots \rangle \\
&= \mathbb{Z}\langle \boldsymbol{v} - \boldsymbol{v}, \boldsymbol{v} - \boldsymbol{v}, \ldots \rangle \qquad (\text{すべて } \boldsymbol{v} - \boldsymbol{v} \text{ になる.}) \\
&= O
\end{aligned}
$$

よって，$H_0(\Sigma_g) = \mathbb{Z}\langle \boldsymbol{v} \rangle / O = \{a[\boldsymbol{v}] \mid a \in \mathbb{Z}\} \cong \mathbb{Z}$ である．

15.1.2　$H_1(\Sigma_g)$ の計算

ホモロジー群の定義により $H_1(\Sigma_g) = Z_1(\Sigma_g) \,/\, B_1(\Sigma_g)$ である．まず Z_1 を正確に求める．

$$
\begin{aligned}
Z_1(\Sigma_g) &= \mathrm{Ker}(\partial_1) \\
&= \{a_1\boldsymbol{e}_1 + a_2\boldsymbol{e}_2 + \cdots + a_{2g}\boldsymbol{e}_{2g} \mid \partial_1(a_1\boldsymbol{e}_1 + a_2\boldsymbol{e}_2 + \cdots + a_{2g}\boldsymbol{e}_{2g}) = 0\}
\end{aligned}
$$

今，張り合わせた後に頂点が 1 箇所に集まることから，どの辺についてもその両端は同じ頂点 $\boldsymbol{v}$ であることがわかる．つまり $\partial_1(\boldsymbol{e}_1) = \boldsymbol{v} - \boldsymbol{v} = 0, \ldots, \partial_1(\boldsymbol{e}_{2g}) = \boldsymbol{v} - \boldsymbol{v} = 0$ である．このことから，任意の $a_1, \ldots, a_{2g} \in \mathbb{Z}$ に対して，$\partial_1(a_1\boldsymbol{e}_1 + a_2\boldsymbol{e}_2 + \cdots + a_{2g}\boldsymbol{e}_{2g}) = a_1 \cdot 0 + \cdots + a_{2g} \cdot 0 = 0$ である．よって，

$$
\begin{aligned}
Z_1(\Sigma_g) &= \{a_1\boldsymbol{e}_1 + a_2\boldsymbol{e}_2 + \cdots + a_{2g}\boldsymbol{e}_{2g} \mid a_1, \ldots, a_{2g} \in \mathbb{Z}\} \\
&= C_1(\Sigma_g)
\end{aligned}
$$

と求まる．次に $B_1(\Sigma_g) = \mathrm{Im}(\partial_2)$ を考えるが，∂_2 の定義域である $C_2(\Sigma_g)$ が 1 つの面 $\boldsymbol{f}$ しか持たないことから，$B_1(\Sigma_g) = \mathbb{Z}\langle \partial_2(\boldsymbol{f}) \rangle$ である．ここで

$$
\partial_2(\boldsymbol{f}) = \boldsymbol{e}_1 + \boldsymbol{e}_2 - \boldsymbol{e}_1 - \boldsymbol{e}_2 + \boldsymbol{e}_3 + \boldsymbol{e}_4 - \boldsymbol{e}_3 - \boldsymbol{e}_4 + \cdots = 0
$$

なので，$B_1(\Sigma_g) = O$ であることが導かれる．

以上より

$$
\begin{aligned}
H_1(\Sigma_g) &= Z_1(\Sigma_g)/O \\
&= \{a_1[\boldsymbol{e}_1] + a_2[\boldsymbol{e}_2] + \cdots + a_{2g}[\boldsymbol{e}_{2g}] \ \mid\ a_1, \ldots, a_{2g} \in \mathbb{Z}\} \\
&\cong \mathbb{Z} \oplus \cdots \oplus \mathbb{Z} \quad (2g \text{ 個の直和})
\end{aligned}
$$

であることが計算できる.

以前のいくつかの曲面の H_1 の計算に比べてひどく簡単に済んでしまった. その理由について説明しよう. 要するに H_1 を求めるときには Z_1 を B_1 で割った加群を計算しなければならないが, ここでは面を 1 つにすることにより, B_1 を限りなく簡明な形にすることができた. しかもこの場合には $\partial_2(\boldsymbol{f}) = 0$ だったことから, 実質的に B_1 で割る計算はまったく発生しなかった（ただカッコをつけるだけの作業だった）といえる.

15.1.3 $H_2(\Sigma_g)$ の計算

定義により, ホモロジー群は $H_2(\Sigma_g) = Z_2(\Sigma_g)/B_2(\Sigma_g)$ である. まず Z_2 を求めよう. 定義により

$$Z_2(\Sigma_g) = \mathrm{Ker}(\partial_2) = \{a\boldsymbol{f} \mid a \in \mathbb{Z}, \partial_2(a\boldsymbol{f}) = 0\}$$

であるが, 前の節で計算したように $\partial_2 \boldsymbol{f} = 0$ なので, ただちに $Z_2(\Sigma_g) = \{a\boldsymbol{f} \mid a \in \mathbb{Z}\}$ である. 曲面の場合には ∂_3 は零写像なので $B_2(\Sigma_g) = \mathrm{im}\partial_3 = O$ である. 以上より $H_2(\Sigma_g) = \{a[f] \mid a \in \mathbb{Z}\} \cong \mathbb{Z}$ が示された.

以上で定理 15.2 はすべて示された.

演習問題 15.2 上の計算を検算せよ. たとえば $g = 3$ で実際に計算してみよ.

引き続いて定理 15.3 の証明をする. まず面であるが, これは $(2g)$ 角形が 1 つあるだけなので, これを $\boldsymbol{f}$ と名づける. 辺は $(2g)$ 角形の辺のそれぞれに $\boldsymbol{e}_1$ から $\boldsymbol{e}_g$ の名前をつける. 頂点は丁寧に調べれば, 辺を張り合わせることによって, すべての頂点は一箇所 $\boldsymbol{v}$ にあつまることが示される.

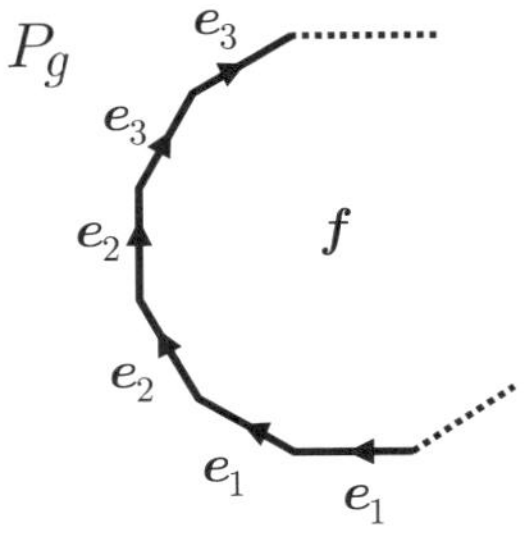

これらの考察により,

$$C_0(P_g) = \mathbb{Z}\langle \boldsymbol{v} \rangle$$

$$C_1(P_g) = \mathbb{Z}\langle \boldsymbol{e}_1, \boldsymbol{e}_2, \boldsymbol{e}_3, \ldots, \boldsymbol{e}_g \rangle$$
$$C_2(P_g) = \mathbb{Z}\langle \boldsymbol{f} \rangle$$

を得る.

演習問題 15.3 上の図において，頂点が 1 つしかないことを一般の g に対して証明せよ.

15.1.4 $H_0(P_g)$ の計算

$H_0(P_g)$ は，$H_0(\Sigma_g)$ と同じ計算を行う．各辺 $\boldsymbol{e}_i$ についてその両端の頂点は（張り合わせると）同一の頂点 $\boldsymbol{v}$ であることから $\partial_1(\boldsymbol{e}_i) = \boldsymbol{v} - \boldsymbol{v} = 0$ であり，$B_0(P_g) = O$．したがって，

$$H_0(P_g) = \{a[\boldsymbol{v}] \mid a \in \mathbb{Z}\} \cong \mathbb{Z}$$

である.

15.1.5 $H_1(P_g)$ の計算

ここが剣が峰である．難しいので丁寧に考えてほしい．ホモロジーの定義により $H_1(P_g) = Z_1(P_g)/B_1(P_g)$ であるが，Z_1 は定義により

$$\begin{aligned} Z_1(P_g) &= \mathrm{Ker}(\partial_1) \\ &= \{a_1\boldsymbol{e}_1 + a_2\boldsymbol{e}_2 + \cdots + a_g\boldsymbol{e}_g \mid \partial_1(a_1\boldsymbol{e}_1 + a_2\boldsymbol{e}_2 + \cdots + a_g\boldsymbol{e}_g) = 0\} \end{aligned}$$

であるが，$\partial_1\boldsymbol{e}_i = \boldsymbol{v} - \boldsymbol{v} = 0$ であることから，任意の $a_1, \ldots, a_g \in \mathbb{Z}$ に対して，$\partial_1(a_1\boldsymbol{e}_1 + a_2\boldsymbol{e}_2 + \cdots + a_g\boldsymbol{e}_g) = 0$ である．このことから

$$\begin{aligned} Z_1(P_g) &= \{a_1\boldsymbol{e}_1 + a_2\boldsymbol{e}_2 + \cdots + a_g\boldsymbol{e}_g \mid a_i \in \mathbb{Z}\} \\ &= C_1(P_g) \end{aligned}$$

である．次に $B_1(P_g) = \mathrm{Im}(\partial_2) = \mathbb{Z}\langle \partial_2(\boldsymbol{f}) \rangle$ を計算により求める.

$$\begin{aligned} \partial_2(\boldsymbol{f}) &= \boldsymbol{e}_1 + \boldsymbol{e}_1 + \boldsymbol{e}_2 + \boldsymbol{e}_2 + \cdots + \boldsymbol{e}_g + \boldsymbol{e}_g \\ &= 2(\boldsymbol{e}_1 + \boldsymbol{e}_2 + \cdots + \boldsymbol{e}_g) \end{aligned}$$

である．さてここで，商加群の定義に改めて遡らなければならない．まず $H_1(P_g)$ の任意の要素は，$Z_1(P_g)$ の任意の要素にカッコ [ ] をつけたものであるから，

$$[a_1\boldsymbol{e}_1 + a_2\boldsymbol{e}_2 + \cdots + a_g\boldsymbol{e}_g] = a_1[\boldsymbol{e}_1] + a_2[\boldsymbol{e}_2] + \cdots + a_g[\boldsymbol{e}_g]$$

と表わされる．ここで商加群のルール (c) により，

$$[2\boldsymbol{e}_1 + 2\boldsymbol{e}_2 + \cdots + 2\boldsymbol{e}_g] = 2([\boldsymbol{e}_1] + [\boldsymbol{e}_2] + \cdots + [\boldsymbol{e}_g]) = [0]$$

を満たす．(「2 倍して 0」からただちに 0 としてはいけないところがこの計算の難しいところである．)

この等式より，

$$2[\boldsymbol{e}_g] = -2[\boldsymbol{e}_1] - 2[\boldsymbol{e}_2] - \cdots - 2[\boldsymbol{e}_{g-1}]$$

であるので，これを $a_1[\boldsymbol{e}_1] + a_2[\boldsymbol{e}_2] + \cdots + a_g[\boldsymbol{e}_g]$ に代入すると，a_g が奇数の場合と偶数の場合で場合分けになることがわかる．つまり，

$a_g = 2k + 1$ のとき

$$a_1[\boldsymbol{e}_1] + \cdots + a_g[\boldsymbol{e}_g] = (a_1 - 2k)[\boldsymbol{e}_1] + \cdots + (a_{g-1} - 2k)[\boldsymbol{e}_{g-1}] + [\boldsymbol{e}_g]$$

$a_g = 2k$ のとき

$$a_1[\boldsymbol{e}_1] + \cdots + a_g[\boldsymbol{e}_g] = (a_1 - 2k)[\boldsymbol{e}_1] + \cdots + (a_{g-1} - 2k)[\boldsymbol{e}_{g-1}]$$

と表わされることがわかる．係数の式を適当に置きなおすことによって，

$$\begin{aligned} H_1(P_g) &= \{a_1[\boldsymbol{e}_1] + \cdots + a_{g-1}[\boldsymbol{e}_{g-1}] + a_g[\boldsymbol{e}_g] \\ &\qquad | \, a_1, \ldots, a_{g-1} \in \mathbb{Z}, a_g \in \mathbb{Z}/2\mathbb{Z}\} \\ &\cong \mathbb{Z} \oplus \cdots \oplus \mathbb{Z} \oplus (\mathbb{Z}/2\mathbb{Z}) \end{aligned}$$

が証明された．

15.1.6 $H_2(P_g)$ の計算

ホモロジーの定義により $H_2(P_g) = Z_2(P_g)/B_2(P_g)$ である．$Z_2(P_g) = \mathrm{Ker}(\partial_2) = \{a\boldsymbol{f} \mid a \in \mathbb{Z}, \partial_2(a\boldsymbol{f}) = 0\}$ であるが，

$$\partial_2(a\boldsymbol{f}) = a(2\boldsymbol{e}_1 + 2\boldsymbol{e}_2 + \cdots + 2\boldsymbol{e}_g) = 0$$

を解いて，各係数が 0 であることから $a = 0$ でなければならない．したがって，$Z_2(P_g) = \mathrm{Ker}(\partial_2) = O$ であり，このことからただちに $H_2(P_g) = O$ である．

以上で $H_i(P_g)$ に関するすべての計算は終了した．

演習問題 15.4 上の証明とは独立に（つまり見たり真似したりせずに）クラ

インの壺 K^2 のホモロジー群を改めて計算してみよ.

一般的に，2 つの曲面 M, N が与えられていて $H_i(M)$ と $H_i(N)$ がわかっているときに，$H_i(M\#N)$ を知る公式がある．それをマイヤー・ビートリス完全系列というのだが，残念ながら本書では省略する．この公式を使えば，Σ_{g-1} と T^2 から $\Sigma_g = \Sigma_{g-1}\#T^2$ を用いて，$H_i(\Sigma_g)$ を求めることができるのだが，残念ながら入門レベルではこの公式を使ったからといって計算が簡単になるわけではない.

マイヤー・ビートリス完全系列が役に立つのは，もっと次元の高い難しい例でこそということが言える．そのような場合について解説をする機会がきたらまた紹介しようと思う.

15.2 ベッチ数とオイラー数

ここで，改めて曲面におけるベッチ数とオイラー数を紹介する.

定義 15.4（**ベッチ数とオイラー数**） (1) G をグラフや曲面であるとする．このとき，$\dim H_i(G)$ を b_i と書くことにしてこれを $\boldsymbol{i}$ **次ベッチ数**という. (dim は $\mathbb{Z}$ の個数の意味である．$H_1(K^2) \cong \mathbb{Z} \oplus (\mathbb{Z}/2\mathbb{Z})$ のようにねじれ部分があるときには，ねじれ部分は数えずに dim$= 1$ であるとする．つまり，$\dim \mathbb{Z} \oplus \cdots \oplus \mathbb{Z} \oplus (\mathbb{Z}/2\mathbb{Z})$ を数えるときには，$\mathbb{Z}/2\mathbb{Z}$ の部分を取り除いて $\mathbb{Z}$ の個数を数えたものであるとする.)

(2) **オイラー数** $\chi(G)$ を，グラフの場合は $\chi(G) = \#V - \#E$，曲面の場合は $\chi(G) = \#V - \#E + \#F$ により定義する.

定理 15.5 任意の連結な閉曲面について以下が成り立つ.

(1) G_1, G_2 が同相ならば，ベッチ数，オイラー数は等しい.

(2) オイラー数 $= b_0 - b_1 + b_2$ が成り立つ

例題 15.6 球面 S^2 について定理の (2) は中学校でも学習する有名な定理である．$\chi(S^2) = b_0 - b_1 + b_2 = 1 - 0 + 1 = 2$ である一方で，S^2 がたとえば 4 面体だとすると，(頂点数) $-$ (辺数) $+$ (面数) $= 4 - 6 + 4 = 2$ となり，オイラー数と一致する．ここで大切なのは,「球面と同相な形のオイラー数 $= 2$」ということが，ホモロジーの枠組みから成り立っていて，(頂点数) $-$ (辺数) $+$ (面数) が 2 という値と一致しているということなのである.

定理 15.5 の証明. (1) 2 つのグラフ（または閉曲面）G_1 と G_2 が同相であるならば $H_i(G_1) \cong H_i(G_2)$ であることは，定理 6.5，定理 12.4 よりすでに証明されている．このことから，$\dim H_i(G_1) = \dim H_i(G_2)$ であって，$b_i(G_1) = \dim H_i(G_1)$, $b_i(G_2) = \dim H_i(G_2)$ より，$b_i(G_1) = b_i(G_2)$ が導かれる．このことから $i = 0, 1, 2$ のそれぞれに対して，G_1 と G_2 のベッチ数は等しい．

次はオイラー数についてである．2 つの曲面 G_1, G_2 が同相であるとは，「同相の操作」によって G_1 から G_2 へと変形することができることだった．そこで，その操作の 1 つ 1 つの過程において (頂点数) − (辺数) + (面数) が変わらないことが示せれば十分である．このことから「面・辺の反転」と「面・辺の細分」という 2 つの操作の前後で (頂点数) − (辺数) + (面数) という値に変化が起こらないことを示す．

まず，辺・面の反転についてであるが，この操作は向きを変えるだけなので，頂点数，辺数，面数すべてにおいて個数の変化はない．したがって，(頂点数) − (辺数) + (面数) という値にも変化はない．

次は辺の細分についてであるが，ここでは 1 つの辺を 2 つに分割するので，辺の総数は 1 つ増え，頂点が 1 つ増えることがわかる．したがって，(頂点数) − (辺数) + (面数) という値を考えると増減はないことがわかる．

（例）

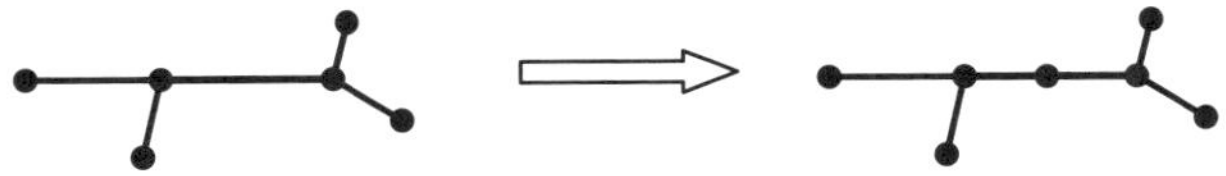

最後に面の細分においては，面が 1 つ増え，辺が 1 つ増えることがわかる．したがって，(頂点数) − (辺数) + (面数) という値を考えると増減はないことがわかる．

(例)

このことから，2 つの曲面 G_1, G_2 が同相であるならば，いつでも (オイラー数) = (頂点数) − (辺数) + (面数) は一致していることが示された．

(2) 閉曲面の分類定理により，任意の閉曲面は特定の形のどれかと同相であることが示されていた．このことから，任意の閉曲面の (頂点数) − (辺数) + (面数) の値は，よくわかっている形のそれと一致することがわかる．分類定理の証明に出てきた辺の列の記号にしたがって，辺の列とベッチ数の関係を表にしてみよう．

辺の列	b_0	b_1	b_2	χ	(頂点数)−(辺数)+(面数)
$1\,\overline{1}$	1	0	1	2	$2-1+1=2$
$1\,2\,\overline{1}\,\overline{2}\cdots\overline{(2g-1)}\,\overline{(2g)}$	1	$2g$	1	$2-2g$	$1-2g+1=2-2g$
$1\,1\,2\,2\cdots g\,g$	1	$g-1$	0	$2-g$	$1-g+1=2-g$

いかなる連結な閉曲面もこの辺の列から得られる曲面のいずれかと同相であり，同相なものはオイラー数が等しいことから，任意の閉曲面について

$$\text{オイラー数} = b_0 - b_1 + b_2$$

が成り立つことが示された． □

演習問題の略解

第 1 章

1.1. $-6 \in X$ をたしかめるためには $-6 = 3n$ となるような整数 n があることから確かめられる．$7 \notin X$ を確かめるためには $7 = 3n$ を n について解いて，$n = \frac{7}{3}$ を得て，この数が整数でないことから確かめられる．

1.2. 正しい．4 の倍数の中には 12 という数が含まれ，これは 6 の倍数である．

1.3. $\varphi : A \to B$ が全射であるとしよう．このとき，任意の $b \in B$ に対して，$\varphi(a) = b$ となる $a \in A$ が存在している．この a は $\varphi^{-1}(b)$ に属するので，$\varphi^{-1}(b)$ は空集合ではない．

逆に，もし任意の $b \in B$ に対して $\varphi^{-1}(b)$ が空集合ではないとすると，$\varphi^{-1}(b)$ に属する要素が必ず 1 つは存在することになり，それをたとえば a と置くならば $\varphi(a) = b$ を満たす $a \in A$ が存在することになるので，全射である．

1.4. もし $\varphi : A \to B$ が単射だったとすると，$\varphi(a) = \varphi(a') \Rightarrow a = a'$ が成り立つ．今，任意の $b \in B$ に対して，$\varphi(a) = b$ となる a が存在するか，存在しないかのどちらかであるが，もし存在するとすれば $\varphi(a) = \varphi(a') = b \Rightarrow a = a'$ であることから，そのような a は 1 つに限られる．したがって，$\varphi^{-1}(b)$ の要素の個数は 1 以下である．

逆に，任意の $b \in B$ に対して $\varphi^{-1}(b)$ の要素の個数が 1 以下であるとすると，$\varphi^{-1}(b)$ の要素の個数は 0 または 1 ということになる．もし要素の個数が 0 であるならば，$\varphi(a) = b$ となる a が存在しないので，これは（$\varphi(a) = \varphi(a') = b$ という状況がありえないので）考えなくてもよい．もし要素の個数が 1 であるならば，$\varphi(a) = \varphi(a') = b$ という状況のもとで，$a, a' \in \varphi^{-1}(b)$ であることから，$a = a'$ でなければならない．よって単射である．

1.5. φ, ψ が「任意の $a \in A$ について $\psi \circ \varphi(a) = a$」を満たすと仮定する．もし $\varphi(a) = \varphi(a')$ だったとすると，これを ψ で移して $\psi \circ \varphi(a) = \psi \circ \varphi(a')$．仮定より $a = a'$ となり，$\varphi(a) = \varphi(a') \Rightarrow a = a'$ が示された．したがって φ は単

射である．

φ, ψ が「任意の $b \in B$ について $\varphi \circ \psi(b) = b$」を満たすと仮定する．任意の $b \in B$ に対して，$a = \psi(b)$ と置けば，$\varphi(a) = \varphi(\psi(b)) = b$ より，$\varphi(a) = b$ を満たす a が存在することがわかる．したがって φ は全射である．

第 2 章

2.1. (1) □．(2) 0

2.2. 省略

2.3. 5 春 + 4 夏 − 秋

2.4. $g(\heartsuit) = 5\triangle - 3\Box, g(\clubsuit) = -3\triangle + 2\Box$ とすれば，$f \circ g = \mathrm{id}, g \circ f = \mathrm{id}$ なので，f は全単射であり，同型である．

2.5. $f(\triangle) = \heartsuit + 2\clubsuit, f(\Box) = 2\heartsuit + \clubsuit$ を $\heartsuit, \clubsuit$ について解くと，分数が出てきてしまう（整数の範囲では解けない）ことから，この f には（整数の範囲での）逆写像は存在しない．

2.6. たとえば $\{k(\text{椿} - \text{梅}) \mid k \in \mathbb{Z}\}$

2.7. $\{a(\text{桜} + 2\,\text{椿}) + b(\text{椿} - \text{梅}) \mid a, b \in \mathbb{Z}\}$

2.8. 補題 4.5 を見よ．

2.9.

	0	1
0	0	1
1	1	0

第 3 章

3.1.

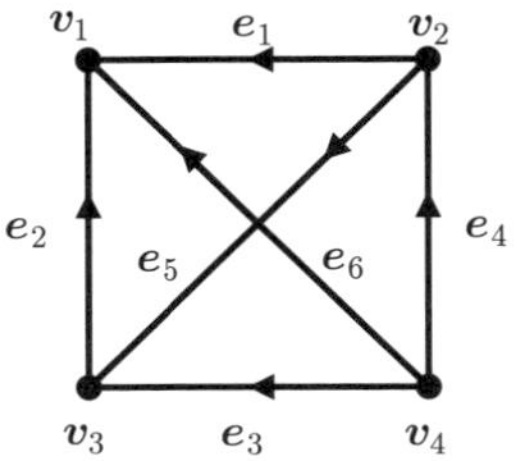

3.2.

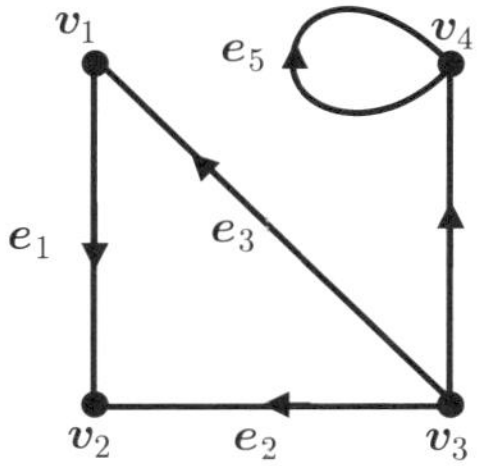

3.3. $a(\boldsymbol{e}_1+\boldsymbol{e}_3+\boldsymbol{e}_4-\boldsymbol{e}_5)+b(\boldsymbol{e}_2+\boldsymbol{e}_3-\boldsymbol{e}_5)=a(\boldsymbol{e}_1-\boldsymbol{e}_2+\boldsymbol{e}_4)-(a+b)(-\boldsymbol{e}_2-\boldsymbol{e}_3+\boldsymbol{e}_5)$ より．

3.4. Z_1 の要素はグラフに現れる輪に対応している．

3.5. $\{a(\boldsymbol{e}_1-\boldsymbol{e}_2+\boldsymbol{e}_3-\boldsymbol{e}_4)\,|\,a\in\mathbb{Z}\}$

第 4 章

4.1. $0\in O$ について $(0+0)+0=0, 0+(0+0)=0$ である．単位元 0 が含まれる．$-0=0\in O$ である．$0+0$ を交換してもやはり $0+0$ である．

4.2.

$H_0(G)=\{a[\boldsymbol{v}_1]\,|\,a\in\mathbb{Z}\}$

$H_1(G)=\{a([\boldsymbol{e}_1]-[\boldsymbol{e}_2]+[\boldsymbol{e}_4])+b([\boldsymbol{e}_2]+[\boldsymbol{e}_3]-[\boldsymbol{e}_5])\,|\,a,b\in\mathbb{Z}\}$

4.3.

∂_0,∂_2 は 0 写像であり，0 写像は準同型である．∂_1 は境界準同型であり，これが準同型であることは定義より正しい．$\partial_2=0$ であることから $\partial_1\circ\partial_2=0$．$\partial_0=0$ であることから $\partial_0\circ\partial_1=0$．

第 5 章

5.1. $-\boldsymbol{e}_1+\boldsymbol{e}_2-\boldsymbol{e}_3$

5.2. い − あ ＋ え ＋ お．境界は 0

5.3. G_1 は頂点のどれかを $\boldsymbol{v}$ とすれば，$H_0(G_1)=\mathbb{Z}\langle[\boldsymbol{v}]\rangle$ である．$H_0(G_2)=\mathbb{Z}\langle[\boldsymbol{v}_1],[\boldsymbol{v}_2]\rangle$ である．

5.4. $\varphi(a_1[\boldsymbol{v}_1]+\cdots+a_n[\boldsymbol{v}_n])=a_1+\cdots+a_n$ により φ を定義する．全射であることは，$\varphi(a_1[\boldsymbol{v}_1])=a_1$（$a_1$ は任意）であることから．単射であることは，

$a_1[\boldsymbol{v}_1]+\cdots+a_n[\boldsymbol{v}_n]=(a_1+\cdots+a_n)[\boldsymbol{v}_n]$ であることから．

5.5. 図形として，頂点と辺のつながり具合は，部分グラフにおいても保たれるということ．

5.6. どちらも，部分グラフであることと，連結であることは見るからによい．G' を含むような連結な部分グラフは G' に限られるので，G' は極大である．G'' を含むような連結な部分グラフとして，G'' のほかにも G' を取りうるので，G'' は極大ではない．

5.7. 連結成分は 3 つ

5.8. E_1 に含まれる辺は部分グラフ G_1 の辺であり，その両端は V_1 の要素である．このことから，E_1 の要素を ∂^{G_1} で移すと $\mathbb{Z}\langle V_1\rangle$ の要素になる．

5.9. 仮に $\varphi:\mathbb{Z}\oplus\mathbb{Z}\to\mathbb{Z}$ という加群の同型写像が存在したと仮定する．まず，$\varphi(1,0)=a$, $\varphi(0,1)=b$ とする．$\varphi(0,0)=\varphi(0\cdot(x,y))=0$ であるから，a,b は 0 ではない．一方で，$\varphi(b,0)=\varphi(b\cdot(1,0))=ab$, $\varphi(0,a)=\varphi(a\cdot(0,1))=ab$ である．しかし a,b が 0 でないことから，$(b,0)\neq(0,a)$ である．このことは φ が全単射であることに矛盾する．よって同型写像は存在しない．

5.10.「た」「な」「に」

5.11.「象」「亀」などはどうだろうか．

第 6 章

6.1. を

6.2.「お」「む」

6.3. 同じ．

6.4.

6.5. (1) 成．(2) 個．(3) 様．(4) 驚．(5) 極．(6) 弟

6.6. 検算なので読者にゆだねる．

6.7. $\boldsymbol{e}_i$ について正しければ，$a_1\boldsymbol{e}_1+\cdots+a_s\boldsymbol{e}_s$ の形の要素についても正しい

から.

6.8. 省略

6.9. $\gamma \in Z_1(G_1)$ であるならば, $\gamma \in C_1(G_1) = \mathbb{Z}\langle E_1 \rangle$ であることからよい.

6.10. 読者にゆだねる.

6.11. 検算なので読者にゆだねる.

6.12. いろいろと試してみるとよい.

6.13. $\boldsymbol{v}_0$ の係数とそれ以外の係数を分けて考えた. 右辺が 0 なので, まず $\boldsymbol{v}_0$ の係数だけ取り出せばこれは 0 になるはずである. 残りも 0 になることから 2 つめの式が導出される.

6.14. うまくいく.

6.15. $\varphi(\psi(a_1''\boldsymbol{e}_1'')) = \varphi(0) = 0$ であることから.

6.16. 読者にゆだねる.

第 7 章

7.1.

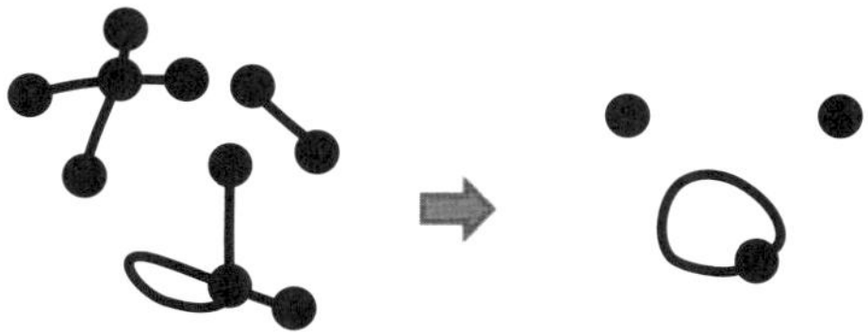

7.2. 逆写像として $\psi : C_0(G_2) \to C_0(G_1)$ を

$$\begin{cases} \psi(\boldsymbol{v}) = \boldsymbol{v}_1 \\ \psi(\boldsymbol{v}_i) = \boldsymbol{v}_i \quad (i = 3, 4, \ldots) \end{cases}$$

とする. このままでは φ の逆写像にならないが, $\varphi \circ \psi = \mathrm{id}$ と $\psi_* \circ \varphi_* = \mathrm{id}$ の 2 つを証明する.

7.3. 検算は読者にゆだねる.

7.4. これまで「$\boldsymbol{v}_1, \boldsymbol{v}_2$ を $\boldsymbol{v}$ に置き換える」と言葉で言っていたことを式にしただけなので, 同じことである.

第 8 章

8.1. 検算は読者にゆだねる

8.2. $b_0 = 2$ で b_1 が $1, 2, \ldots$ と増えている．(a) の答は (2)，(b) は，童，備，眼，冒，壷などがある．他にも探してみよう．

第 9 章

9.1. $\varphi_{0*}[t] = [\varphi_0(t)]$ により φ_{0*} を定めることにして，$[t] = [t']$ ならば $\varphi_{0*}[t] = \varphi_{0*}[t']$ を示す．$[t] = [t']$ ならば，$t - t' \in B_0 = \mathrm{Im}(\partial_1^{\mathcal{L}})$ となり，$\partial_l^{\mathcal{L}}(y) = t - t'$ となる $y \in C_1(\mathcal{L})$ が存在する．

$\varphi_0(t) - \varphi_0(t') = \varphi_0(t - t') = \varphi_0(\partial_1^{\mathcal{L}}(y)) = \partial_1^{\mathcal{M}}(\varphi_1(y))$ より $\varphi_0(t) - \varphi_0(t') \in \mathrm{Im}(\partial_1^{\mathcal{M}})$ であり $[\varphi_0(t)] = [\varphi_0(t')]$ が示された．

9.2. (2) について詳細は省略するが，$\mathrm{Im}(\varphi_0) = \mathbb{Z}\langle \boldsymbol{v}_1 - \boldsymbol{v}_2 \rangle = \mathrm{Ker}(\psi_0)$ である．(4) については $\boldsymbol{e}_1, \boldsymbol{e}_2, \boldsymbol{e}_3$ について与式を計算してみればよい．

9.3. (1) $f_i = 0$ とすると $\mathrm{Im}(f_i) = O$ である．したがって，$\mathrm{Ker}(f_{i+1}) = O$ である．ここで，命題 2.17 より f_{i+1} は単射である．

(2) $f_{i+1} = 0$ とすると $\mathrm{Ker}(f_{i+1}) = C_{i+1}$ である．したがって $\mathrm{Im}(f_i) = C_{i+1}$ である．このことは f_i が全射であることを示している．

9.4. 省略する．

9.5. $\psi_{1*}[v] = [0]$ より，$\psi_1(v) \in B_1(\mathcal{M})$ である．したがって，ある $p \in C_2(\mathcal{M})$ が存在して $\partial_2^{\mathcal{M}}(p) = \psi_1(v)$ である．ψ_2 が全射であることから，ある $q \in C_2(\mathcal{L})$ が存在して，$\psi_2(q) = p$ である．そこで $v' = \partial_2^{\mathcal{L}}(q)$ とすると，$v' \in B_1(\mathcal{L})$ であって，$\psi_1(v') = \partial_2^{\mathcal{M}} \circ \psi_2(q) = \psi_1(v)$ である．

以上より，$\psi_1(v - v') = 0$ であって，あとは本文と同じようにある $t \in Z_1(\mathcal{K})$ が存在して $\varphi_1(t) = v - v'$ とできる．このとき，$v' \in B_1(\mathcal{L})$ に注意すれば

$$\varphi_{1*}[t] = [v - v'] = [v]$$

となり，$[v] \in \mathrm{Im}(\varphi_{1*})$ が示される．

9.6. (a) で $\psi_1(v) - u \in B_1(\mathcal{M})$ だった．ここで，ある $p \in C_2(\mathcal{M})$ が存在して $\partial_2^{\mathcal{M}}(p) = \psi_1(v) - u$ となる．ψ_2 が全射であることから，ある $q \in C_2(\mathcal{L})$ が存在して，$\psi_2(q) = p$ である．そこで $v' = \partial_2^{\mathcal{L}}(q)$ とすると，$v' \in B_1(\mathcal{L})$ であって，$\psi_1(v') = \partial_2^{\mathcal{M}} \circ \psi_2(q) = \psi_1(v) - u$ である．このことからただちに $\psi_1(v - v') = u$ であるので，本文の v を $v - v'$ に置き換えて (b) 以下を議論すればよい．

9.7. 省略する．

9.8. 省略する．

9.9. E の要素と E' の要素が 1 対 1 に対応しているので定義に従って調べればただちにわかる．

9.10. 複体の短完全系列の例で紹介した証明をそのまま使うことができるので，ここでは省略する．

第 10 章

10.1. 10.2.2 項の図を参照のこと．

10.2. できないことが知られている．

10.3. 1 チェインは辺の和・差であって，足す順番はいつでも交換できるから．

10.4. (1) $-\boldsymbol{e}_1 - \boldsymbol{e}_5 + \boldsymbol{e}_4 - \boldsymbol{e}_3 + \boldsymbol{e}_2$．(2) 0

10.5. 省略する．

第 11 章

11.1. G/G の任意の要素 $[x]$ について，$x \in G$ であることから，商加群のルール (c) により $[x] = [0]$ である．このことから，$G/G \cong O$ である．

11.2. 各自で計算せよ．

11.3. 読者にゆだねる．

11.4. $H_0 = \mathbb{Z}\langle[\boldsymbol{v}_1]\rangle, H_1 = \mathbb{Z}\langle[\boldsymbol{e}_3]\rangle, H_2 = O$ と求まる．

11.5. $H_0 = \mathbb{Z}\langle[\boldsymbol{v}_1]\rangle, H_1 = \mathbb{Z}\langle[\boldsymbol{e}_1] + [\boldsymbol{e}_2] + [\boldsymbol{e}_3]\rangle, H_2 = O$ と求まる．

11.6. 読者にゆだねる．

11.7. (1) $a[\boldsymbol{e}_1] + b[\boldsymbol{e}_2] \in \mathbb{Z}\langle[\boldsymbol{e}_1], [\boldsymbol{e}_2]\rangle$ と $(a, b) \in \mathbb{Z} \oplus \mathbb{Z}$ とを対応つければよい．(2) 集合として異なる．後者は $a[\boldsymbol{e}_1] + a[\boldsymbol{e}_2]$ の形の要素のみからなる集合である．

11.8. $H_0 = \mathbb{Z}\langle[\boldsymbol{v}_1]\rangle, H_1 = \mathbb{Z}\langle[\boldsymbol{e}_1] + [\boldsymbol{e}_2], [\boldsymbol{e}_3] + [\boldsymbol{e}_4]\rangle, H_2 = \mathbb{Z}\langle[\boldsymbol{f}_1] + [\boldsymbol{f}_2] + [\boldsymbol{f}_3] + [\boldsymbol{f}_4]\rangle$ と求まる．

11.9. $a[\boldsymbol{e}_1] + b[\boldsymbol{e}_2] \in \mathbb{Z}\langle[\boldsymbol{e}_1], [\boldsymbol{e}_2]\rangle$ と $(a, b) \in \mathbb{Z} \oplus (\mathbb{Z}/2\mathbb{Z})$ とを対応つければよい．

11.10. $\{a[\boldsymbol{e}_3] + b([\boldsymbol{e}_1] + [\boldsymbol{e}_2]) \mid a \in \mathbb{Z}, b \in \mathbb{Z}/2\mathbb{Z}\}$

11.11. (1) b は 0 または 1 であり，$2a$ はすべての偶数を渡るので，$2a + b$ は任意の整数と 1 対 1 に対応がつく．$(0,1) \in \mathbb{Z} \oplus (\mathbb{Z}/2\mathbb{Z})$ を考えると，$\varphi(0,1)=1$ であるが，$\mathbb{Z} \oplus (\mathbb{Z}/2\mathbb{Z})$ では $2 \cdot (0,1) = (0,0)$ であり．$\varphi(2 \cdot (0,1)) = \varphi(0,0) = 0$ である．一方で，$2 \cdot \varphi(0,1) = 2$ であり，準同型の条件を満たさない．

(2) $\varphi : \mathbb{Z} \oplus (\mathbb{Z}/2\mathbb{Z}) \to \mathbb{Z}$ が同型であると仮定する．$\varphi(0,1) = a$ と置くと，単射であることから $a \neq 0$ である．$\varphi(2 \cdot (0,1)) = \varphi(0,0) = 0$ と $2 \cdot \varphi(0,1) = 2a$ から矛盾を起こす．

(3) $\varphi : \mathbb{Z} \oplus (\mathbb{Z}/2\mathbb{Z}) \to \mathbb{Z} \oplus \mathbb{Z}$ が同型であると仮定する．$\varphi(0,1) = (a,b)$ と置くと，あとは同じことである．

11.12. $H_2(K^2)$ を求めるときには $\boldsymbol{e}_2$ の係数だけを見ているのであって，商加群の要素として $[\boldsymbol{e}_2]$ を見ているのではない．

第 12 章

12.1. G_1 においては，ある $\boldsymbol{p} \in C_1(G_1)$ が存在して，$\partial_2^{(1)}(\boldsymbol{f}_1) = \boldsymbol{e}_1 + \boldsymbol{p}$ という形で表せる．この $\boldsymbol{p}$ を用いれば，$\partial_2^{(2)}(\boldsymbol{f}_1) = -\boldsymbol{e}_1^- + \boldsymbol{p}$ と表せる．$\boldsymbol{f}_2$ についても $\boldsymbol{e}_1$ とそれ以外の和として表せる．あとはぐるぐる回しが成り立つかどうかを実際に $\boldsymbol{f}_1, \boldsymbol{f}_2$ の場合と $\boldsymbol{f}_i$（$i = 3, 4, \ldots$）の場合とに分けて計算してみるとよい．

12.2. ψ_0, ψ_1, ψ_2 が同型写像であることから，ただちに横向きの短完全系列は証明できる．

12.3. 省略する．

12.4. 省略する．

第 13 章

13.1. もし G_1 が向き付け可能であるならば，面や辺の反転・細分によって向き付け可能性が失われないことから G_2 が向き付け不可能ということはあり得ないから．

13.2.

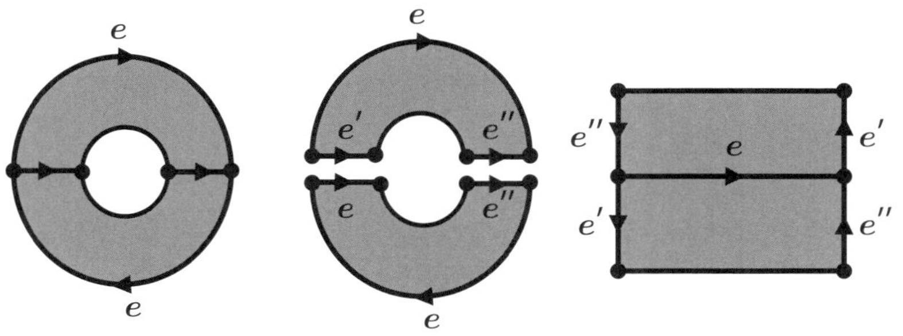

13.3. $z \neq 0$ のときに $(r\cos\theta, r\sin\theta, 1) \in P^2(\mathbb{R})$ と $(\tanh r\cos\theta, \tanh r\sin\theta) \in \mathbb{R}^2$ とを対応つけると，この像は円板になる．$(r\cos\theta, r\sin\theta, 1) = \left(\cos\theta, \sin\theta, \frac{1}{r}\right)$ について，$r \to \infty$ という極限を考えると，像の境界では

$$(\cos\theta, \sin\theta) \leftrightarrow (\cos\theta, \sin\theta, 0) \in P^2(\mathbb{R})$$

$$(-\cos\theta, -\sin\theta) \leftrightarrow (-\cos\theta, -\sin\theta, 0) \in P^2(\mathbb{R})$$

であるが，$P^2(\mathbb{R})$ では $(\cos\theta, \sin\theta, 0) = (-\cos\theta, -\sin\theta, 0)$ なので，円板上では $(\cos\theta, \sin\theta)$ と $(-\cos\theta, -\sin\theta)$ とを張り合わせることになる．これが最初に与えた P^2 の定義と一致する．

13.4. (1) 読者にゆだねる．(2) $P^2\#P^2$ を定義に従って構成すると，P^2 から円板領域をまず取り去る．取り去った形はメビウスの帯である．したがって，$P^2\#P^2$ とは 2 つのメビウスの帯を張り合わせたものであり，これはクラインの壺である．

13.5. 読者にゆだねる．

13.6.

$$P_m\#\Sigma_n \cong P_{m-1}\#P^2\#\Sigma_{n-1}\#T^2 \cong P_{m-1}\#\Sigma_{n-1}\#(P^2\#T^2)$$

$$\cong P_{m-1}\#\Sigma_{n-1}\#(P^2\#P^2\#P^2) \cong P_{m+2}\#\Sigma_{n-1}$$

この式変形を繰り返せば P_{m+2n} を得る．

第 14 章

14.1. 閉曲面を作るためには各辺を張り合わせなければいけないから．

14.2. たとえば，$1\,\overline{3}\,2\,1\,\overline{2}\,\overline{4}\,\overline{3}\,\overline{4}$ と $\overline{4}\,\overline{3}\,\overline{4}\,1\,\overline{3}\,2\,1\,\overline{2}$．逆順列は順に $4\,3\,4\,2\,\overline{1}\,\overline{2}\,3\,\overline{1}$ と

$2\bar{1}\bar{2}3\bar{1}434$ である.

14.3. $1\bar{2}=5$ とすれば

$$1\bar{2}31\bar{2}\bar{4}\bar{3}\bar{4} \to 535\bar{4}3\bar{4}$$

となる.(展開図は省略する.)

14.4. 本文中の絵において, 辺 x, y の向きを反対にすればただちに得られる.

14.5.

$$12\underline{345}\underline{\bar{1}3}\bar{2}5\bar{4} \to 12\bar{1}\underline{3345}\underline{\bar{2}5\bar{4}} \to 12\bar{1}\bar{2}5\bar{4}3345$$

14.6. 本文中の絵において, y の取り方を左下から右上へとすれば, 求めるものが得られる.

14.7.

$$\underline{1\bar{2}\bar{3}1}23 \to 11\underline{322}3 \to 112233$$

14.8.

(1)

$$12\underline{3}\underline{\bar{1}}\bar{2}\bar{3} \to 12\bar{1}\underline{3\bar{2}}\underline{\bar{3}}$$
$$\to 12\bar{1}\bar{2}\underline{\bar{3}3} \to 12\bar{1}\bar{2}$$

(2)

$$\underline{112}2 \to 1\bar{2}12 \to 121\bar{2}$$

(3)

$$\underline{112}3\bar{2}\bar{3} \to 1\underline{\bar{2}13\bar{2}}\bar{3} \to 1\bar{2}\bar{2}\underline{\bar{3}\bar{1}\bar{3}}$$
$$\to 1\bar{2}\bar{2}\bar{3}\bar{3}1 \to 11\bar{2}\bar{2}\bar{3}\bar{3}$$

14.9.

(1)

$$12\underline{3}\underline{\bar{1}4\bar{3}}\bar{2}\bar{4} \to 12\bar{1}4\underline{\bar{3}3}\bar{2}\bar{4} \to 12\bar{1}\underline{4}\underline{\bar{2}\bar{4}}$$
$$\to 12\bar{1}\bar{2}\underline{\bar{4}4} \to 12\bar{1}\bar{2}$$

(2)

$$123\bar{2}4\bar{3}5\bar{1}5\bar{4} \to 23\bar{2}\underline{4}\underline{\bar{3}5\bar{1}5\bar{4}1} \to 23\bar{2}\bar{3}5\bar{1}\underline{\bar{5}}\underline{\bar{4}}14 \to 23\bar{2}\bar{3}5\underline{\bar{1}}\underline{\bar{4}}\bar{5}14$$

$$\to 2\,3\,\bar{2}\,\bar{3}\,5\,\bar{4}\,\underline{\bar{1}}\,\underline{\bar{5}\,1}\,4 \to 2\,3\,\bar{2}\,\bar{3}\,5\,\bar{4}\,\bar{5}\,\underline{1\,\bar{1}}\,4 \to 2\,3\,\bar{2}\,\bar{3}\,5\,\bar{4}\,\bar{5}\,4$$

(3)

$$1\,2\,3\,\bar{1}\,\bar{2}\,6\,4\,5\,\bar{3}\,\bar{4}\,\bar{5}\,\bar{6} \to 1\,2\,\bar{1}\,3\,\bar{2}\,6\,4\,5\,\bar{3}\,\bar{4}\,\bar{5}\,\bar{6} \to 1\,2\,\bar{1}\,\bar{2}\,6\,4\,5\,\bar{3}\,\bar{4}\,\bar{5}\,\bar{6}\,3$$

$$\to 1\,2\,\bar{1}\,\bar{2}\,6\,4\,\bar{3}\,5\,\bar{4}\,\bar{5}\,\bar{6}\,3 \to 1\,2\,\bar{1}\,\bar{2}\,6\,4\,\bar{3}\,\bar{4}\,\bar{5}\,\bar{6}\,5\,3 \to 4\,\bar{3}\,\bar{4}\,\bar{5}\,\bar{6}\,5\,3\,1\,2\,\bar{1}\,\bar{2}\,6$$

$$\to 4\,\bar{3}\,\bar{4}\,3\,1\,2\,\bar{1}\,\bar{2}\,6\,\bar{5}\,\bar{6}\,5$$

14.10.

(1)

$$\underline{1\,2\,3\,1}\,2\,3 \to 1\,1\,\bar{3}\,\underline{\bar{2}\,2}\,3 \to 1\,1\,\underline{\bar{3}\,3} \to 1\,1$$

(2)

$$1\,2\,\bar{3}\,\underline{4\,\bar{1}\,2\,3\,4} \to 1\,2\,\underline{\bar{3}\,\bar{3}\,\bar{2}}\,1\,4\,4 \to 1\,\underline{2\,\bar{2}}\,\bar{3}\,\bar{3}\,1\,4\,4$$

$$\to 1\,\underline{\bar{3}\,\bar{3}\,1}\,4\,4 \to 1\,1\,\bar{3}\,\bar{3}\,4\,4$$

(3)

$$\underline{1\,2\,3\,\bar{2}\,\bar{3}\,1}\,4\,\bar{5}\,\bar{4}\,5 \to \underline{1\,1\,3\,2}\,\bar{3}\,\bar{2}\,4\,\bar{5}\,\bar{4}\,5 \to 1\,\underline{\bar{2}\,\bar{3}\,1\,\bar{3}\,\bar{2}}\,4\,\bar{5}\,\bar{4}\,5$$

$$\to 1\,\underline{3\,\bar{1}\,3}\,\bar{2}\,\bar{2}\,4\,\bar{5}\,\bar{4}\,5 \to 1\,1\,3\,3\,\underline{\bar{2}\,\bar{2}\,4\,\bar{5}}\,\bar{4}\,5 \to 1\,1\,3\,3\,\bar{2}\,\underline{5\,\bar{4}\,\bar{2}\,\bar{4}\,5}$$

$$\to 1\,1\,3\,3\,\bar{2}\,\underline{4\,2\,4}\,5\,5 \to 1\,1\,3\,3\,\bar{2}\,\bar{2}\,4\,4\,5\,5$$

14.11.

(1)

$$1\,2\,\underline{\bar{6}\,\bar{1}}\,\bar{2}\,3\,4\,5\,6\,\bar{3}\,\bar{4}\,\bar{5} \to 1\,2\,\bar{1}\,\underline{\bar{6}\,\bar{2}\,3\,4\,5\,6\,\bar{3}\,\bar{4}\,\bar{5}}$$

$$\to 1\,2\,\bar{1}\,\bar{2}\,3\,4\,5\,6\,\underline{\bar{3}\,\bar{4}\,\bar{5}}\,\bar{6} \to \underline{1\,2\,\bar{1}\,\bar{2}\,3\,4}\,5\,6\,\bar{5}\,\bar{3}\,\bar{4}\,\bar{6}$$

$$\to 5\,6\,\bar{5}\,\underline{\bar{3}\,\bar{4}\,\bar{6}\,1\,2\,\bar{1}\,\bar{2}\,3\,4} \to 5\,6\,\bar{5}\,\bar{6}\,1\,2\,\bar{1}\,\bar{2}\,3\,4\,\bar{3}\,\bar{4}$$

(2)

$$\underline{1\,3\,2\,\bar{3}\,\bar{2}\,1}\,4\,5\,4\,5 \to \underline{1\,1\,2\,3}\,\bar{2}\,\bar{3}\,4\,5\,4\,5 \to 1\,\underline{\bar{3}\,\bar{2}\,1\,\bar{2}\,\bar{3}}\,4\,5\,4\,5$$

$$\to 1\,\underline{2\,\bar{1}\,2}\,\bar{3}\,\bar{3}\,4\,5\,4\,5 \to 1\,1\,2\,2\,\bar{3}\,\bar{3}\,\underline{4\,5\,4}\,5 \to 1\,1\,2\,2\,\bar{3}\,\bar{3}\,4\,4\,\underline{\bar{5}\,5}$$

$$\to 1\,1\,2\,2\,\bar{3}\,\bar{3}\,4\,4$$

第 15 章

15.1. 頂点に順に $\boldsymbol{v}_1, \boldsymbol{v}_2, \ldots$ と番号をつけ，辺の張り合わせごとにどの頂点が重なるかをチェックすれば頂点が 1 つであることが確かめられる．

15.2. 読者にゆだねる．

15.3. 頂点に順に $\boldsymbol{v}_1, \boldsymbol{v}_2, \ldots$ と番号をつけ，辺の張り合わせごとにどの頂点が重なるかをチェックすれば頂点が 1 つであることが確かめられる．

15.4. 11.5 節を参照せよ．

索　　引

ま行

や行

ら行

[著者紹介]

阿原 一志（あはら　かずし）

1992年　東京大学大学院理学研究科博士課程数学専攻修了

現　在　明治大学総合数理学部先端メディアサイエンス学科 教授

　　　　理学博士

専　攻　数学（位相幾何学，数学教育）

著　書　『ハイプレイン』（日本評論社，2008年）

　　　　『大学数学の証明問題 発見へのプロセス』（東京図書，2011年）他多数

計算で身につくトポロジー

Introduction to Topology

2013 年 7 月 15 日　初版 1 刷発行

2025 年 9 月 1 日　初版 7 刷発行

著　者　阿原一志　© 2013

発行者　南條光章

発行所　**共立出版株式会社**

郵便番号 112–0006

東京都文京区小日向 4-6-19

電話　(03) 3947-2511 (代表)

振替口座　00110-2-57035

URL www.kyoritsu-pub.co.jp

印　刷
製　本　錦明印刷

一般社団法人
自然科学書協会
会員

検印廃止

NDC 415.7

ISBN 978-4-320-11039-7

Printed in Japan